河北北戴河近代建筑群修缮与保护研究

朱宇华 著

學苑出版社

图书在版编目（CIP）数据

河北北戴河近代建筑群修缮与保护研究 / 朱宇华著
. —北京：学苑出版社，2022.10

ISBN 978-7-5077-6516-8

Ⅰ. ① 河… Ⅱ. ① 朱… Ⅲ. ① 古建筑—修缮加固—研究—秦皇岛—近代 ② 古建筑—保护—研究—秦皇岛—近代 Ⅳ. ① TU746.3 ② TU-87

中国版本图书馆 CIP 数据核字（2022）第 194944 号

出 版 人： 洪文雄
责任编辑： 魏 桦 周 鼎
出版发行： 学苑出版社
社　　址： 北京市丰台区南方庄2号院1号楼
邮政编码： 100079
网　　址： www.book001.com
电子信箱： xueyuanpress@163.com
联系电话： 010-67601101（营销部）、010-67603091（总编室）
经　　销： 全国新华书店
印 刷 厂： 英格拉姆印刷(固安)有限公司
开本尺寸： 889 × 1194　1/16
印　　张： 21
字　　数： 282千字
版　　次： 2022年10月第1版
印　　次： 2022年10月第1次印刷
定　　价： 480.00元

前言

北戴河近代别墅群的建设，可以追溯到19世纪90年代。随着洋务运动的发展，唐山等地出现了一些工厂和煤矿，英国铁路工程师在勘探铁路过程中，发现北戴河海滨风景秀丽，气候宜人，非常适宜避暑疗养。消息逐渐在京津地区的外国人中传播开来，以英美传教士为主的教会人员、商人开始在此租地建造别墅。1898年，为避免北戴河海滨沦为租借地，清政府宣布北戴河海滨作为秦皇岛自开商埠的一部分“允许中外人士杂居”。庚子之后，八国联军掀起了又一轮近代滨海别墅的建设高潮。其后1900年，随着中华民国的建立，朱启钤发起成立北戴河海滨公益会，主动有序地开发北戴河疗养区，维护国家尊严。中国的达官贵人、买办商人在北戴河海滨参与兴建了大量的别墅。

统计表明，从19世纪末到1948年11月，北戴河建成风格各异的名人别墅为719幢，总建筑面积29.57万平方米。其中，外国人的别墅483幢，涉及美国、英国、法国、德国、俄国、意大利、比利时、加拿大、奥地利、西班牙、希腊等20个国家。这些建筑形成了独特的北戴河近代滨海别墅群景观。

2004年3月，北戴河区出台了《北戴河区近代建筑保护规定》，首批64幢近代建筑被核定为北戴河区文物保护单位，2006年6月，北戴河近代别墅群被公布为第六批全国重点文物保护单位。班第聂别墅（6号楼）、白兰士别墅（8号楼）、常德立别墅（10号楼）、来牧师别墅（11号楼）是其中的重要代表，这几座别墅位于北戴河不同的机关管理大院内。

班第聂别墅（6号楼）、白兰士别墅（8号楼）、常立德别墅（10号楼）、来牧师别墅（11号楼）建筑建成距今已有100余年，出现多方面建筑病害和残损问题，主要表现在台阶瓷砖面磨损严重，毛石廊柱勾缝风化脱落，木地板龙骨糟朽，屋内吊顶出现雨水渗漏，木门窗歪闪松动，后期改造不当，加装外挂空调设施位置不当等方面问题。根据房屋质量检查报告和结构检测报告，2011 年至 2013 年，业主单位组织实施了保护维修工程。

本书从前期历史研究、前期勘察、设计方案、结构加固，保护研究、工程特色等方面进行了详细归纳和总结。班第聂别墅（6 号楼）、白兰士别墅（8 号楼）、常立德别墅（10 号楼）、来牧师别墅（11 号楼）修缮工程在坚持最小干预，病害治理和风貌修复方面积累了详细的工程资料，经过研究整理将成果结集出版，或可为后续同类工程提供借鉴。

目录

研究篇

第一章　综合概况　3
一、概况　3
二、历史沿革　4
三、修缮建筑概况　5
第二章　价值评估　8
一、历史价值　8
二、艺术价值　8
三、科学价值　9
四、社会人文价值　9

勘察篇

第一章　文物本体残损分析　13
一、班地聂别墅（6 号楼）　13
二、白兰士别墅（8 号楼）　15
三、常德立别墅（10 号楼）　18
四、来牧师别墅（11 号楼）　20
第二章　现状勘察　24
一、班地聂别墅（6 号楼）　24
二、白兰士别墅（8 号楼）　42
三、常德立别墅（10 号楼）　65
四、来牧师别墅（11 号楼）　85
第三章　结构检测与安全鉴定　105
一、班地聂别墅（6 号楼）结构检测报告　105

二、班地聂别墅（6号楼）安全鉴定报告 110
三、白兰士别墅（8号楼）结构检测报告 122
四、白兰士别墅（8号楼）安全鉴定报告 132
五、常德立别墅（10号楼）、来牧师别墅（11号楼）结构检测报告 157
六、常德立别墅（10号楼）安全鉴定报告 178
七、来牧师别墅（11号楼）安全鉴定报告 195

设计篇

第一章　设计原则与范围 217
一、修缮设计原则 217
二、修缮设计依据 218
三、修缮性质和工程范围 218
第二章　修缮措施 219
一、总体处理措施 219
二、班地聂别墅（6号楼）主要问题修缮措施 220
三、白兰士别墅（8号楼）主要问题修缮措施 226
四、常德立别墅（10号楼）主要问题修缮措施 231
五、来牧师别墅（11号楼）主要修缮措施 237
六、基础设施措施 241
第三章　修缮方案 243
一、班地聂别墅（6号楼）修缮方案 243
二、白兰士别墅（8号楼）修缮方案 258
三、常德立别墅（10号楼）修缮方案 282
四、来牧师别墅（11号楼）修缮方案 312

研究篇

第一章　综合概况

一、概况

北戴河近代建筑群，是指1893—1949年中外人士在北戴河海滨建造的住宅、避暑别墅、医院、学校、教堂、邮政楼、火车站等的统称。

北戴河近代建筑具有历史意义、艺术特色和科学研究价值，具有选材考究、造型别致、装饰精巧等特点。这些近代建筑规模大、档次高，与庐山、信阳鸡公山、青岛等地的近代建筑并称为“中国四大别墅区”。2006年6月，北戴河近代别墅群核定为第六批全国重点文物保护单位。

6号楼、8号楼位于北戴河区安三路2号，今秦皇岛市政府招待处院内，为北戴河近代别墅群中的两栋优秀的近代别墅。其中8号楼原为奥地利人白兰士所有，也称奥地利白兰士别墅；6号楼原为英国人班地聂所有，也称班地聂别墅。

10号、11号楼位于北戴河区鹰角路7号，今河北省北戴河管理处院内，西临鹰角路，东临大海。其中10号楼原为美国人所有，也称常立德别墅。11号楼原为美国人所有，也称来牧师别墅，两座别墅南北相邻。

从1893到1949年，北戴河中外人士杂居的状况，决定了其建筑形式多样、风格各异、特色明显的特点，这些建筑多为外国人设计建造，在不同的建筑中流露出自己民族的特征。

北戴河近代建筑的主流风格是“屋必有廊，廊必深邃。用蔽骄阳，用便起居”。由于地近沿海，气候潮湿，因此大部分建筑都建有防潮地下室。别墅正面为高台阶形制，宽敞、适宜休息活动的外廊，高大的台阶，四面坡的红瓦顶成了北戴河近代建筑的外形特点。

北戴河近代建筑多为稍有变化的矩形平面；单层建筑为主，部分为二、三层建筑；简单的西式四面坡屋顶；一面、二面、三面或者四面建有外廊，外廊进深很大。建筑占地面积大，建筑物居中，周围空地多，院内广植花草树木，环境良好，非常适宜休闲避暑。这种建筑风格是西式建筑在殖民地的改良，根据当地气候、居住的需要，结合当地建筑形式形成的一种建筑风格。它的特点是通风良好，适宜室外长廊活动。北戴河大部分近代建筑为这种西方建筑形式。

北戴河近代建筑多以红顶、素墙、大阳台和小巧玲珑而见长。门、窗、墙、项、台阶等通过艺术造型和点缀，既显露出鲜明的异国格调，又凸现出迥异的建筑流派风格，与庐山、厦门、青岛并称为“中国四大别墅区”。

二、历史沿革

北戴河近代建筑群的建设，可以追溯到19世纪90年代，由于洋务运动的发展，唐山等地出现了一些工厂和煤矿。当时为了运输煤，开平矿物局修筑了我国历史上第一条自办铁路，以后向西延伸至天津，向东延伸至山海关。在勘探铁路过程中，英国铁路工程师金达，发现北戴河海滨风景秀丽，气候宜人，非常适宜避暑、疗养，在京津外国人中广为宣传，引发了在北戴河建筑别墅的活动。最早在北戴河海滨建造的别墅为光绪十九年（1893年）。此后的数年间，以英美传教士为主的教会人员，商人在此租地筑屋，他们多是暑期住在这里。

光绪二十四年（1898年），鉴于此种情况，为避免北戴河海滨沦为租借地，清政府宣布北戴河海滨作为秦皇岛自开商埠的一部分“允许中外人士杂居”的避暑地。

光绪二十六年（1900年）八国联军中的德国在北戴河修筑军营，外交人员避暑别墅等，掀起了又一轮近代别墅建设高潮。随着中华民国的建立，尤其是北洋政府时期，中国的达官贵人、买办商人在北戴河海滨兴建了大量的别墅。

此后，北戴河近代建筑逐年增加。日本占领期间，北戴河成了人间地狱，树木遭到砍伐，别墅遭到毁坏。国民党统治时期，百业萧条，建筑基本没有增加。

统计表明，截至1948年11月，北戴河建成风格各异的名人别墅为719幢，总建筑面积为29.57万平方米。其中外国人别墅483幢，涉及20个国家，其中，有美国、英国、法国、德国、俄国、意大利、比利时、加拿大、奥地利、西班牙、希腊等外国别墅，中国人别墅 236 幢。

经过一个多世纪的营造、发展，北戴河现存老别墅 130 余幢。

2004 年 3 月，为了加强对北戴河近代建筑的保护，继承历史文化遗产，北戴河区出台了《北戴河区近代建筑保护规定》，把近代建筑的保护与管理纳入了法制化轨道。首批 64 幢近代建筑已被核定为北戴河区文物保护单位，其他的由文物管理部门予以登记并公布；2004 年 10 月其中 24 幢在 2004 年被确定为秦皇岛市级文物保护单位。

2006 年 6 月，北戴河近代别墅群核定为第六批全国重点文物保护单位。

三、修缮建筑概况

（一）班地聂别墅（6 号楼）概况

班地聂别墅（6 号楼）位于北戴河区安三路 2 号，今秦皇岛市政府招待处院内，原为英国人班地聂所有，解放后收归国有。

东临查克松别墅、南临白兰士别墅，西邻阿温太太别墅，建于 20 世纪初，坐东向西，为地上一层，地下一层，毛石基础，砖木结构，建筑面积 535.26 平方米，木质梁架，铁瓦屋顶，该建筑欧式造型，占地面积较大，环境优美，是目前北戴河优秀近代建筑。

（二）白兰士别墅（8 号楼）概况

白兰士别墅（8 号楼）原为奥地利人白兰士所有，建于 20 世纪初，坐西向东，占地 11 亩，地上一层，局部二层，地下一层，毛石基础，砖木结构，建筑面积 483.95 平方米，平面为长方形，典型的四面廊结构，木质梁架，铁瓦屋顶，东侧有高台阶，该建筑欧式造型，占地面积较大，是目前北戴河优秀近代建筑。

20世纪50年代后接待过许多中外友好人士，国际友人马海德[①]每次来北戴河都居住于此，所以又称马海德别墅。

（三）常德立别墅（10号楼）概况

常德立别墅（10号楼）原为美国人常德立所有，位于北戴河鹰角路7号，今河北省北戴河管理处院内，建于20世纪初，坐东向西，地上两层，石木结构，建筑面积481.79平方米，平面为长方形，一面廊结构，木质梁架，铁瓦屋顶，南侧有高台阶，该建筑欧式造型，占地面积较大，是北戴河优秀近代建筑。

常德立别墅，建于20世纪初，后售于陈其标，1953年1月1日政府代管，河北省北戴河管理处使用至今。

（四）来牧师别墅（11号楼）概况

来牧师别墅（11号楼）位于北戴河鹰角路8号，今河北省北戴河管理处院内，西临鹰角路，东临大海，北临院路，南临常德立别墅。坐东向西，为地上两层，一层局部室内标高低于室外地坪标高，石木结构，建筑面积472.98平方米，木质梁架，红色机砖瓦屋顶，该建筑欧式造型，占地面积较大，环境优美，是北戴河优秀近代建筑。

来牧师别墅，建于20世纪初，后售于陈其标，1953年1月1日政府代管，河北省北戴河管理处使用至今。

（五）建筑的设计者

在1900年以前的北戴河别墅的设计者大部分已难考证。1901年，丁家立、胡佛、田夏礼、林德、狄更生等在天津成立了先农公司，从事建筑设计、房屋买卖等业务，

---

① 马海德（1910—1988），原名乔治·海德姆，祖籍黎巴嫩，出生于美国，医学博士。1933年到中国，1936年，经宋庆龄介绍，与美国著名记者埃德加·斯诺一起，到中国共产党和中国工农红军最高指挥部的临时驻地保安访问。参加了红军，担任八路军总卫生部的顾问，筹建八路军军医院。新中国成立后，他加入中国籍，成为新中国第一个加入中国籍的外国人。他把全部精力投入新中国的建设事业，协助组织中华人民共和国卫生部，把主要精力放在解决性病和控制麻风病领域，并取得重大成果。

开始在北戴河进行别墅设计与建筑工作。后来，德国人魏追锡、盖林在天津开办建筑事务所，专门负责北戴河别墅的设计。魏迪锡的设计具有典型的德国风格，尤其是他结合北戴河环境所设计的明廊，疏朗开阔且富于变化，使人有置身于南德意志山中的感觉，廊中小憩，远眺大海，令人心旷神怡。1923 年，魏迪锡回国，盖林接替工作继续执业，设计风格略同但稍逊一筹。

（六）建筑的施工

北戴河别墅的建筑别具一格，而且施工质量也比较好。朱启钤 1918 年修建蠡天小筑时，是由当地一个祁姓包工承建。据朱海北回忆，当时朱家西院及公益会总干事吴颂平的房屋也都是由这个祁姓包工承建的。北戴河当地的建筑包工头以草厂村的阚向午最为出名。当时他与魏迪锡合作，北戴河建筑多石材，阚向午手下有一批技术水平很高的昌黎石工，所建房屋施工质量都很好。

此外，1928 年，由美国人爱温斯与中国人周志俊合办的平安公司开始在北戴河经营房地产业务。他们自己设计并建造了部分别墅。

（七）建筑的材料和结构

水泥建材在中国的起步不算晚，中国最早创办的水泥企业启新洋灰公司朱启钤有股份，在秦皇岛大量占有市场。另外，该公司还多次向公益会捐献洋灰水泥。因此，北戴河近代建筑大量使用了洋灰水泥这种新型建筑材料。建筑石料多为本地产，木料来自周围各县，还有可作瓦料的彩石薄板和当地烧制的青砖，当时的铁瓦都来自国外。

四栋建筑木料用材为当地取材：大木为杨木，如立柱、横梁、檩条、地板木龙骨等，小木为松柏木，如门窗、椽子、支架木、地板等。

白兰士别墅（8 号楼）、班地聂别墅（6 号楼）为早期的砖木结构建筑，建筑以当地烧制的青砖为墙体，木屋架、红色铁瓦覆盖。常德立别墅（10 号楼）、来牧师别墅（11 号楼）为早期的石木结构建筑，建筑以当地毛石为墙体，木屋架、红色铁瓦覆盖。来牧师别墅（11 号楼）后改为红色机砖瓦屋顶。

第二章　价值评估

北戴河与庐山、鸡公山、莫干山并称中国近代四大避暑胜地，北戴河在20世纪20年代被外国人誉为“东亚避暑地之冠”，近代北戴河集中了美、英、法、德、俄、意、日、比利时、希腊、奥地利、挪威、荷兰等26个国家人士所建避暑别墅，是20世纪二三十年代夏季中外达官贵人避暑、交际中心，这些近代建筑集中了世界各国的建筑风格，见证了许多中国近代历史风云，具有很高的历史文化价值和科学艺术价值。

一、历史价值

北戴河近代建筑的出现与清末民初激荡的社会背景紧密相关，与中国近代史上许多著名人物和著名事件密切相连。这些近代建筑作为特定历史时期社会生活的物质载体，具有重要的历史价值。

北戴河海滨的形成及演进过程记录了北戴河乃至整个中国的近代史。北段河近代建筑群作为那一时期的建筑作品，具有历史价值。

二、艺术价值

北戴河近代建筑是历史上形成的世界性居住聚落，体现了浓厚的东西方文化的交融，它们形式多样，风格各异，堪称中国近代建筑艺术的博物馆。

北戴河近代建筑大多依山就势，俯瞰大海，在错落有致的空间布局中配以红屋顶、高台阶、宽敞的外廊，生活住宅与山水园林巧妙地融为一体。

北戴河近代建筑反映出其时代的经济发展水平和文化艺术特色。

三、科学价值

北戴河近代建筑运用了当时最先进的工程技术，具有很高的科学价值。

北戴河的近代别墅建筑设计者多为外国人，但施工的工匠及主要建筑材料（除铁瓦）皆来自周围各地区。外国人的设计与本国匠师的密切配合，创造出北戴河的近代建筑，研究这些建筑的用材及建造技法，会进一步加深了解这一时期的建筑活动。

四、社会人文价值

北戴河近代别墅取得了北戴河近代名人故居游的社会效应，取得了一定的经济效益，为北戴河文化旅游事业的发展做出具大贡献。

北戴河的近代建筑记录了北戴河乃至中国近代史的风云变幻，目前保存完好的有130余幢近代建筑。具有深厚历史文化内涵。

勘察篇

第一章　文物本体残损分析

一、班地聂别墅（6号楼）

建筑建成距今已有100余年，经受自然风化、雨水侵蚀、后期不当改造等自然和人为破坏，使得该建筑仍存在多方面残损问题，建筑的基本问题主要表现在台阶水泥面破损、木廊柱油漆干裂起壳褪色、水泥地面裂缝，木地板污染磨损、墙面起壳开裂、外墙面多次粉刷改造、木门窗歪闪松动油漆开裂褪色、壁柜及壁炉缺损严重、铁瓦锈蚀、阁楼屋面渗漏、管道线老化等方面问题。

（一）台基、台阶问题

现场调查发现如下问题和现象：

1. 毛石墙基础整体完好，局部毛石有裂缝，后补水泥砂浆勾缝等。
2. 台阶条石普遍磨损、污染严重，原花岗岩条石墙帽缺失，现为仿灰砖涂料墙帽。

（二）室内外地面问题

经现场勘察，建筑的地面做法主要为近期改造的瓷砖无明显残破。

（三）石廊柱及木花格的修复问题

1. 木廊柱油漆起壳干裂，局部剥落。
2. 现存木花格基本完好，局部连接松动，油漆普遍干裂褪色严重。

（四）外立面清理修复问题

建筑外墙抹灰墙面普遍存在以下几方面问题：

1. 从现场墙体破损裸露处明显可以看出，墙体面层经过多次粉刷，建筑外墙面原粉刷应为淡黄色涂料层。

2. 现有白灰抹面层普遍起壳干裂，污染变暗，局部管道孔洞损毁等。

（五）木壁柜及壁炉修复问题

现存壁柜多为壁柜的背板、隔板等，主要壁柜件缺失。

（六）墙体、木梁架结构加固问题

为确保该工程改造后安全使用，建议工程改造时采取以下处理措施：

1. 对不满足抗震承载力要求的墙体进行抗震加固。

2. 工程改造时，不宜改动原有建筑风格和结构体系。

3. 改造时不得增加原有的楼面荷重。

4. 不宜在墙体新开洞口；对于废弃的洞口，应将其封堵、填实。

5. 对改造过程中发现的构件外观质量缺陷，应进行修补处理。

6. 应由具备资质的设计单位按最终的装修改造方案，对结构重新验算后，提出相应的加固方案与施工图。

（七）建筑屋面修复问题

1. 经现场勘察，阁楼室内局部吊顶受潮发霉，应为楼顶渗雨所致。

2. 铁瓦屋面基本完好，普遍油漆剥落褪色，局部锈蚀严重。

（八）建筑生物侵害问题

1. 经现场勘察，目前未发现房屋有白蚁活动及鼠害现象。

2. 建筑周围生长有对建筑墙体不利的植物。

（九）基础设施设备问题

由于班地聂别墅建筑大部分房间年久失修，长期闲置原因，闲置房间现有电力、给排水、消防和安防监控等基础设施遭到严重破坏，无法继续使用。

经现场勘察，闲置房间具体问题如下：

1. 房间配电设备陈旧、老化，管线零乱，配电设备不能正常使用。

2. 房间卫生间设备老化，排水不畅。

3. 目前，房屋现有落水管、落水斗、铁件严重锈蚀损坏。

4. 房间消防设备陈旧、老化；未安装安防设备。

二、白兰士别墅（8号楼）

建筑建成距今已有100余年，经受自然风化、雨水侵蚀、后期不当改造等自然和人为破坏，使得该建筑仍存在多方面残损问题，建筑的基本问题主要表现在台阶水泥面破损、木廊柱油漆干裂起壳褪色、水泥地面裂缝，木地板污染磨损、墙面起壳开裂、外墙面多次粉刷改造、木门窗歪闪松动油漆开裂褪色、木楼梯磨损严重、壁柜及壁炉缺损严重、铁瓦锈蚀、阁楼屋面渗漏、管道线老化等方面问题。根据质量检查报告检测结果得知，构造问题主要表现在建筑主体墙体不能满足抗震荷载要求与房间渗漏等方面问题。

（一）台基、台阶问题

现场调查发现如下问题和现象：

1. 毛石墙基础整体完好，局部毛石有裂缝，后补水泥砂浆勾缝等。

2. 入口台阶与两侧护墙水泥抹面损毁严重，局部裸露红砖。

（二）室内外地面问题

经现场勘察，建筑的地面做法主要分为三种类型：水泥、瓷砖及木地板。

1. 同种材质类型地面破损程度基本一致。

2. 水泥地面整体完好，围廊局部地面有水泥裂缝，初步判断地面面层为后期增加的水泥抹面。

3. 木地板地面主要问题是普遍灰尘污渍污染、油漆褪色、磨损严重。局部连接松动。踢脚线板普遍与墙体连接松动，变形脱节严重，急需清理维修。

（三）木廊柱、木雀替及木花格的修复问题

1. 木廊柱油漆起壳干裂，局部剥落。

2. 现存木花格与木雀替基本完好，局部连接松动，油漆普遍干裂褪色严重。

3. 北立面廊柱上的木雀替缺失 6 个。

（四）外立面清理修复问题

建筑外墙抹灰墙面普遍存在以下几方面问题：

1. 从现场墙体破损裸露处明显可以看出，墙体面层经过多次粉刷，建筑外墙面原粉刷应为淡黄色涂料层。

2. 现有白灰抹面层普遍起壳干裂，污染变暗，局部管道孔洞损毁等。

（五）木壁柜及壁炉修复问题

1. N1 房间勘测不及，内部的壁柜与壁炉有无破损情况不详，针对具体情况予以修复或按现存其他复制。

2. 现存壁柜多为壁柜的背板、隔板等，主要壁柜件缺失。

（六）墙体、木楼板、木梁架结构加固问题

为确保该工程改造后安全使用，建议工程改造时采取以下处理措施：

1. 对不满足抗震承载力要求的墙体进行抗震加固。

2. 阁楼屋面渗漏严重，建议重做阁楼屋面防水。

3. 工程改造时，不宜改动原有建筑风格和结构体系。

4. 改造时不得增加原有的楼面梁架荷重。

5. 不宜在墙体新开洞口；对于废弃的洞口，应将其封堵、填实。

6. 对改造过程中发现的构件外观质量缺陷，应进行修补处理。

7. 应由具备资质的设计单位按最终的装修改造方案，对结构重新验算后，提出相应的加固方案与施工图。

（七）建筑屋面修复问题

1. 经现场勘察，阁楼室内局部吊顶受潮发霉，应为楼顶渗雨所致。

2. 铁瓦屋面基本完好，普遍油漆剥落褪色，局部锈蚀严重。

（八）建筑生物侵害问题

1. 经现场勘察，目前未发现房屋有白蚁活动及鼠害现象。

2. 建筑周围生长有对建筑墙体不利的植物。

（九）基础设施设备问题

由于白兰士别墅（8 号楼）建筑大部分房间年久失修，长期闲置原因，闲置房间现有电力、给排水、消防和安防监控等基础设施遭到严重破坏，无法继续使用。

经现场勘察，闲置房间具体问题如下：

1. 房间配电设备陈旧、老化，管线零乱，配电设备不能正常使用。

2. 房间卫生间设备老化，排水不畅。

3. 目前，房屋现有落水管、落水斗、铁件严重锈蚀损坏。

4. 房间消防设备陈旧、老化；未安装安防设备。

三、常德立别墅（10 号楼）

建筑建成距今已有100余年，经受自然风化、雨水侵蚀、后期不当改造等自然和人为因素的破坏，使得该建筑仍存在多方面残损问题，建筑的基本问题主要表现在台阶瓷砖面磨损严重且与建筑整体风格不符、毛石廊柱勾缝风化脱落、水磨石地面勾缝脱落，木地板龙骨潮湿、一层地面潮湿且杂物堆积严重，内墙面污渍严重且潮湿，二层内墙面多次粉刷改造、外墙面多次修补勾缝、木门窗歪闪松动油漆开裂褪色、铁瓦锈蚀接缝处轻微漏雨、管道线老化以及现代空调设施位置等方面问题。根据质量检查报告检测结果得知，构造问题主要表现在建筑主体墙体不能满足抗震荷载要求与房间渗漏等方面问题。

（一）台基、台阶问题

现场调查发现如下问题和现象：

1. 毛石墙基础整体完好，局部毛石有裂缝，后补水泥砂浆勾缝等。

2. 入口台阶与两侧护墙水泥后做花岗石铺面与建筑整体风格不符。

（二）室内外地面问题

经现场勘察，建筑的地面做法主要分为三种类型：水磨石、瓷砖、木地板及水泥地面。

1. 同种材质类型地面破损程度基本一致。

2. 水磨石地面整体完好，局部地面水泥勾缝脱落。

3. 木地板地面主要问题是地龙骨潮湿，局部连接松动，踢脚线板基本完好。

4. 一层室内地面潮湿，且杂物堆积严重，无照明设施，墙面污渍严重，墙皮脱落现象严重。

（三）毛石廊柱的修复问题

1. 毛石廊柱经过多次修补基本完好，局部勾缝脱落。

2. 毛石砌体局部有松动。

（四）外立面清理修复问题

建筑外墙抹灰墙面普遍存在以下几方面问题：

1. 从现场墙体破损裸露处明显可以看出，墙体面层经过多次粉刷，建筑外墙面原粉刷应为淡黄色涂料层。

2. 现有白灰抹面层普遍起壳干裂，污染变暗，局部管道孔洞损毁等。

（五）墙体、木楼板、木梁架结构加固问题

质量检验报告处理建议。

为确保该工程改造后安全使用，建议工程改造时采取以下处理措施：

1. 对不满足抗震承载力要求的墙体进行抗震加固。

2. 阁楼屋面渗漏严重，建议重做阁楼屋面防水。

3. 工程改造时，不宜改动原有建筑风格和结构体系。

4. 改造时不得增加原有的楼面梁架荷重。

5. 不宜在墙体新开洞口；对于废弃的洞口，应将其封堵、填实。

6. 对改造过程中发现的构件外观质量缺陷，应进行修补处理。

7. 应由具备资质的设计单位按最终的装修改造方案，对结构重新验算后，提出相应的加固方案与施工图。

（六）建筑屋面修复问题

1. 经现场勘察，阁楼室内局部吊顶受潮发霉，应为楼顶渗雨所致。

2. 铁瓦屋面基本完好，普遍油漆剥落褪色，局部锈蚀严重。

（七）建筑生物侵害问题

经现场勘察，目前未发现房屋有白蚁活动及鼠害现象。

建筑周围生长有对建筑墙体不利的植物。

（八）基础设施设备问题

由于常德立别墅（10 号楼）建筑一层房间年久失修，长期闲置处于潮湿环境中，目前无电力消防安防等基础设施，二层房间目前正在使用，现有电力、给排水、消防和安防监控等基础设施基本完好。

经现场勘察，房间具体问题如下：

1. 房间配电设备陈旧、老化，管线零乱。
2. 房间卫生间设备老化，排水不畅。
3. 目前，房屋现有落水管、落水斗、铁件严重锈蚀损坏。
4. 房间内未安装消防及安防设备。

四、来牧师别墅（11 号楼）

建筑建成距今已有 100 余年，经受自然风化、雨水侵蚀、后期不当改造等自然和人为破坏，使得该建筑仍存在多方面残损问题，建筑的基本问题主要表现在地下室多年废置不用缺乏有效正确的维修，以至墙面、顶棚、地面均存在严重的残损；地下室结构问题严重，不当加固现象十分明显；地上一层的室内不当改造较多，建筑原有风貌已不可见；东侧台阶经过重建，采用了大理石材料，与建筑风貌不符；外墙多次粉刷改造，墙面局部水泥勾缝风化残损；门窗变形松动、油漆脱落；管道线路老化、规划不当等问题。

（一）台阶问题

现场调查发现如下问题和现象：

1. 东侧台阶经过重建，材料明显改变，现状为花岗石，原为条石。

2. 西北侧台阶为条石，局部有裂缝；水泥勾缝，局部风化残损。

（二）室内外地面问题

经现场勘察，建筑的地面做法主要分为三种类型：水磨石、瓷砖、木地板及水泥地面。

1. 同种材质类型地面破损程度基本一致。

2. 水磨石地面整体完好，局部地面水泥勾缝脱落。

3. 木地板地面面层基本完好，主要问题是地龙骨潮湿，踢脚线板基本完好。

4. 一层室内地面潮湿，且杂物堆积严重，无照明设施，墙面污渍严重，墙皮脱落现象严重。

（三）毛石廊柱的修复问题

毛石廊柱现状基本完好，现状水泥勾缝粗糙。

（四）外立面清理修复问题

建筑外墙抹灰墙面普遍存在以下几方面问题：

1. 从现场墙体破损裸露处明显可以看出，墙体面层经过多次粉刷，建筑外墙面原粉刷应为淡黄色涂料层。

2. 外墙面水泥勾缝局部开裂缺失；外墙面上不当穿孔及外挂空调机留下较多锈渍。

3. 内墙面（二层）经过多次粉刷，现状为白色，对于毛石的粗犷质感产生破坏。

（五）门窗的修复问题

现存门窗多处变形或残缺，油漆粗糙。

（六）地下室的修复问题

1. 地下室长期废弃，一些建筑垃圾急需清除。
2. 结构问题突出，存在诸多影响使用和美观的不当加固。
3. 地面、吊顶及墙面均存在严重的破损。
4. 上下水管线严重老化，电线等其他管线也存在较严重的问题。

（七）墙体、木梁架结构加固问题

为确保该工程改造后安全使用，建议工程改造时采取以下处理措施：
1. 对不满足抗震承载力要求的墙体进行抗震加固。
2. 工程改造时，不宜改动原有建筑风格和结构体系。
3. 改造时不得增加原有的楼面荷重。
4. 不宜在墙体新开洞口；对于废弃的洞口，应将其封堵、填实。
5. 对改造过程中发现的构件外观质量缺陷，应进行修补处理。
6. 应由具备资质的设计单位按最终的装修改造方案，对结构重新验算后，提出相应的加固方案与施工图。

（八）建筑屋面修复问题

1. 经现场勘察，建筑屋顶与原有建筑风貌不符，原本应为铁瓦，现状改造为机砖瓦。
2. 现状机砖瓦局部有瓦片残缺。

（九）建筑生物侵害问题

经现场勘察，目前未发现房屋有白蚁活动及鼠害现象。

建筑周围生长有对建筑墙体不利的植物。

如建筑外墙面有爬藤植物。

（十）基础设施设备问题

由于来牧师别墅建筑二层房间一直处于使用状态，经过多次不当装修，但基础设施可以正常使用；一层年久失修，长期闲置，闲置房间现有电力、给排水、消防和安防监控等基础设施遭到严重破坏，无法继续使用。

经现场勘察，闲置房间具体问题如下：

1. 房间配电设备陈旧、老化，管线零乱，配电设备不能正常使用。
2. 卫生间设备受损严重，排水不畅。
3. 房屋现有落水管、落水斗、铁件严重锈蚀损坏。
4. 房间消防设备陈旧、老化；未安装安防设备。

第二章　现状勘察

由于历史变迁，建筑几易其主，八处建筑物原工程图纸和资料均已遗失。

2009 年至 2011 年，对白兰士别墅（8 号楼）、班地聂别墅（6 号楼）、常德立别墅（10 号楼）、来牧师别墅（11 号楼）进行了现场勘查，对每个房间进行编号，对损坏情况进行了调查记录，收集整理相关建筑资料，完成建筑现状勘查调研报告。

一、班地聂别墅（6 号楼）

建筑位置：北戴河区安三路 2 号（今秦皇岛市政府招待处院内）

班地聂别墅（6 号楼）现状（一）

班地聂别墅（6号楼）现状（二）

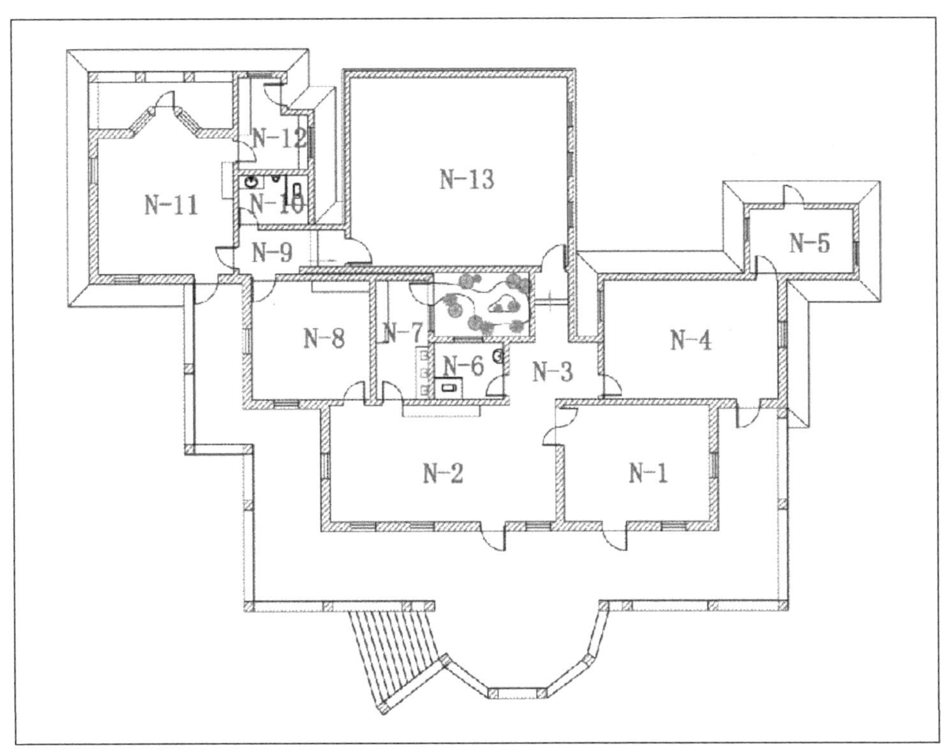

班地聂别墅（6号楼）房间编号图

建筑年代：清末民初

建筑现状：建筑为砖木结构，整体铁瓦坡屋顶，地上一层，地下一层，采用石、砖、木、铁瓦等建筑材料建造，室内有木墙裙、壁柜、壁炉等，建筑面积 517 平方米。

保护范围：无

建设控制地带：无

（一）建筑残损现状

1. 台基及入口台阶

（1）台基

残损现状：毛石墙基础，水泥砂浆勾缝。局部墙面有后加固的水泥勾缝痕迹。

残损原因：墙基自然损毁，后补水泥勾缝。

（2）入口台阶

残损现状：台阶为黄白色花岗岩条石铺墁，水泥勾缝。台阶两侧护墙为红砖砌筑，红砖后刷仿灰砖涂料墙帽。台阶条石普遍磨损、污染严重，原花岗岩条石墙帽缺失，现为仿灰砖涂料墙帽。

残损原因：年久失修，人为不当使用。

2. 围廊地面（瓷砖地面）

残损现状：近期改造的白色瓷砖地面；原水泥地面被改造为瓷砖地面。

残损原因：人为不当改造使用。

3. 廊柱（花岗岩石材廊柱）

残损现状：灰白色花岗岩块石砌筑的廊柱。廊柱整体完好，勾缝普遍被改造为水泥勾缝。

残损原因：人为不当改造使用。

4. 梁架

残损现状：白灰吊顶封护，内部木梁架残损情况不详。

5. 墙体

（1）建筑墙体

残损现状：370 毫米厚青砖砌筑，白灰砂浆勾缝，麻刀灰找平，白灰抹面。经勘察，未见明显的墙体裂缝，墙体白灰抹面层普遍干裂，污染变暗。

残损原因：年久失修，多次粉刷墙面。

（2）围廊墙体

残损现状：花岗岩块石砌筑墙体，水泥勾缝；墙帽为水泥浇筑外抹淡黄色防水漆。原为白灰砂浆勾缝破损后改用水泥勾缝；花岗岩条石墙帽缺失，现为水泥刷漆。

残损原因：人为不当改造。

6. 门窗

残损现状：建筑外墙门窗均为双层门窗，室外侧为百叶木门窗，室内侧为木格玻璃窗；百叶木门窗木料多为松木，木框饰绿漆，百叶格栅饰白色油漆。连接件为铁合页及铁把手。百叶木门窗基本完好，局部门窗扇位移、歪闪磨损严重；门窗套装饰红砖墙面普遍漆料粉刷污染严重。

残损原因：年久失修，人为不当使用；木材受干湿、冷热、风化等自然侵害。

7. 装修装饰

（1）围廊前檐装饰

残损现状：围廊前檐下装饰为檐下木廊柱之间连接的高 390 毫米、厚 50 毫米的木花格。木花格为当地松木；木花格边框油饰绿色油漆。现存木花格基本完好，局部连接松动，油漆普遍干裂褪色严重。

残损原因：年久失修，人为不当使用；木材受干湿、冷热、风化等自然侵害。

（2）室内家具、壁炉等装饰

残损现状：目前，室内为废弃空房间，大部分历史时期的家具装饰无存；现室内有大理石汉白玉壁炉两处。现存壁柜多为壁柜的背板、隔板等，主要壁柜件缺失；现存壁炉磨损严重。

残损原因：由于历史原因，建筑经不同人使用与闲置，无人保护与维修；人为不当改造使用。

8. 楼板吊顶

残损现状：普遍房间白灰吊顶无明显沉降裂缝痕迹。N1 室内局部吊顶受潮发霉。

残损原因：经现场勘察，吊顶受潮，因屋顶漏雨所致。

（二）建筑现状残损照片

台基残损现状

入口台阶残损现状

瓷砖地面残损现状

花岗岩石材廊柱残损现状

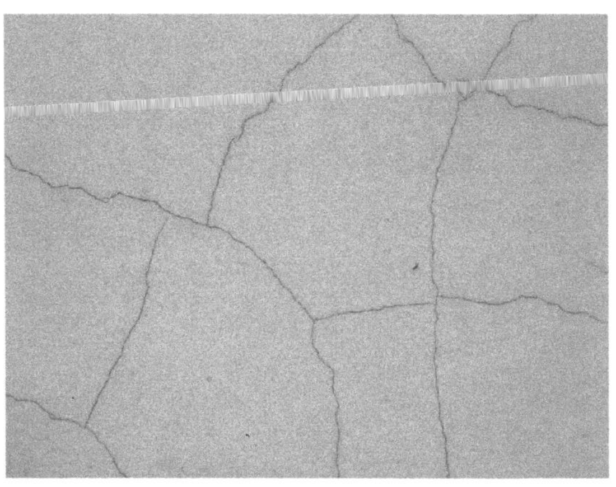

建筑群体残损现状

围廊墙体残损现状

室外百叶门窗残损现状

围廊前檐装饰残损现状

室内家具、壁炉等装饰残损现状

室内吊顶残损现状

（三）现状勘测图纸

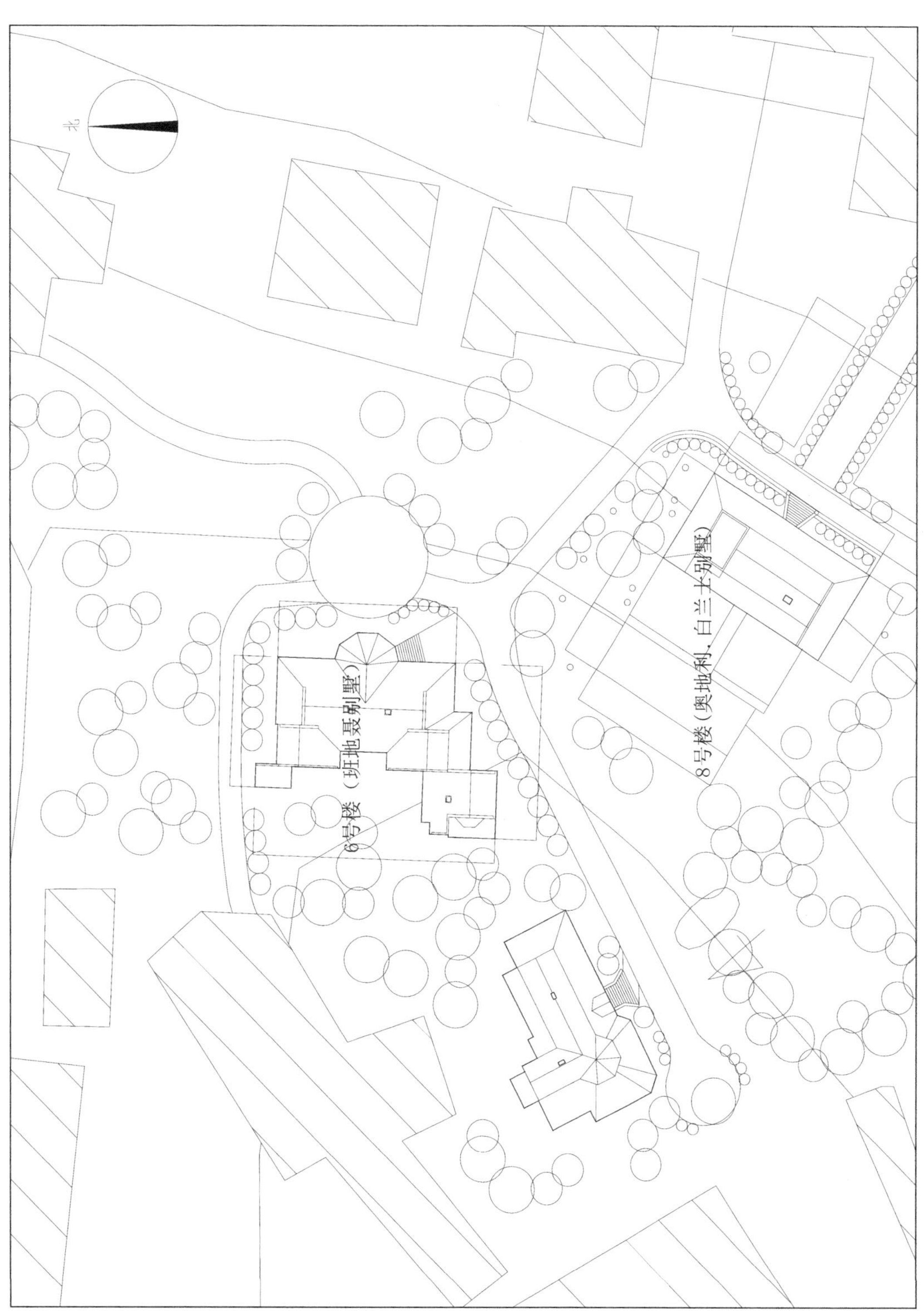

6 号楼、8 号楼总平面图

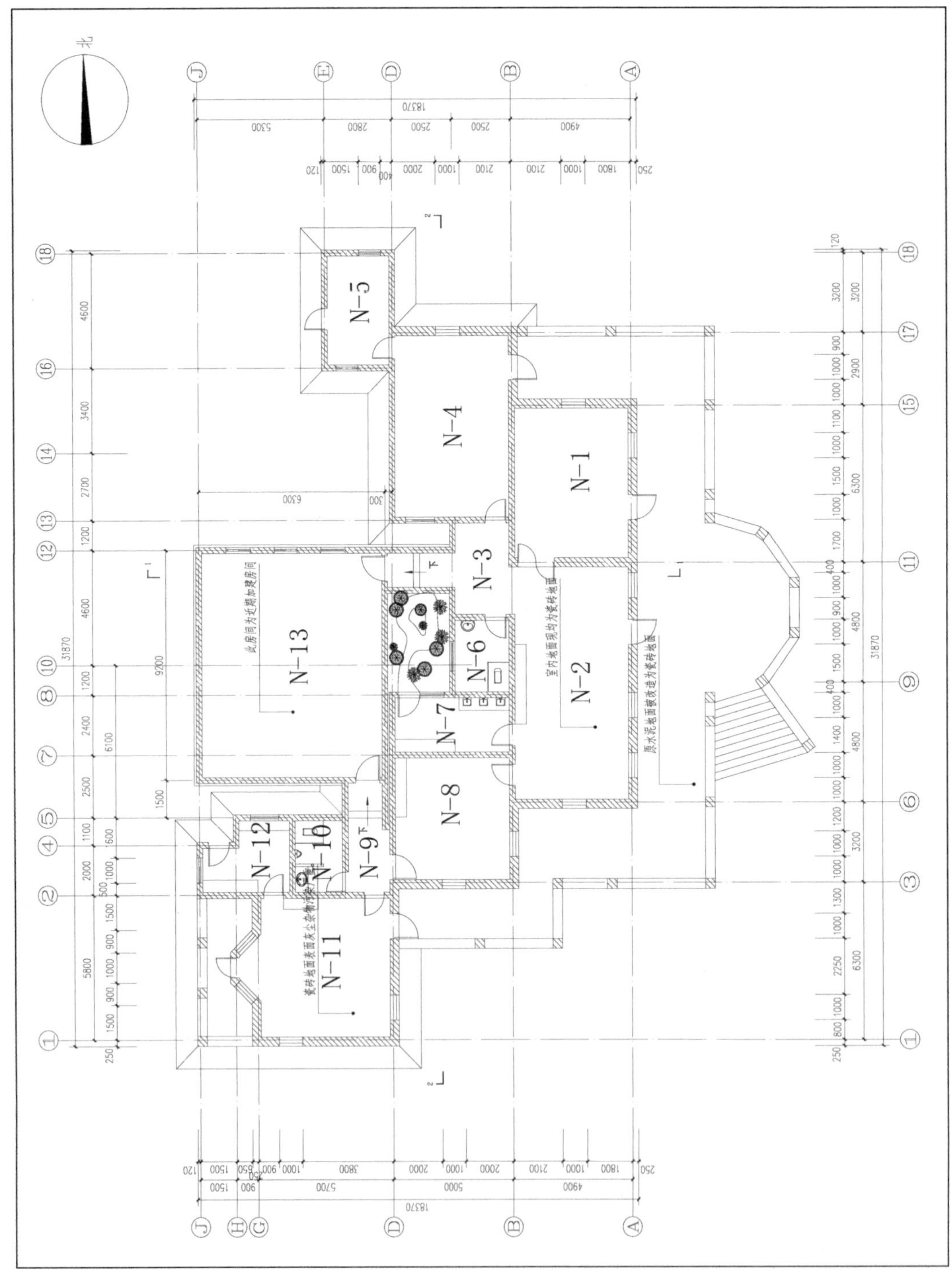

班地聂别墅（6号楼）平面图

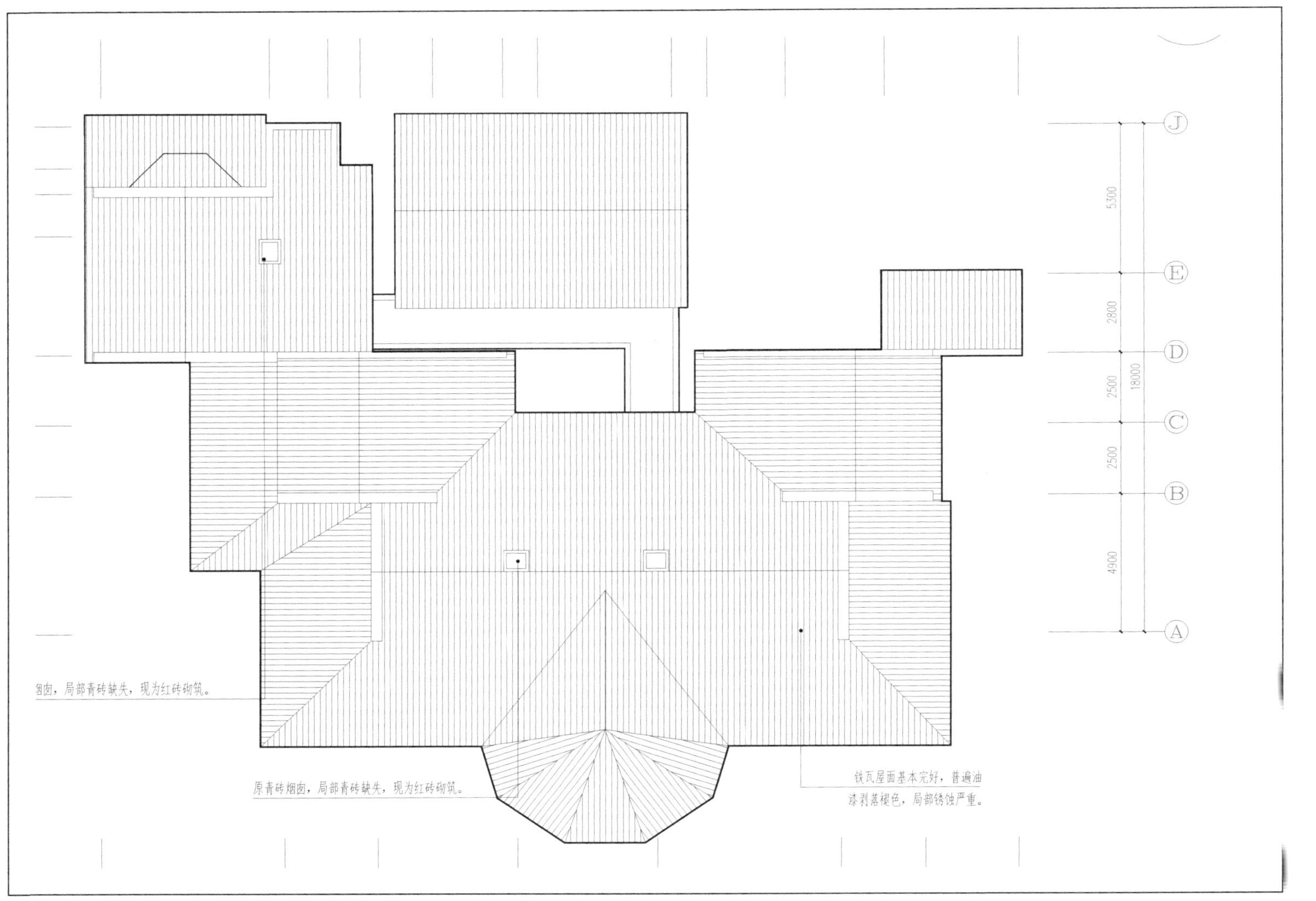

班地聂别墅（6号楼）屋顶平面图

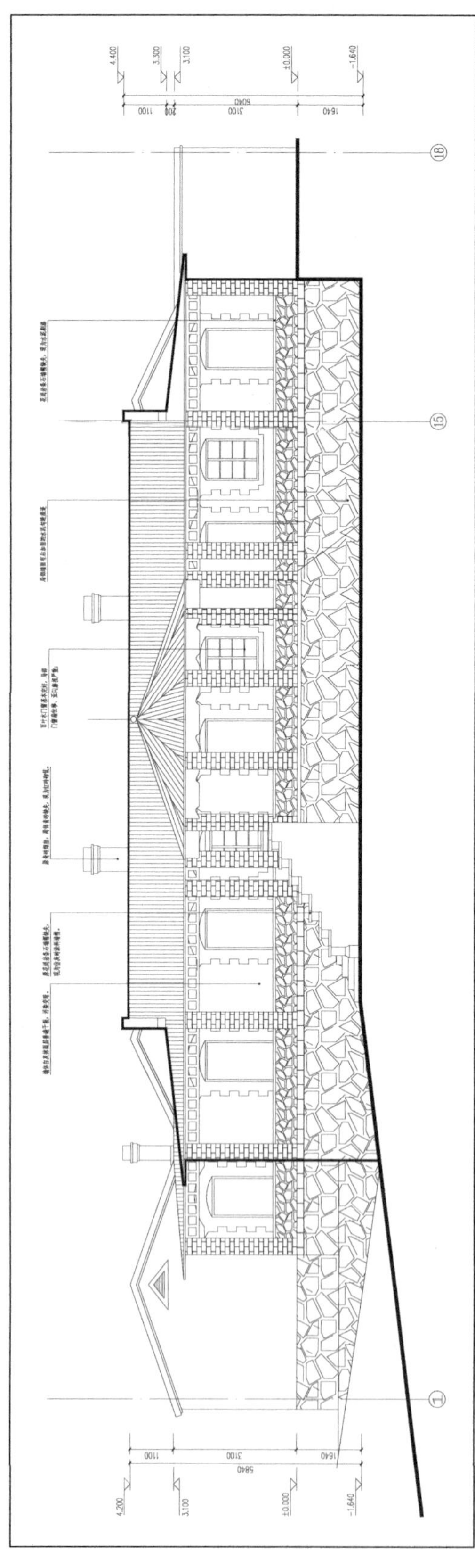

班地聂别墅（6号楼）1-18立面图

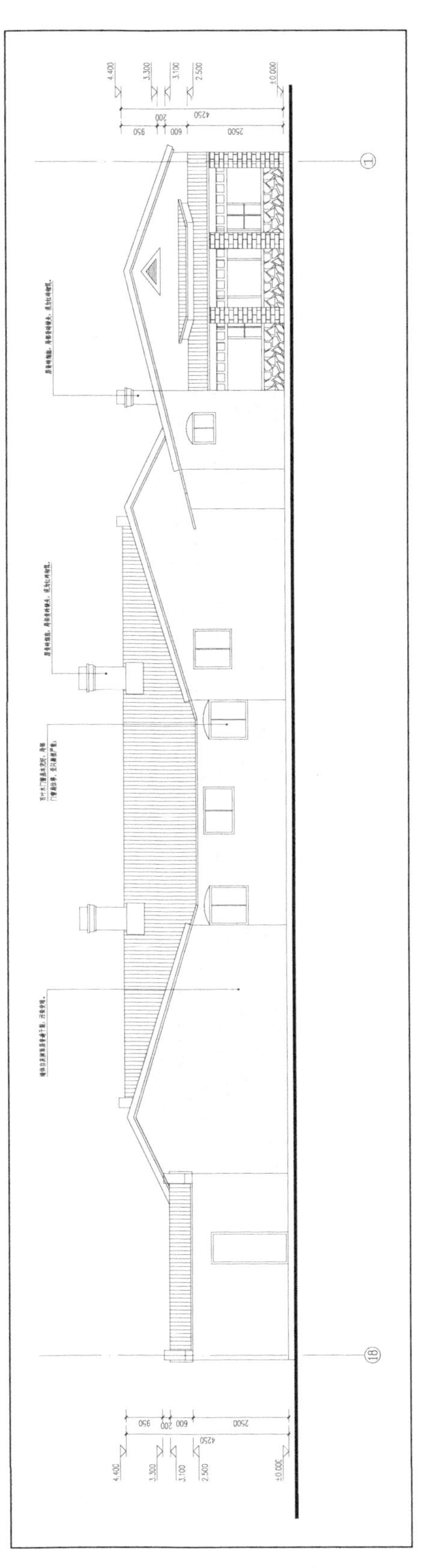

班地聂别墅（6号楼）18-1立面图

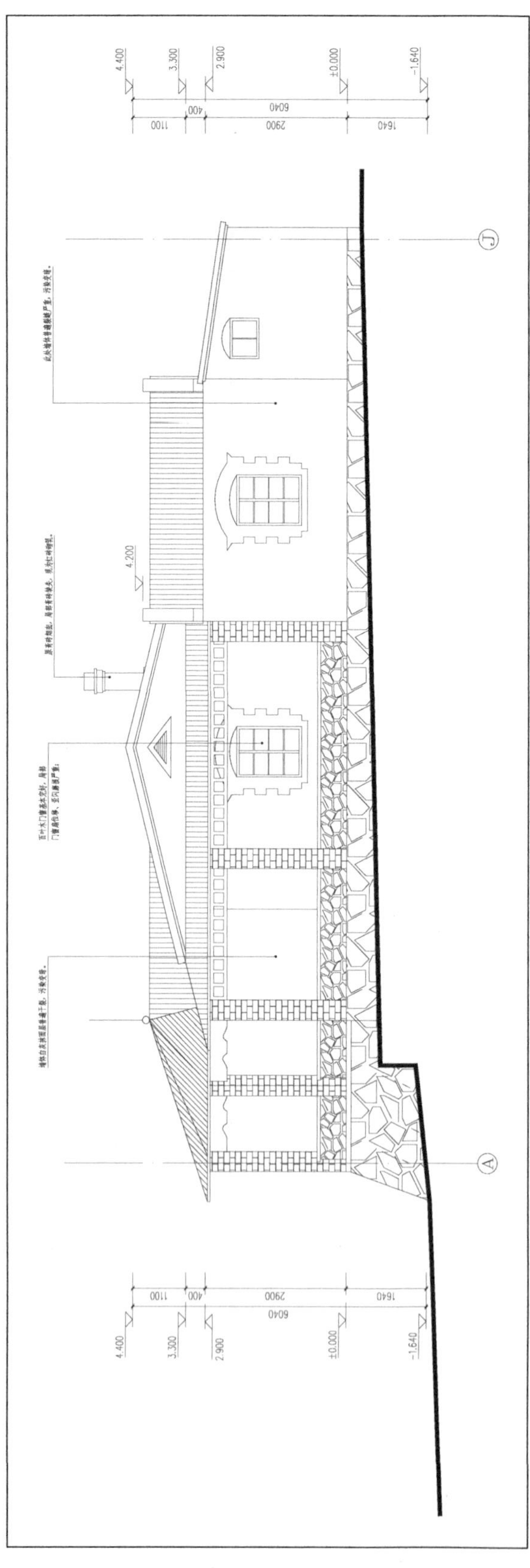

班地聂别墅（6号楼）A–J 立面图

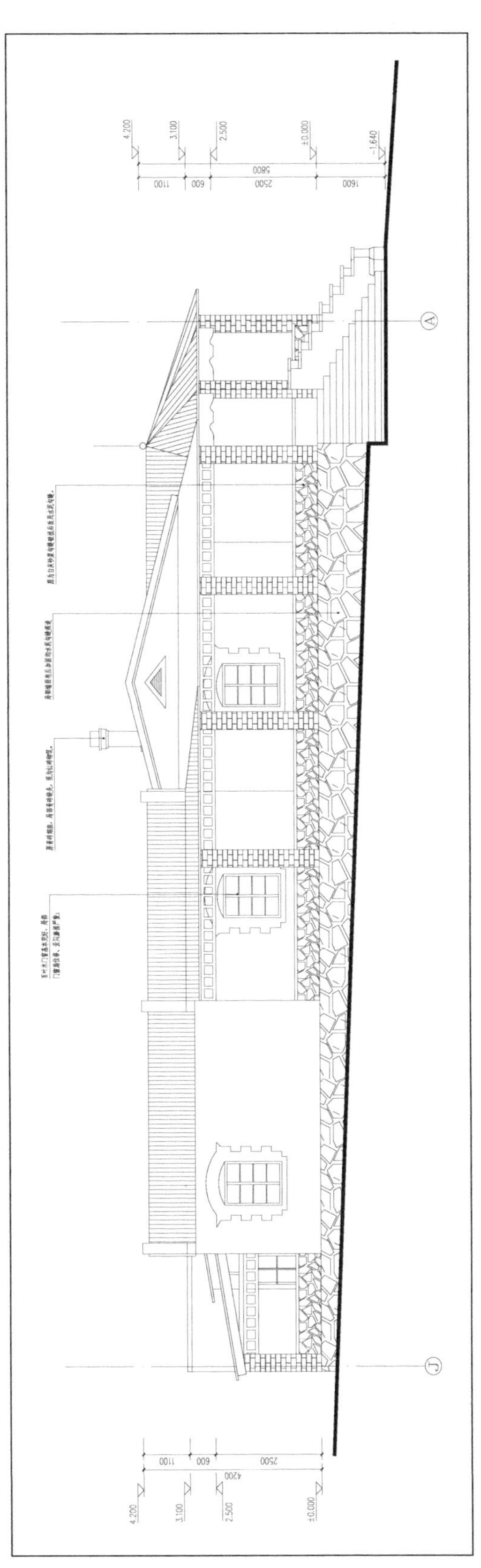

班地聂别墅（6号楼）J–A立面图

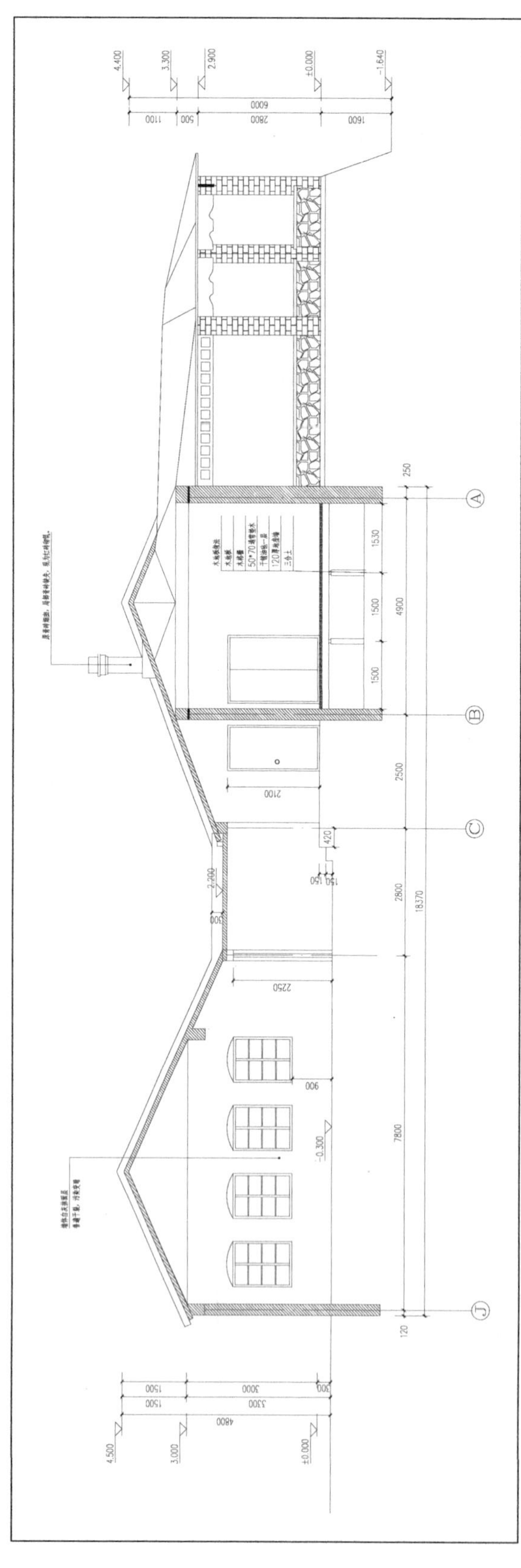

班地聂别墅（6号楼）1-1剖面图

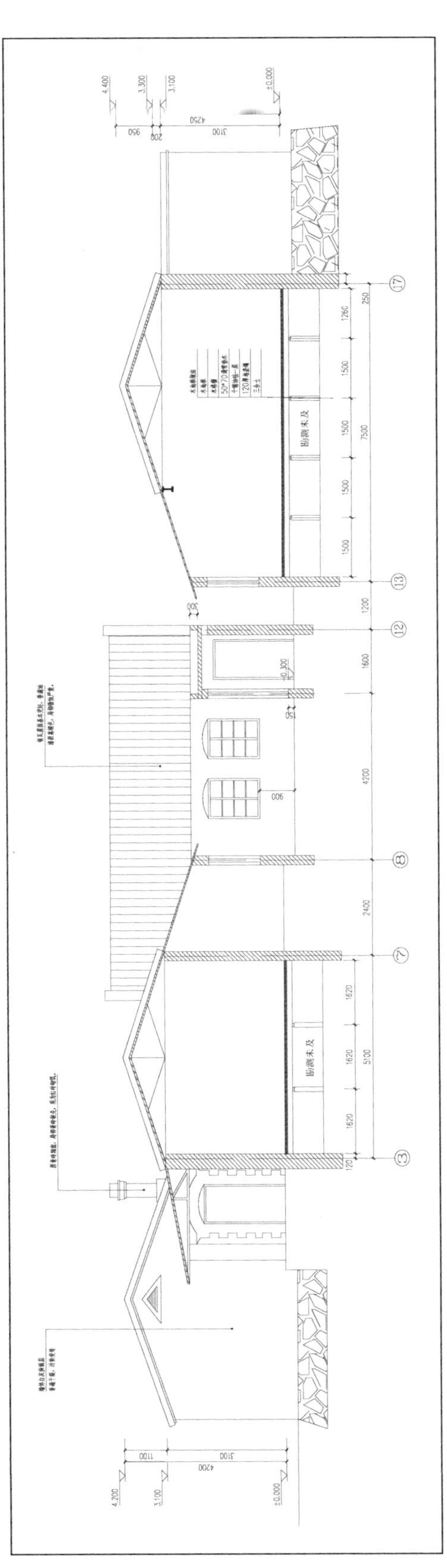

班地聂别墅（6号楼）2-2剖面图

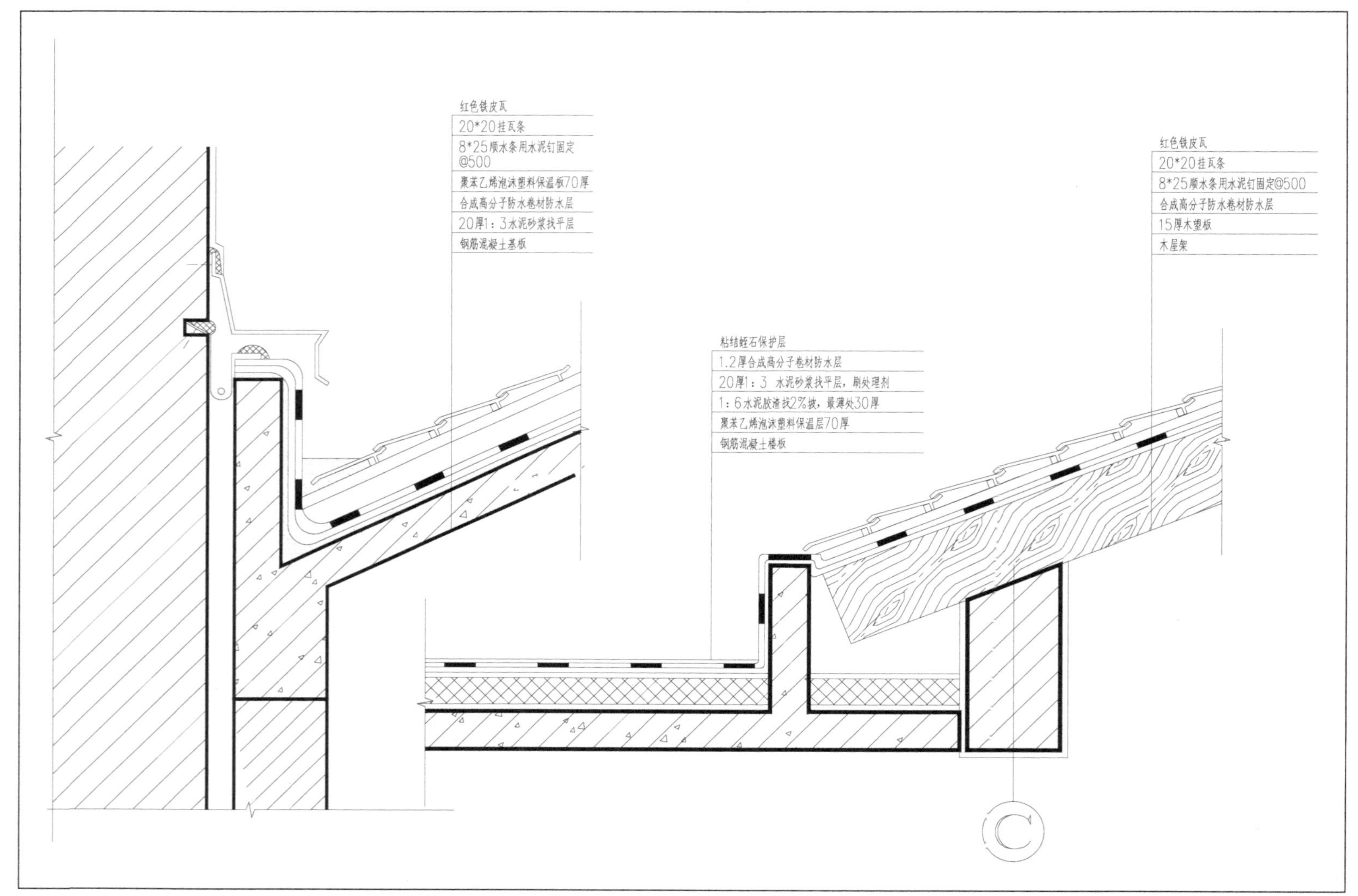

班地聂别墅（6号楼）屋顶做法

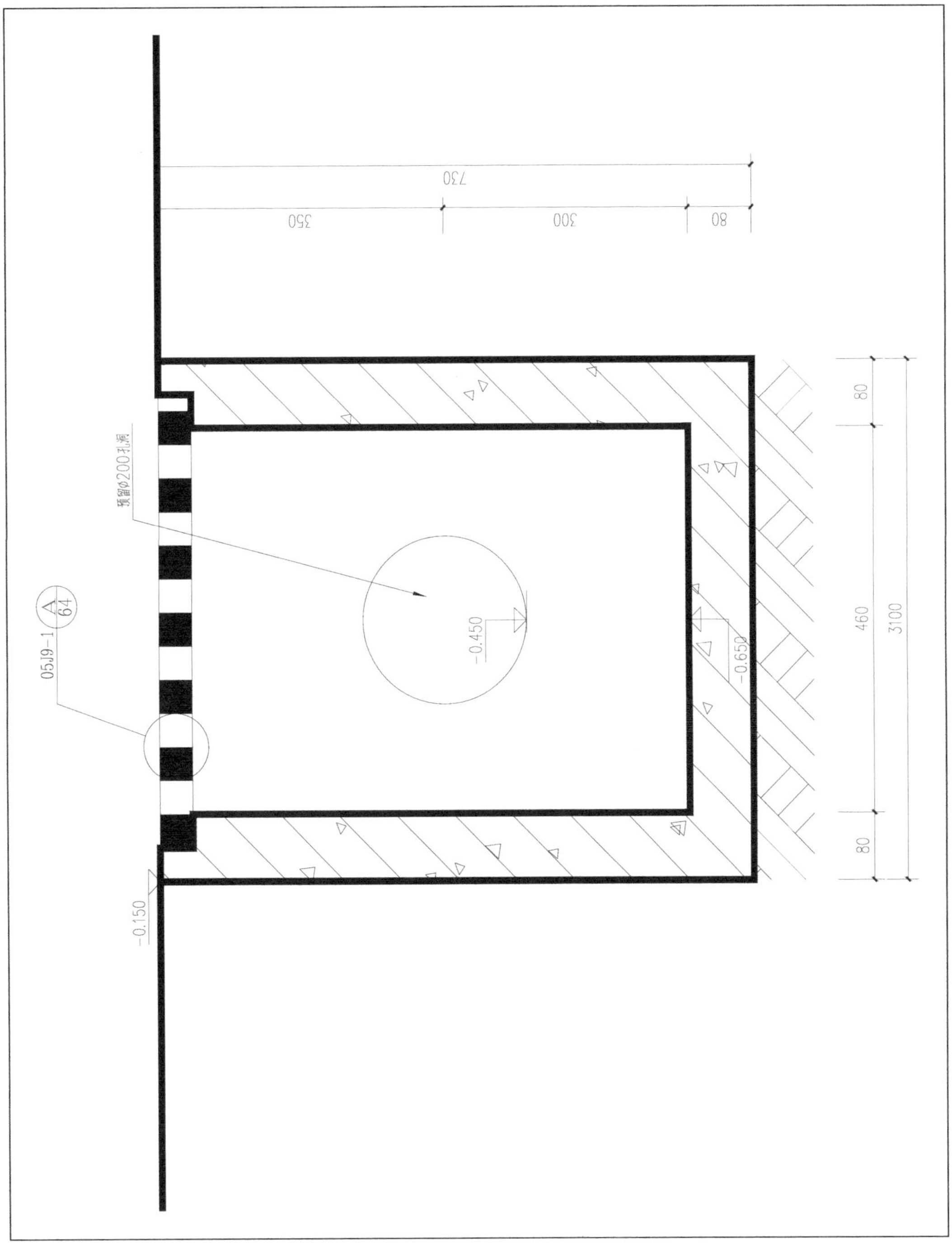

班地聂别墅（6号楼）集水井大样

二、白兰士别墅（8 号楼）

建筑位置：北戴河区安三路 1 号（今秦皇岛市政府招待处院内）

建筑年代：清末民初

建筑现状：建筑为石木结构，整体铁瓦坡屋顶，地上一层，局部二层，地下一层，采用石、砖、木、铁瓦等建筑材料建造，室内有吊顶、木饰线、壁柜、壁炉等，建筑面积 356 平方米。

保护范围：东至筑外廊毛石墙向外延伸 10 米，南至建筑外廊毛石墙向外延伸 15 米，西至自外墙起向外延伸 20 米，北至外墙起向外延伸 15 米。

建设控制地带：从四面保护范围外缘起各向外延伸 10 米。

白兰士别墅（8 号楼）现状（一）

白兰士别墅（8 号楼）现状（二）

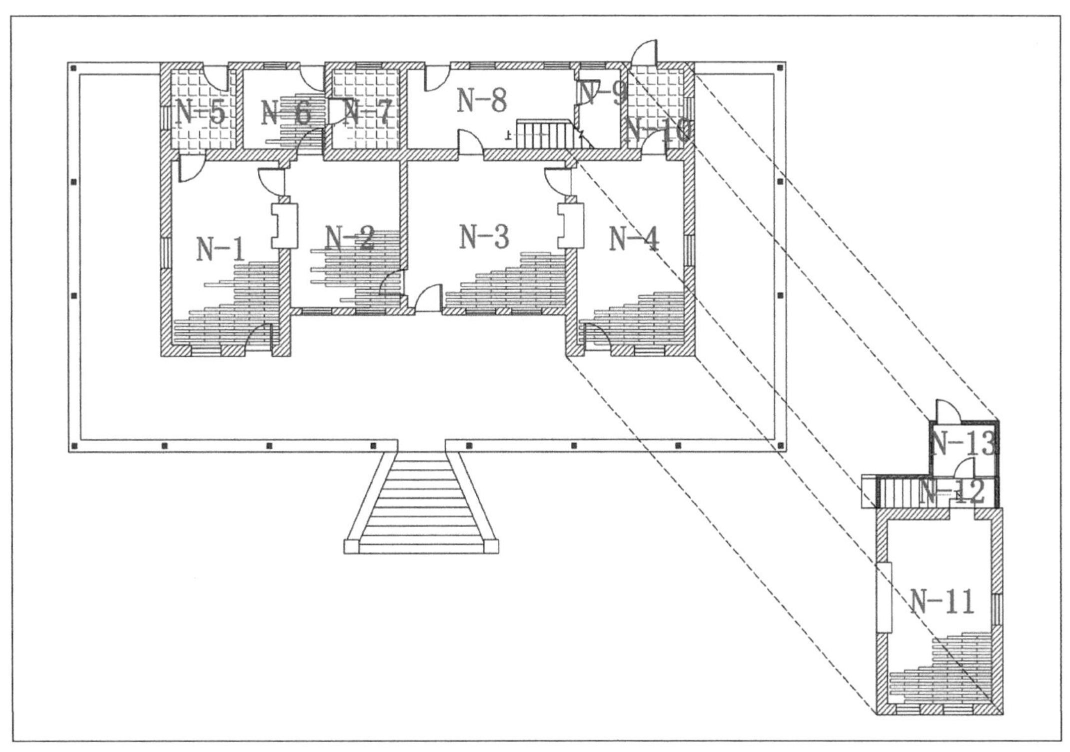

白兰士别墅（8 号楼）房间编号图

（一）建筑残损现状

1. 台基及入口台阶

（1）台基

残损现状：毛石墙基础，水泥砂浆勾缝。局部墙面有后加固的水泥勾缝痕迹。

残损原因：墙基自然损毁。

（2）入口台阶

残损现状：台阶为红砖砌筑，水泥砂浆抹面；台阶两侧为红砖水泥砂浆抹面护墙。台阶水泥抹面损毁严重，局部裸露红砖；台阶两侧护墙局部破损严重。

残损原因：年久失修，人为不当使用。

2. 地面

（1）水泥、瓷砖地面

残损现状：水泥地面主要分布在围廊地面与后檐 N5、N8 房间；N7、N10 房间为瓷砖地面。围廊水泥地面普遍污染严重，局部地面出现裂缝；瓷砖地面表面灰尘杂物污染严重。

残损原因：人为不当使用。

（2）木地板

残损现状：室内房间大部分为栗红色木地板。木地板内部龙骨情况不详。木地板基本完整，无明显沉降迹象；房间长期闲置，室内堆积大量生活杂物，木地板普遍被灰尘杂物污染、褪色磨损严重。木地板房间地板残损比例为 60%。

残损原因：年久失修，长期闲置，无保养措施。

3. 廊柱

残损现状：14 根红色围廊木柱，柱子腰部外侧刻有花饰。油漆起壳干裂，局部剥落。

残损原因：年久失修，人为不当使用。

4. 梁架

残损现状：白灰吊顶封护，勘测不及。内部木梁架残损情况不详。

5. 墙体

（1）建筑墙体

残损现状：370 毫米厚青砖砌筑，白灰砂浆勾缝，麻刀灰找平，白灰抹面。经勘察，未见明显的墙体裂缝，墙体白灰抹面层普遍干裂，污染变暗。

残损现状：年久失修，多次粉刷墙面。

（2）围廊墙体

残损现状：青砖砌筑，白灰砂浆勾缝，上部水泥抹面。水泥抹面局部有裂缝；青砖墙面后刷涂料一层，现留有剥落后痕迹。

残损原因：人为不当改造。

6. 门窗

（1）室外百叶门窗

残损现状：建筑外墙门窗均为双层门窗，室外侧为百叶木门窗，室内侧为木格玻璃窗；百叶木门窗木料多为松木，木框饰绿漆，百叶格栅饰白色油漆。连接件为铁合页及铁把手。百叶木门窗基本完好，局部门窗扇位移、歪闪磨损严重；木饰油漆普遍干裂褪色，门窗铁连接件、把手缺失等。

残损原因：年久失修，人为不当使用；木材受干湿、冷热、风化等自然侵害。

（2）室内门窗

残损现状：室内门窗均为木格玻璃窗；木格玻璃窗木料多为松木，外饰白色油漆，内镶嵌透明玻璃。连接件为铁合页及铁把手。百叶木门窗基本完好，局部门窗扇位移、歪闪磨损严重；木饰油漆普遍干裂褪色，部分门窗铁连接件、玻璃、把手缺失等。

残损原因：年久失修，人为不当使用；木材受干湿、冷热、风化等自然侵害。

7. 装修装饰

（1）围廊前檐装饰

残损现状：围廊前檐下装饰为檐下木廊柱之间连接的高 390 毫米、厚 50 毫米的木花格与廊柱上长 230 毫米、高 130 毫米、厚 13 毫米的木雀替；木花格与木雀替多为当地松木；木花格边框油饰绿色油漆，花格芯油饰白色油漆，木雀替油饰白色油漆。现存木花格与木雀替基本完好，局部连接松动，油漆普遍干裂褪色严重；北立面廊柱上的木雀替缺失 6 个。

残损原因：年久失修，人为不当使用；木材受干湿、冷热、风化等自然侵害。

（2）室内家具、壁炉等装饰

残损现状：目前，室内为废弃空房间，大部分历史时期的家具装饰无存；现室内残存部分栗红色木质壁柜与壁炉。现存壁柜多为壁柜的背板、隔板等，主要壁柜件缺失；现存壁炉磨损严重。

残损原因：由于历史原因，建筑经不同人使用与闲置，无人保护与维修；人为不当改造使用。

8. 楼板吊顶

（1）室内吊顶

残损现状：普遍房间白灰吊顶无明显沉降裂缝痕迹；N13 房间为木板条吊顶，从材料、式样上分析应为近期改造。N4、N11 室内局部吊顶受潮发霉。

残损原因：经现场勘察，吊顶受潮，因阁楼屋顶漏雨所致。

（2）围廊吊顶

残损现状：围廊吊顶由木梁架间搭接木板条，木板条下抹麻刀白灰，白灰浆找平抹面。围廊吊顶白灰层普遍起壳开裂，局部吊顶裸漏木板条，吊顶下沉严重。

残损原因：年久失修。

9. 屋面

（1）阁楼平顶屋面

残损现状：青砖砌筑的阁楼墙体及女儿墙；整个建筑只有阁楼部分为平顶。经现场勘察，阁楼室内局部吊顶受潮发霉，应为楼顶渗雨所致；阁楼青砖墙面酥碱严重。

残损原因：经现场勘察，阁楼室内局部吊顶受潮发霉，应为楼顶渗雨所致；阁楼青砖墙面酥碱严重。

（2）铁瓦坡顶屋面

残损现状：双坡铁瓦顶屋面，从材料形式与结构上分析，围廊后檐部分为后加屋顶。铁瓦屋面基本完好，普遍油漆剥落褪色，局部锈蚀严重；青砖烟囱表面酥碱严重；屋顶残损为 60%。

残损原因：年久失修，铁件锈蚀。

（3）雨水管、雨水槽

残损现状：雨水槽、水管及固定件均为铁制，表面饰绿色油漆；除后檐均有雨水管，共 7 根。铁制排水管件基本完好，局部管件，生锈松动；前檐北侧排水槽锈蚀漏雨严重。

残损原因：年久失修，铁件锈蚀。

（二）建筑现状残损照片

台基残损现状

入口台阶残损现状

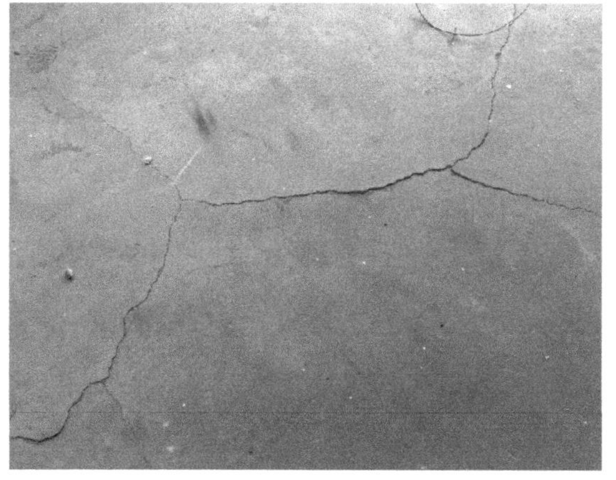

水泥、瓷砖地面残损现状

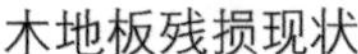
木地板残损现状

廊柱残损现状

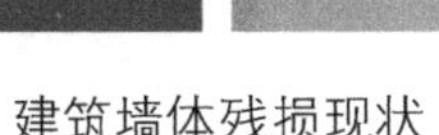
建筑墙体残损现状

围廊墙体残损现状

室外百叶门窗残损现状

室内百叶门窗残损现状

围廊前檐装饰残损现状

室内家具、壁炉等装饰残损现状

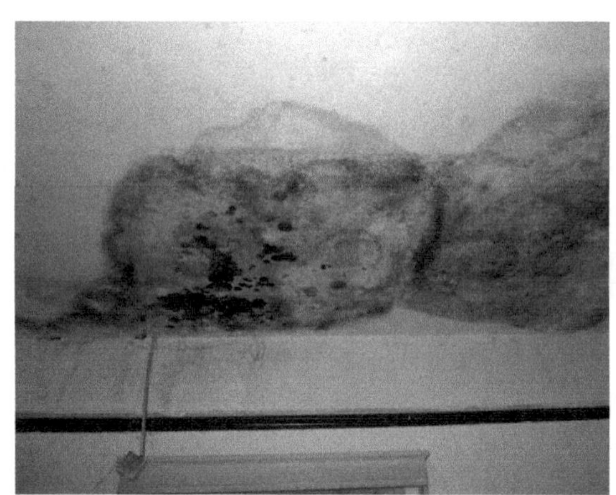
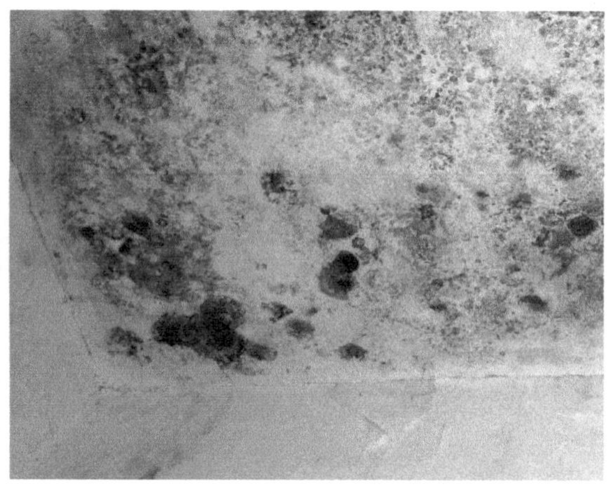

室内吊顶残损现状

围廊吊顶残损现状

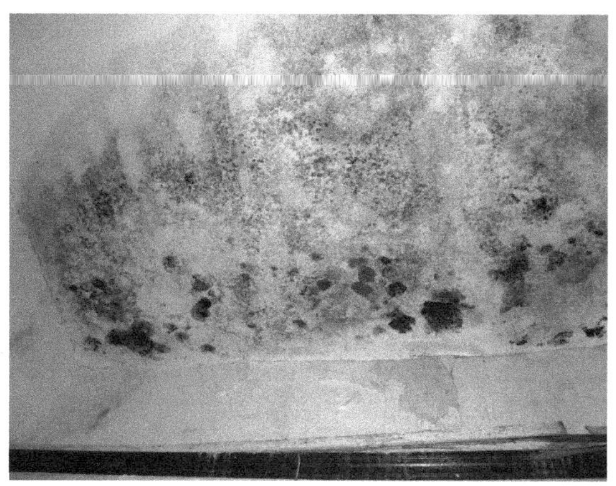

阁楼平顶屋面残损现状

铁瓦坡顶屋面残损现状

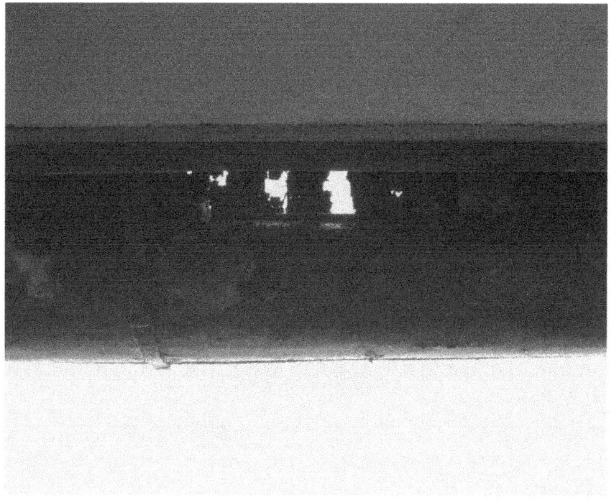

雨水管残损现状

（三）现状勘测图纸

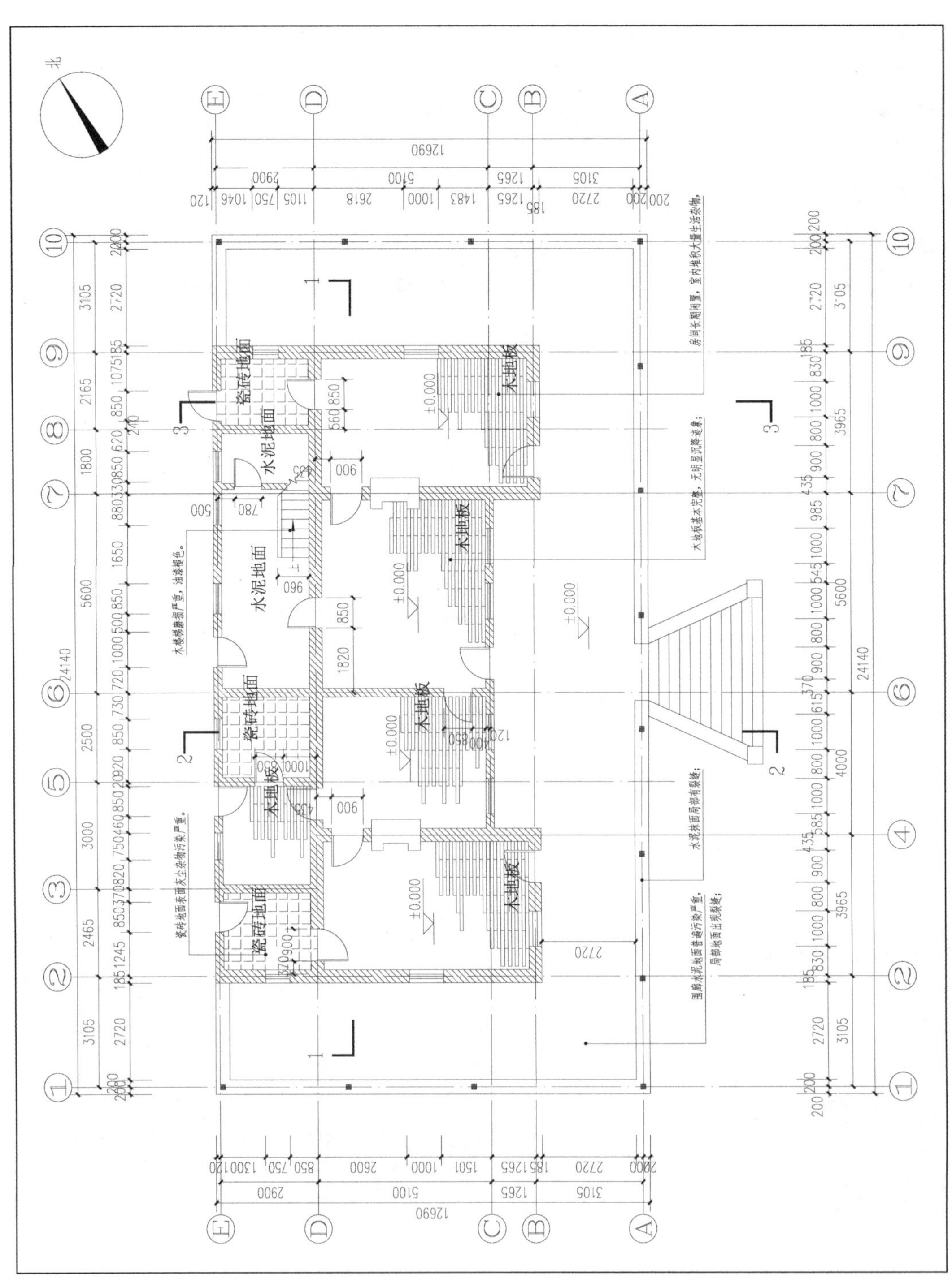

白兰士别墅（8号楼）一层平面图

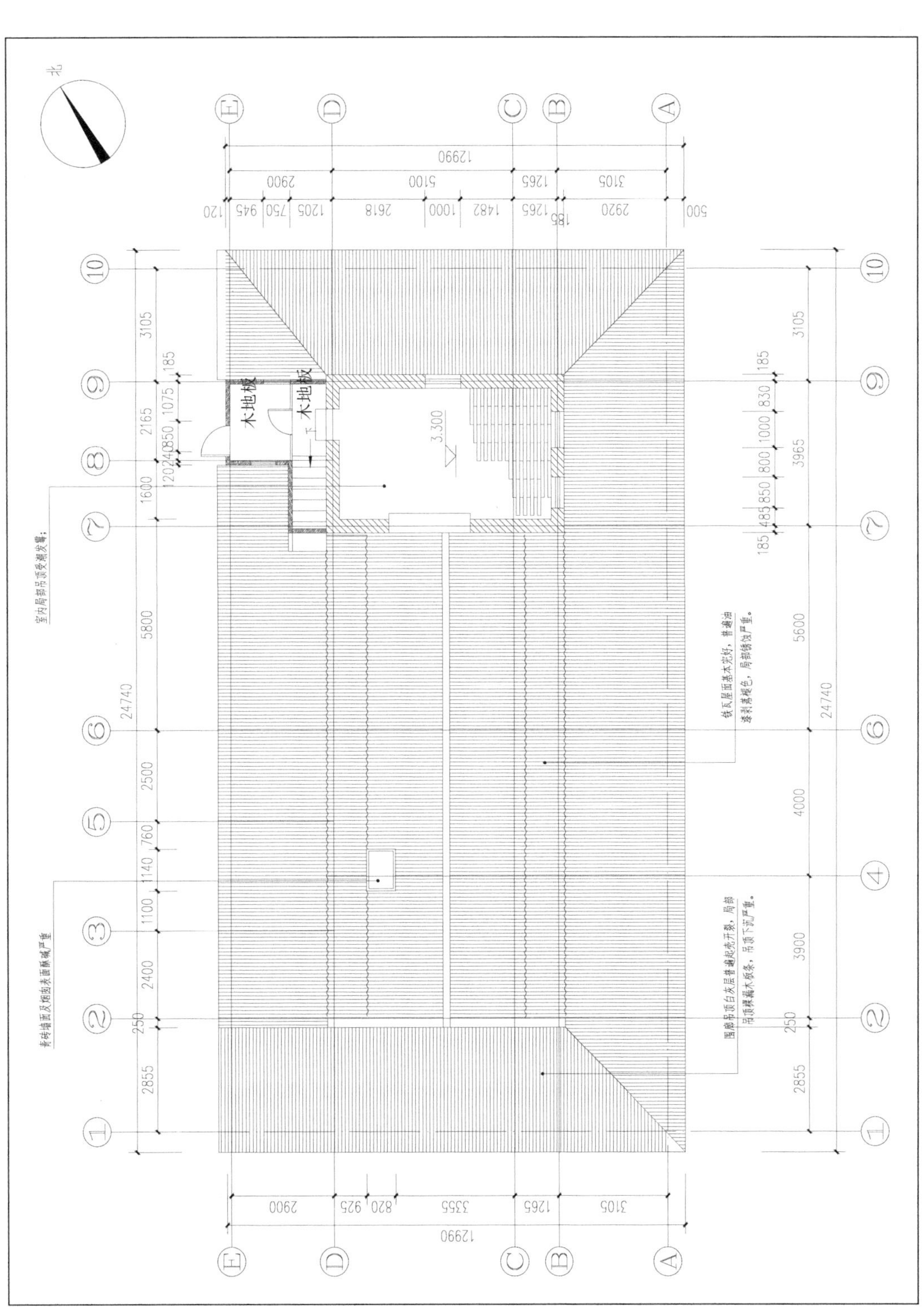

白兰士别墅（8号楼）二层平面图

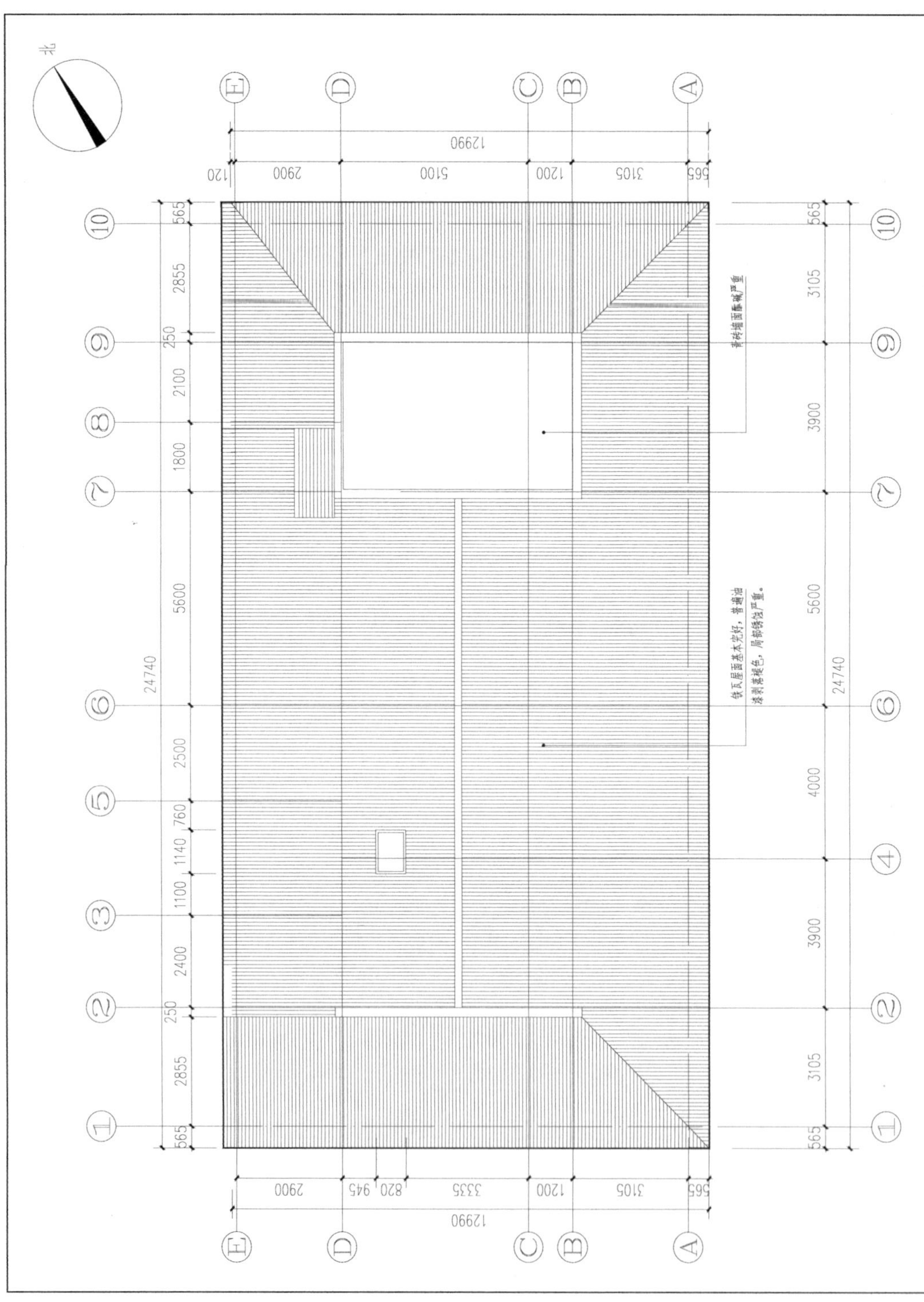

白兰士别墅（8号楼）屋顶平面图

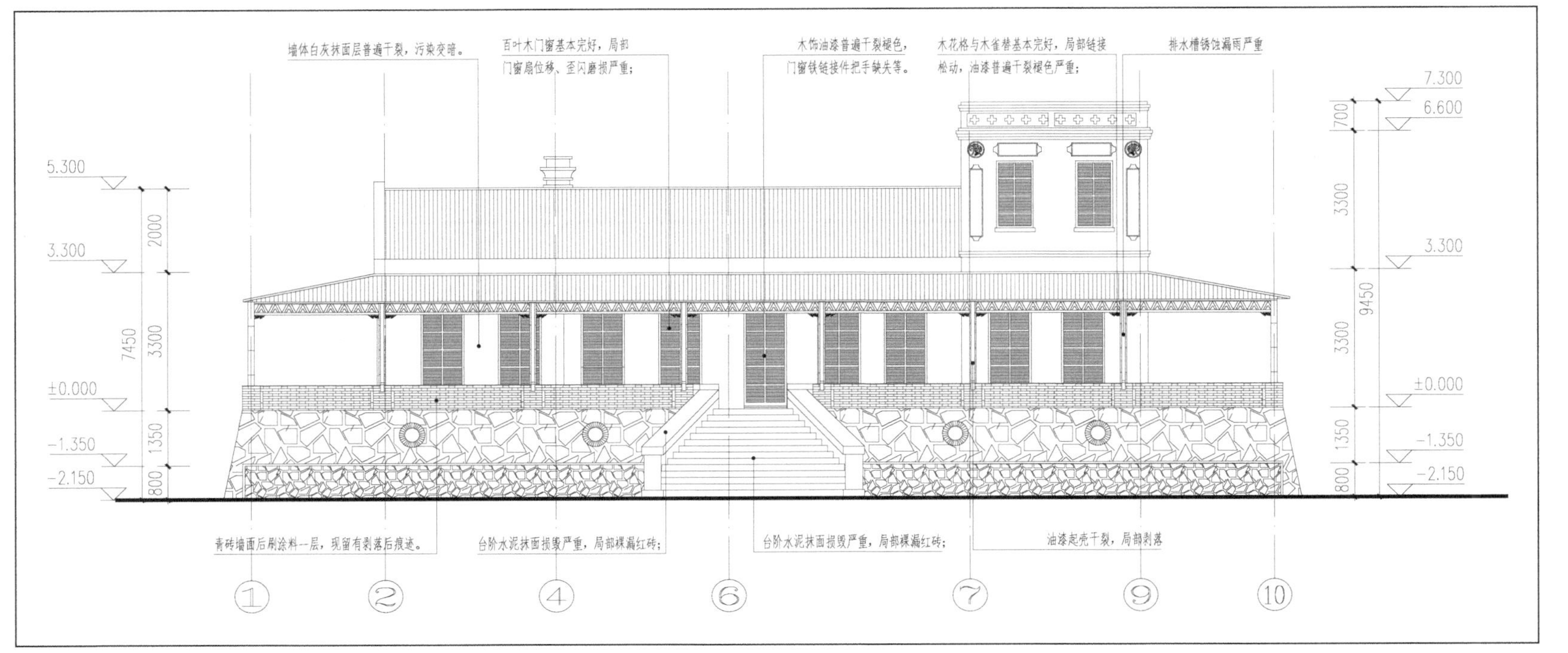

白兰士别墅（8号楼）正立面图

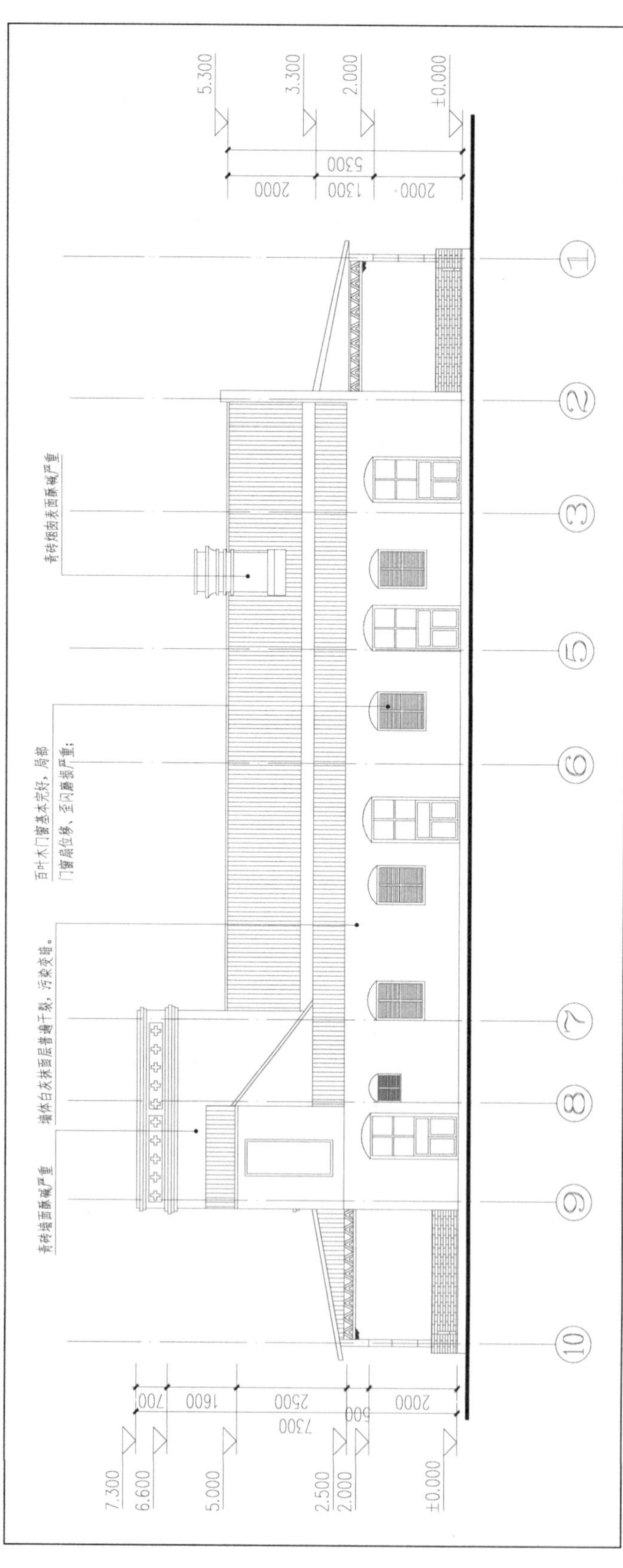

白兰士别墅（8号楼）后立面图

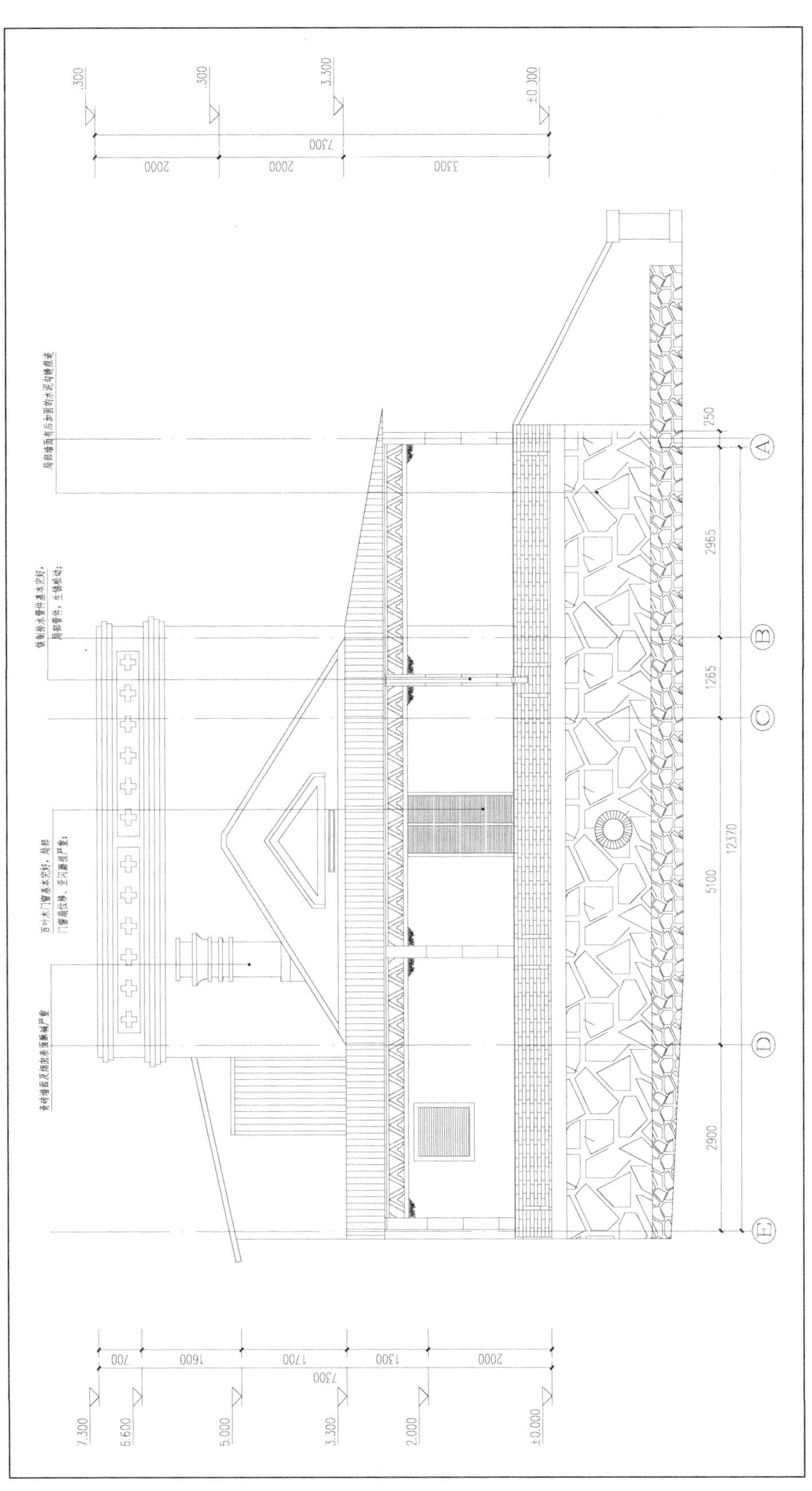

白兰士别墅（8号楼）南立面图

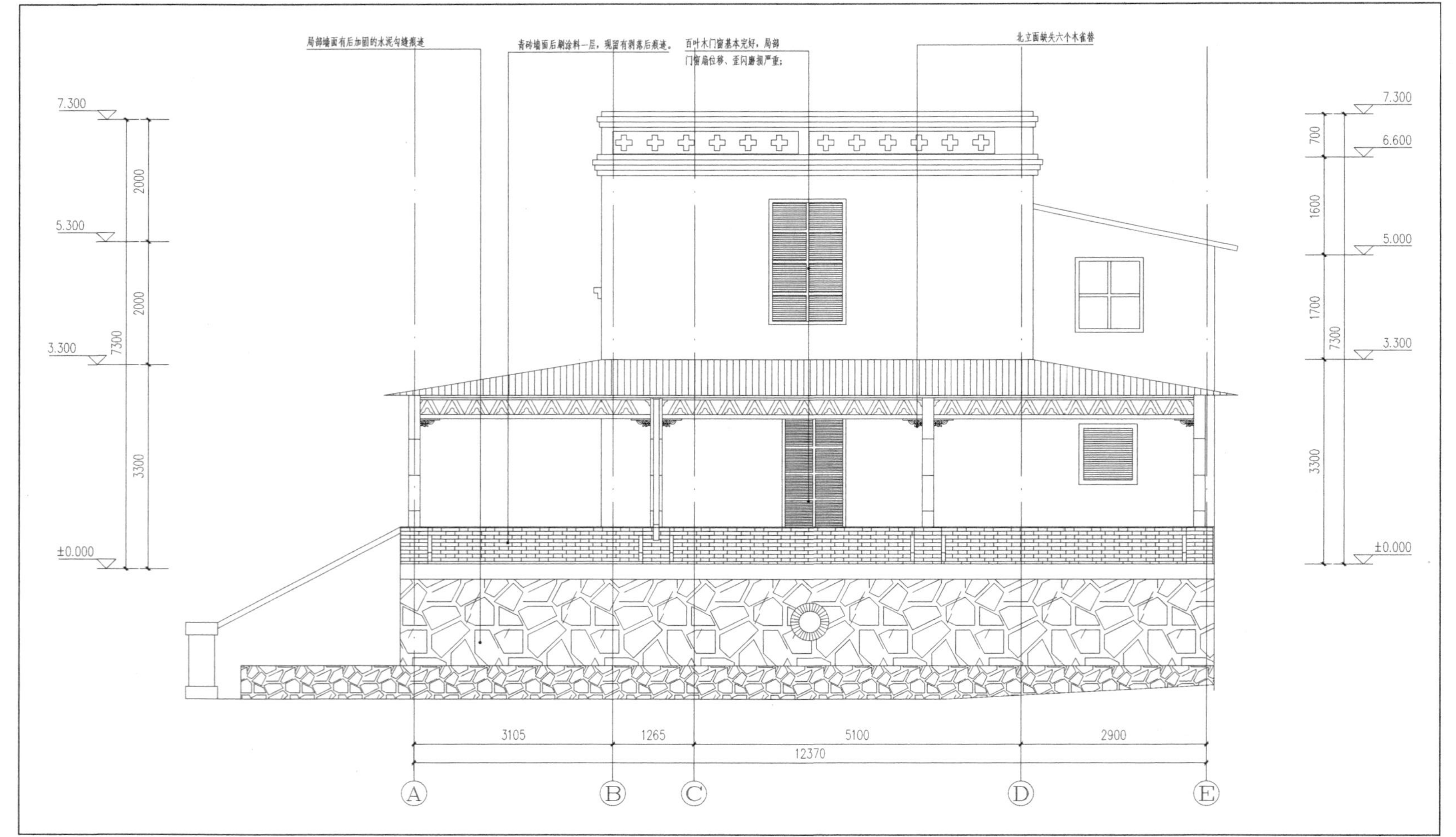

白兰士别墅（8号楼）北立面图

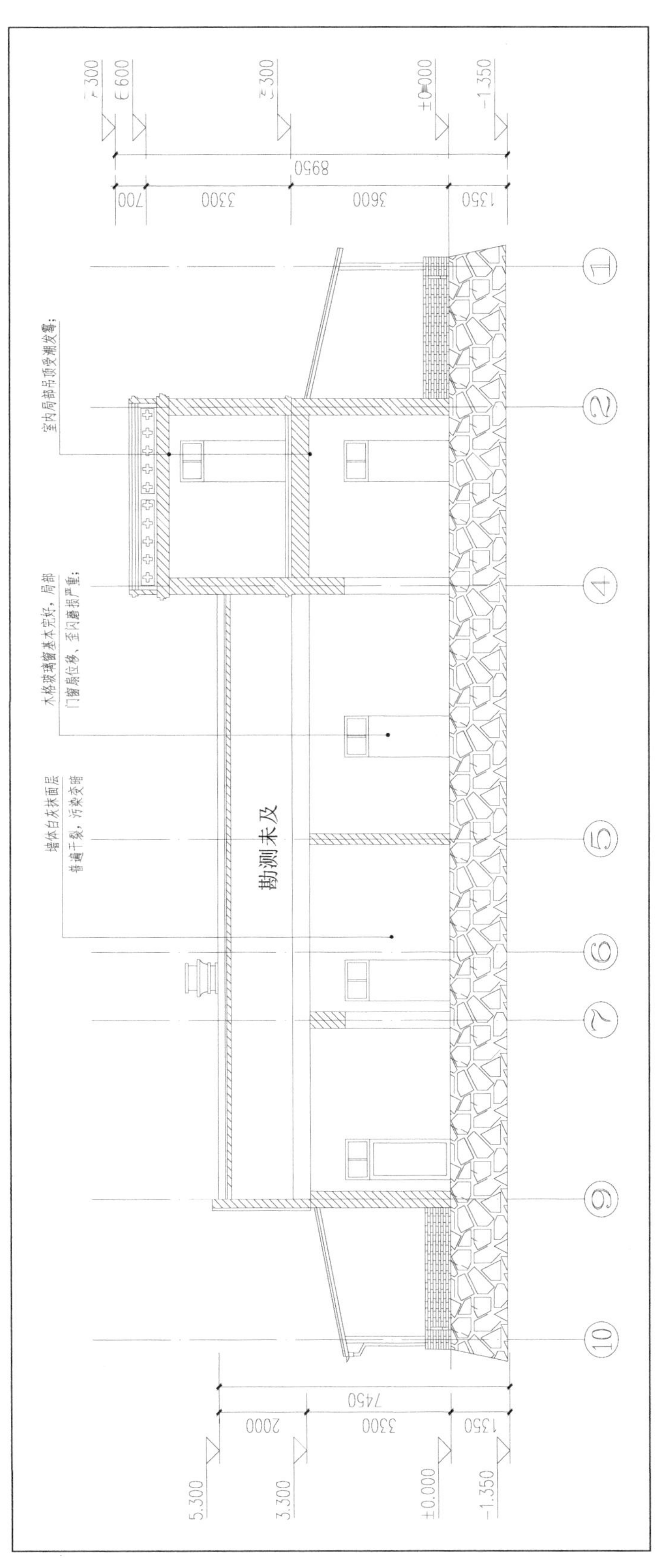

白兰土别墅（8号楼）1-1剖面图

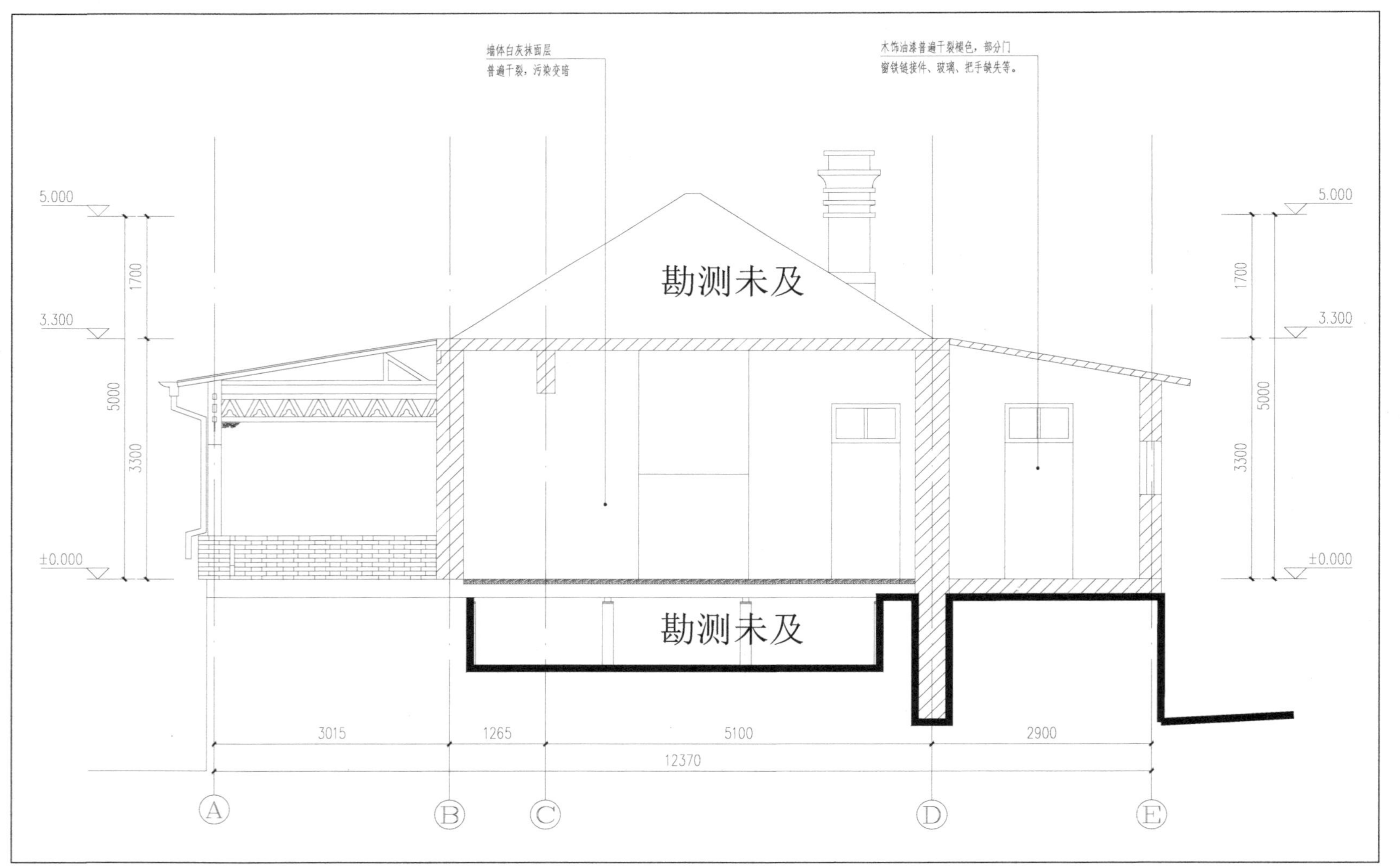

白兰士别墅（8号楼）2-2剖面图

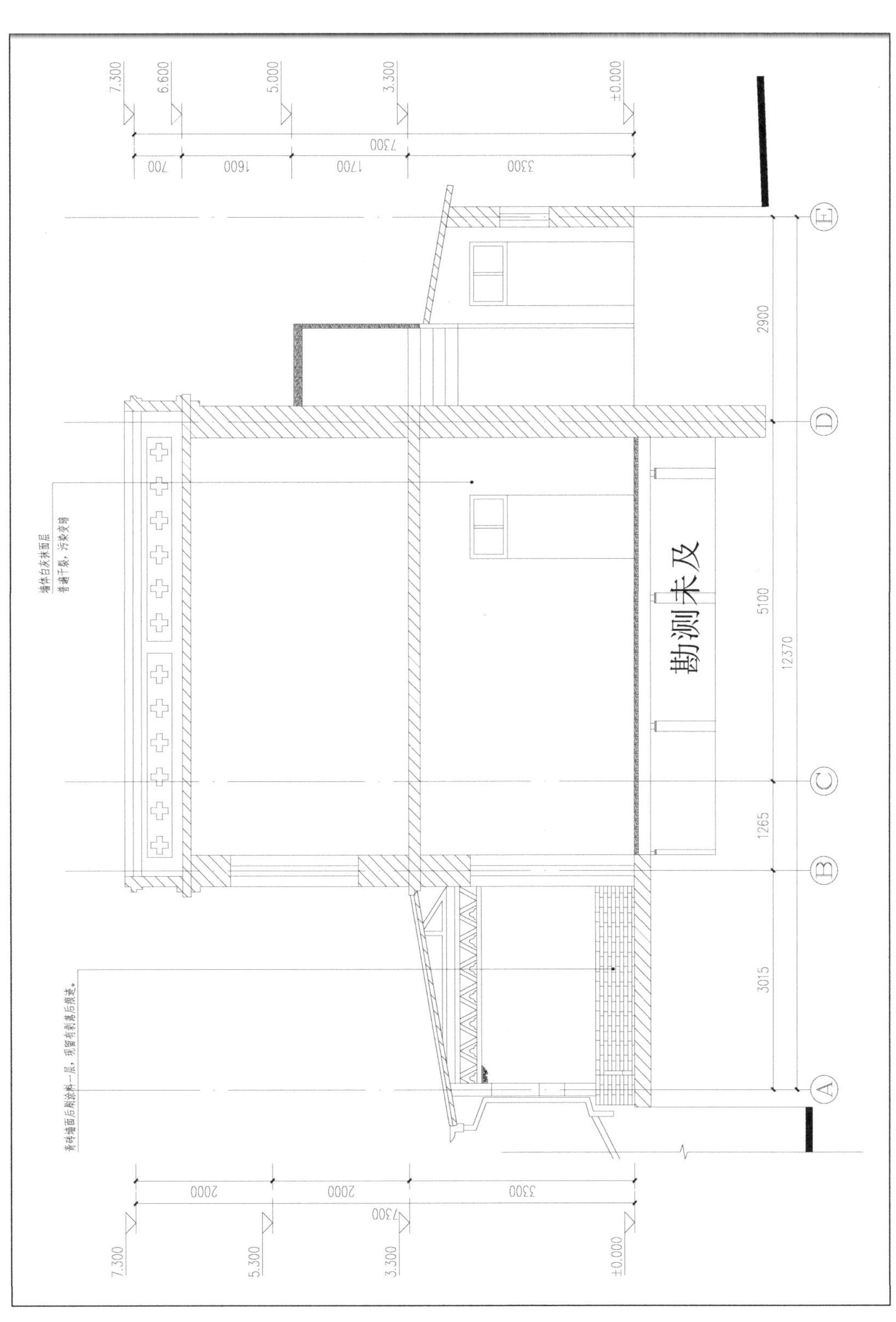

白兰士别墅（8号楼）3-3剖面图

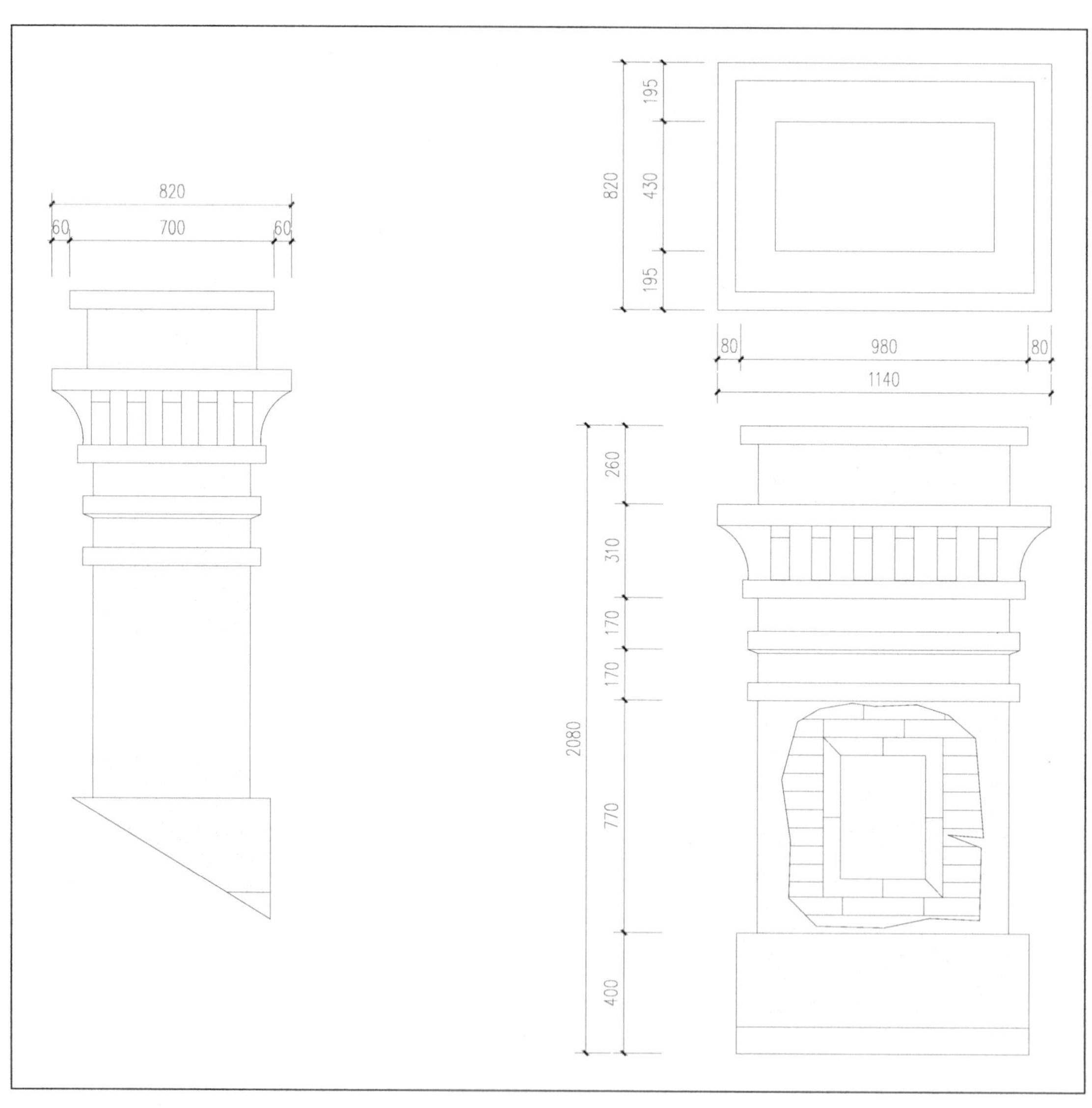

白兰士别墅（8号楼）烟囱详图

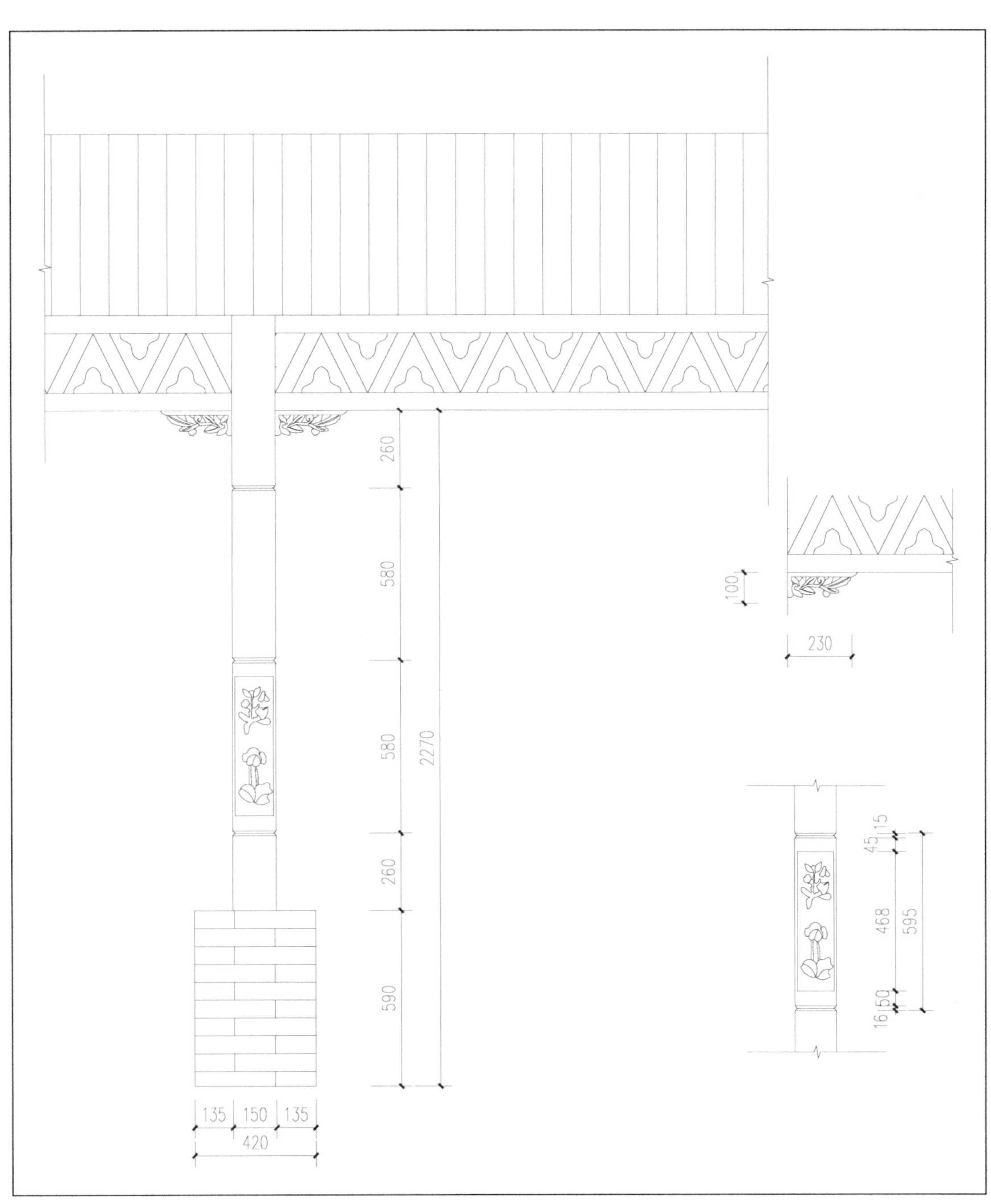

白兰士别墅（8 号楼）外廊廊大样图

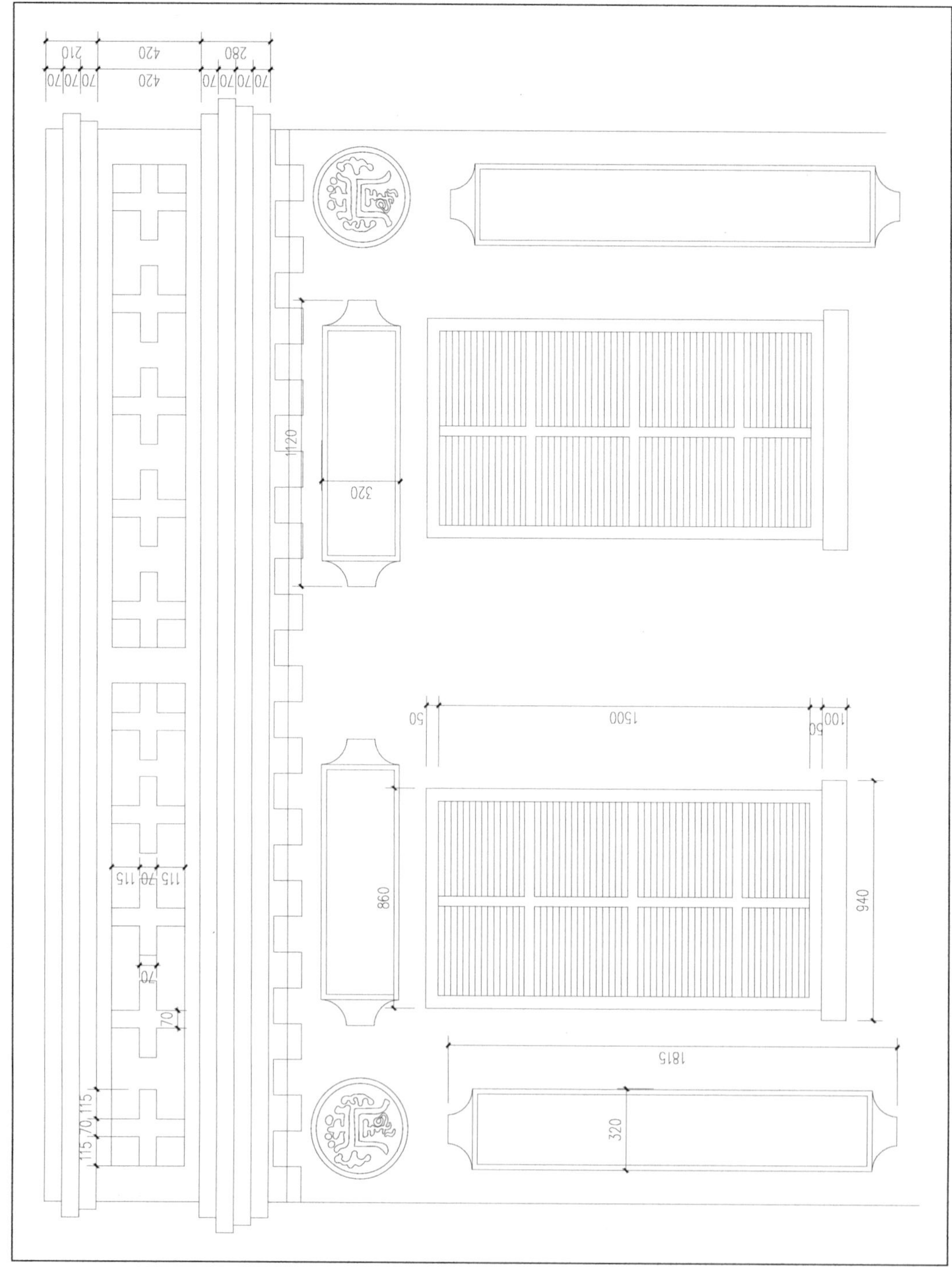

白兰士别墅（8号楼）屋檐大样图

三、常德立别墅（10 号楼）

建筑名称：常德立别墅（10 号楼）

建筑位置：鹰角路 7 号

建筑年代：20 世纪初

建筑现状：建筑为石木结构，整体铁瓦坡屋顶，地上两层，地下一层，采用石、砖、木、铁瓦等建筑材料建造，室内有吊顶、木饰线，建筑面积 650 平方米。

保护范围：东至建筑外廊毛石墙基础，南至建筑外廊毛石墙基础，西至建筑主楼毛石墙基础，北至建筑外廊毛石墙基础。

建设控制地带：从四面保护范围外缘起各向外延伸 10 米。

常德立别墅（10 号楼）现状（一）

常德立别墅（10 号楼）现状（二）

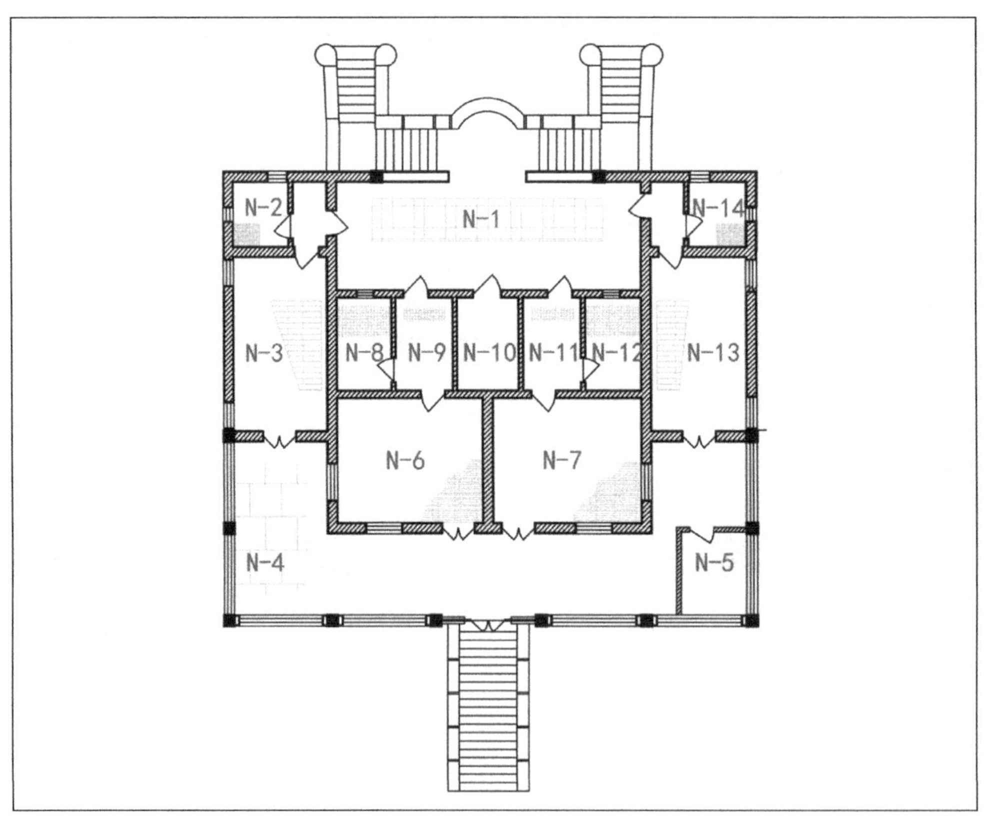

常德立别墅（10 号楼）房间编号图

（一）建筑残损现状

1. 台基及入口台阶

（1）台基

残损现状：毛石墙基础，水泥砂浆勾缝，脱落20%。

残损原因：墙基自然损毁。

（2）台阶

残损现状：台阶为花岗石铺地，基本完好，水泥砂浆勾缝；台阶两侧为毛石砌水泥砂浆抹面护墙和花岗石面层，两侧护墙局部磨损严重，破损面积30%。

残损原因：年久失修，人为不当使用。

（3）散水

残损现状：散水为水泥抹面散水，水泥抹面多处破损，裸露地面，雨水极易渗漏地基。

残损原因：年久失修，人为不当使用。

2. 一层地面、墙面及天棚

残损现状：一层目前属于闲置状态，地面为水泥地面、墙面为水泥砂浆抹面，屋顶为混凝土。地面、墙面返潮发霉严重，后为加固主体新建很多水泥柱子，楼板返潮严重，木龙骨潮湿发霉。地面杂物堆积，墙面污渍严重。

残损原因：年久失修，人为不当使用。

3. 墙体

（1）外墙

残损现状：外墙为毛石砌筑，水泥砂浆勾缝，部分青砖砌筑。墙体基本完好，部分墙面遭破坏，留有的孔洞，部分勾缝风化酥碱脱落，青砖部分经水泥抹面，画缝。电力等闲路布置混乱。

残损原因：年久失修，雨水侵蚀，多次不当改造。

（2）内墙

残损现状：内墙为370毫米厚青砖砌筑，白灰砂浆勾缝，麻刀灰找平，白灰抹面。经勘察，未见明显的墙体裂缝，墙体白灰抹面层基本完好，一层室内墙体酥碱严重，约占一层室内墙面的30%。

残损原因：多次重修，多次粉刷墙面。

（3）围廊

残损现状：围廊为毛石砌筑、水泥砂浆勾缝，水泥砂浆有重新修补痕迹，毛石表面风化。

残损原因：人为不当改造，自然条件造成。

4. 门窗

（1）室外百叶门窗

残损现状：建筑外墙门窗均为单层门窗，室外侧为百叶木门窗和木格玻璃窗，室内侧为双层木格玻璃窗；百叶木门窗木料多为松木，木框饰绿漆，百叶格栅饰白色油漆。连接件为铁合页及铁把手。百叶木门窗基本完好，80%门窗扇位移、歪闪磨损严重；木饰油漆普遍干裂褪色，门窗铁连接件缺失等。

残损原因：年久失修，人为不当使用；木材受干湿、冷热、风化等自然侵害。

（2）室内门窗

残损现状：室内门窗均为木格玻璃窗；木格玻璃窗木料多为松木，外饰白色油漆，内镶嵌透明玻璃。连接件为铁合页及铁把手。木格玻璃窗基本完好；木饰油漆普遍干裂褪色，部分门窗铁连接件、玻璃、把手缺失等。

残损原因：年久失修，人为不当使用；木材受干湿、冷热、风化等自然侵害。

5. 吊顶

（1）室内吊顶

残损现状：室内吊顶经过多次重修基本完好，无明显沉降裂缝痕迹；从材料、式样上分析应为近期多次改造。房间吊顶基本完好。

残损原因：经现场勘察，吊顶受潮，因铁皮屋顶漏雨所致。

（2）围廊吊顶

残损现状：围廊吊顶勘察不及，做法不详。围廊吊顶白灰层表面基本完好，无沉降裂缝，但有轻微的水痕。

残损原因：年久失修，屋面防水设施老化。

6. 屋顶

（1）铁瓦坡顶屋面

残损现状：双坡铁瓦顶屋面，铁瓦屋面基本完好，普遍油漆剥落褪色，局部锈蚀严重；铁皮瓦屋面搭接处锈蚀有轻微漏雨现象。

残损原因：年久失修，铁件锈蚀。

（2）雨水管、雨水槽

残损现状：雨水槽、水管及固定件均为铁制，表面饰绿色油漆。雨水槽下均设有雨水管，共10根。铁制排水管件锈蚀松动情况较严重，管件固定件缺失；檐角排水槽锈蚀漏雨严重。

残损原因：年久失修，铁件锈蚀。

（二）建筑现状残损照片

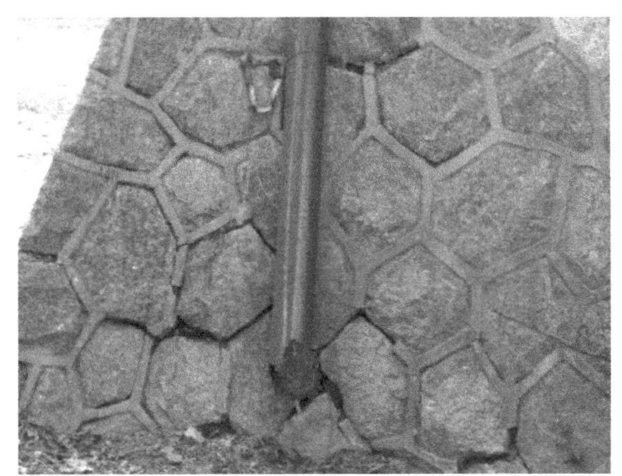

台基残损现状

入口台阶残损现状

散水残损现状

瓷砖、水磨石地面残损现状

木地板残损现状

廊柱残损现状

内墙残损现状（一）

内墙残损现状（二）

外墙残损现状

围廊残损现状

室外百叶门窗残损现状

室内门窗残损现状

室内吊顶残损现状

围廊吊顶残损现状

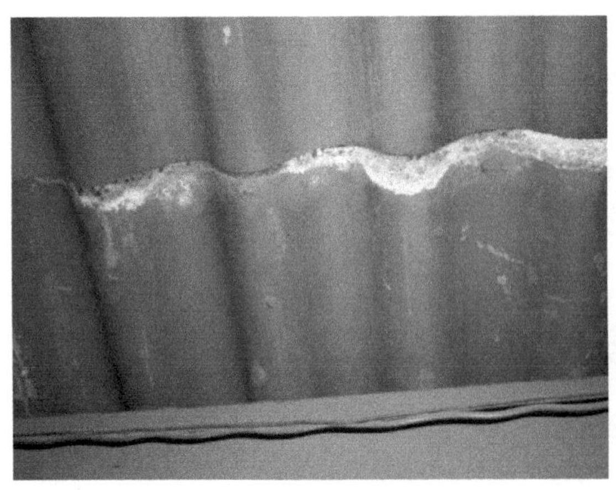

铁瓦坡顶屋面残损现状

雨水管、雨水槽残损现状

地面墙面、天棚残损现状

（三）现状勘测图纸

10号楼、11号楼总平面图

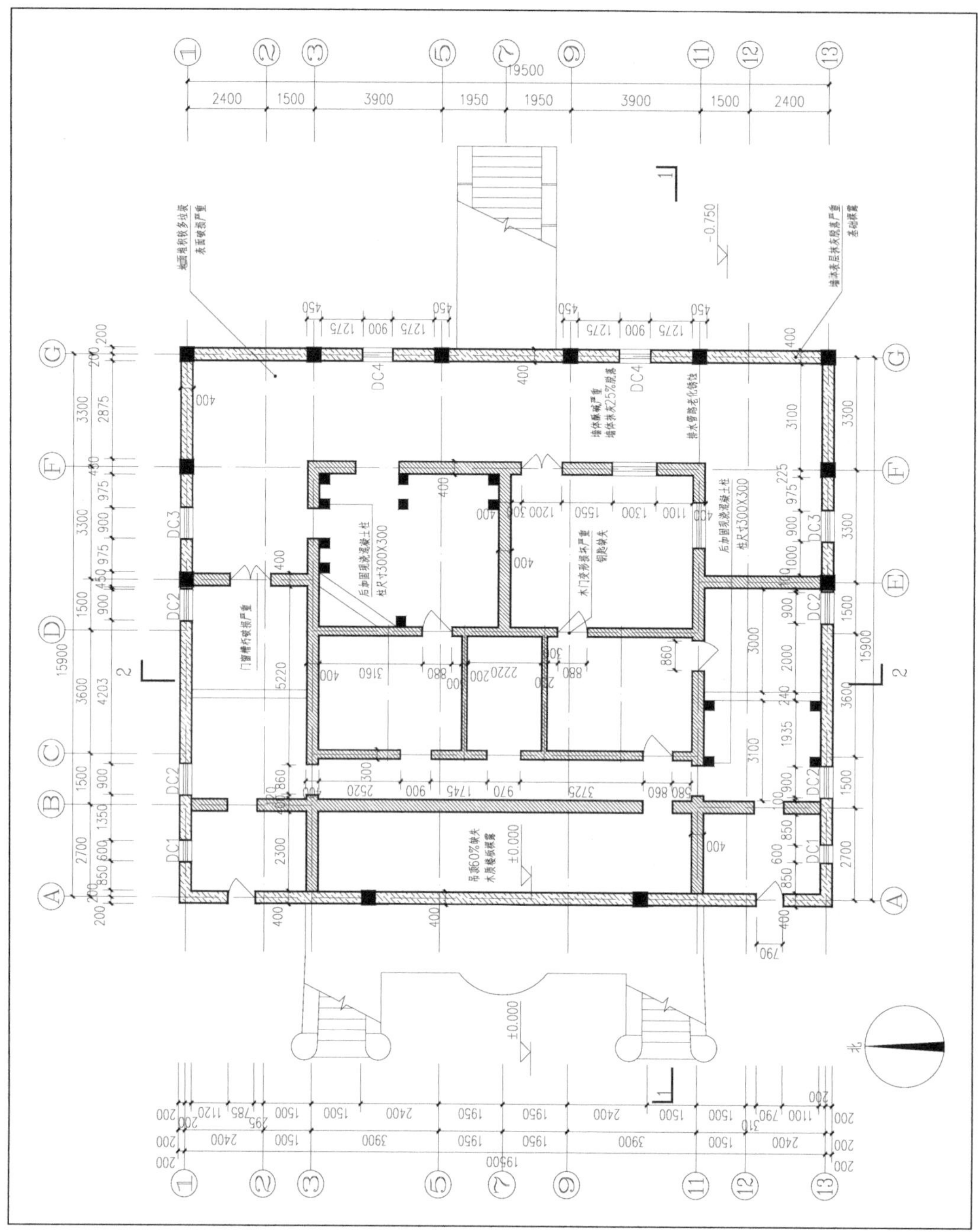

常德立别墅（10号楼）一层平面图

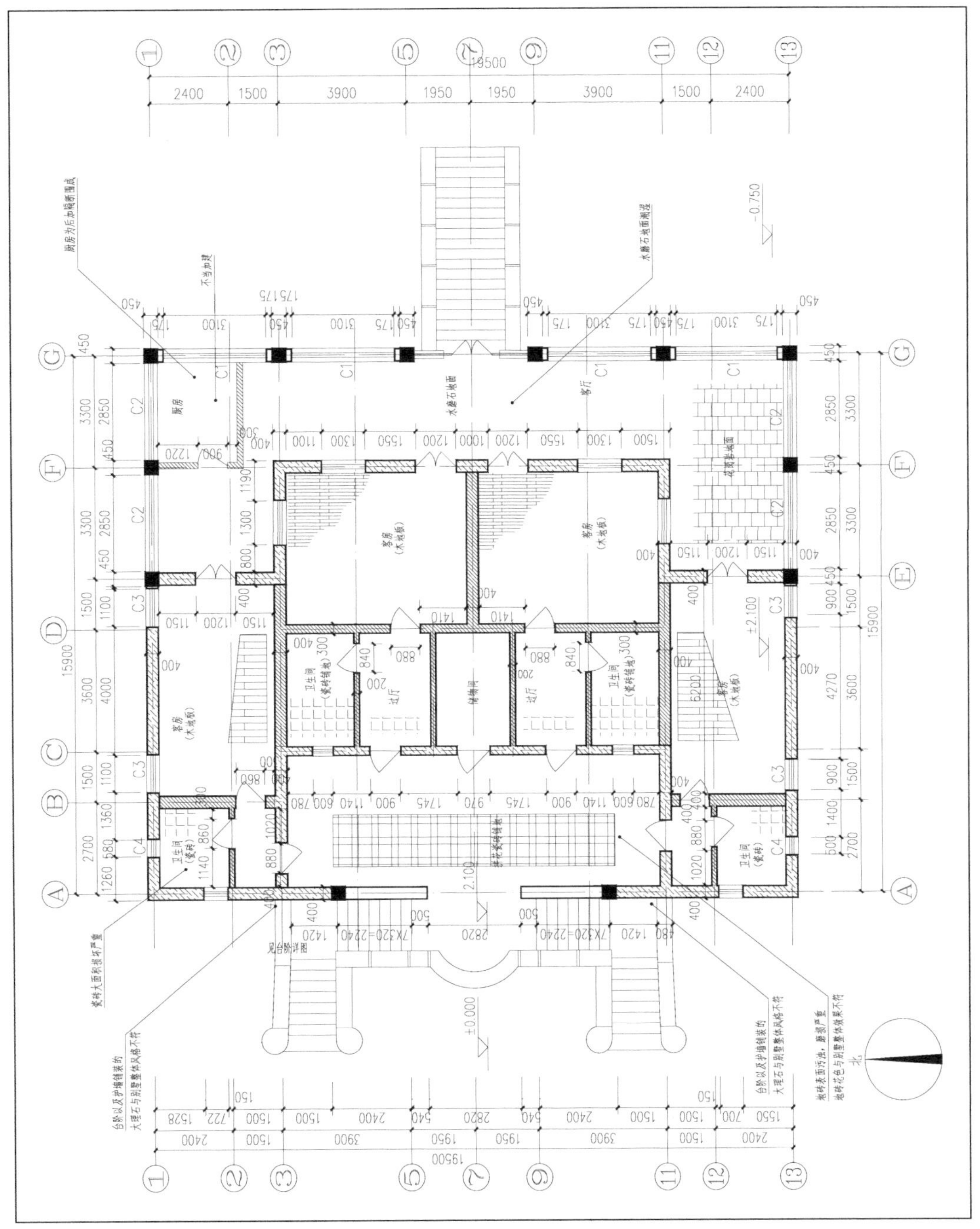

常德立别墅（10号楼）二层平面图

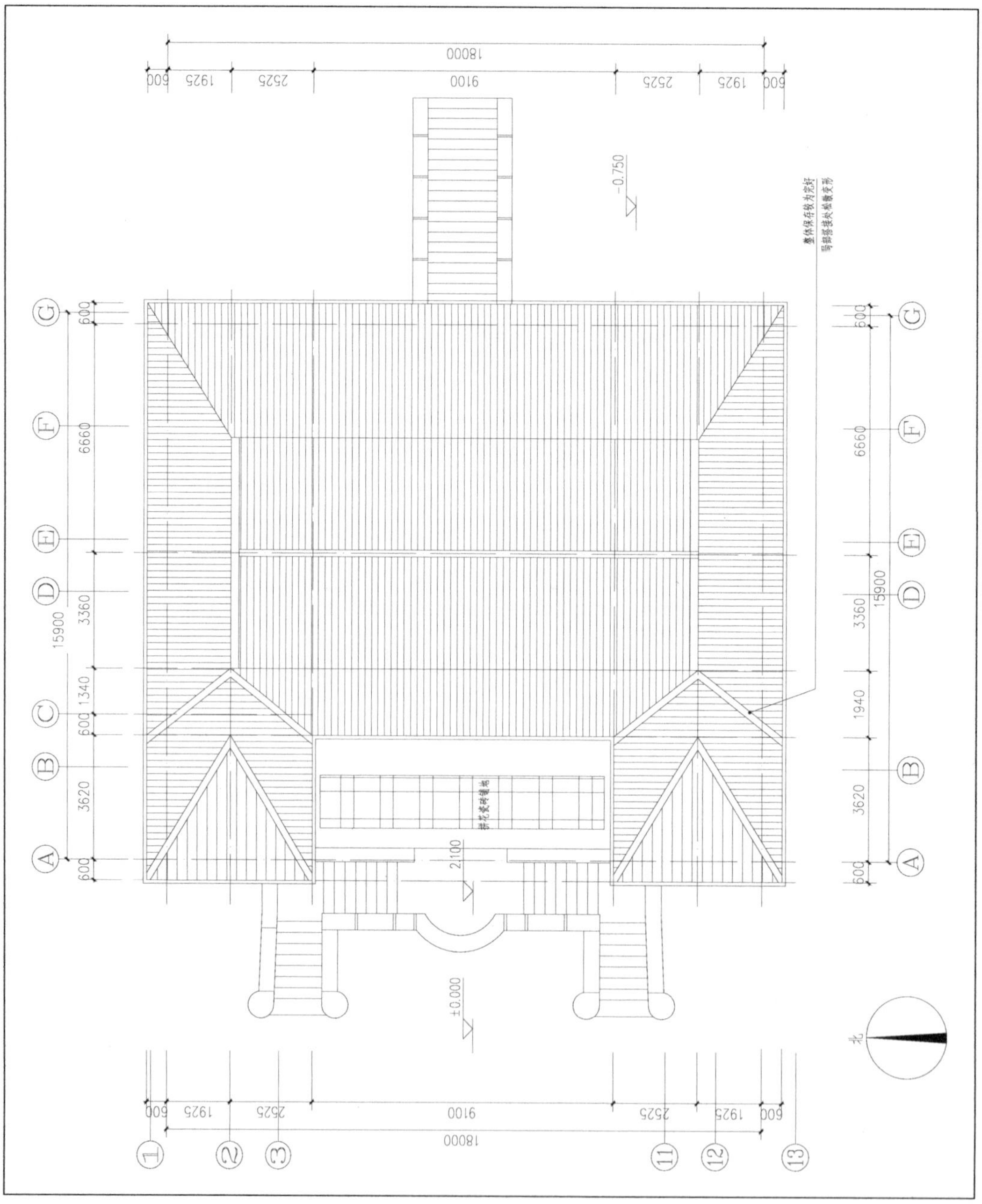

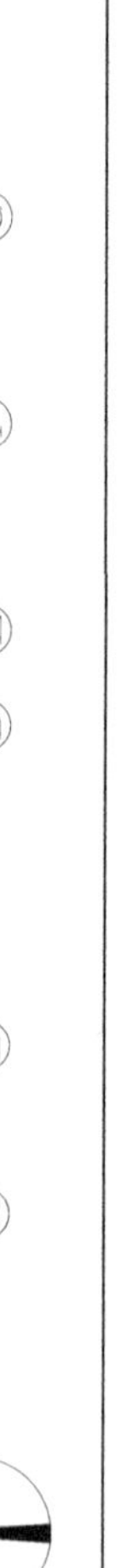

常德立别墅（10号楼）屋顶平面图

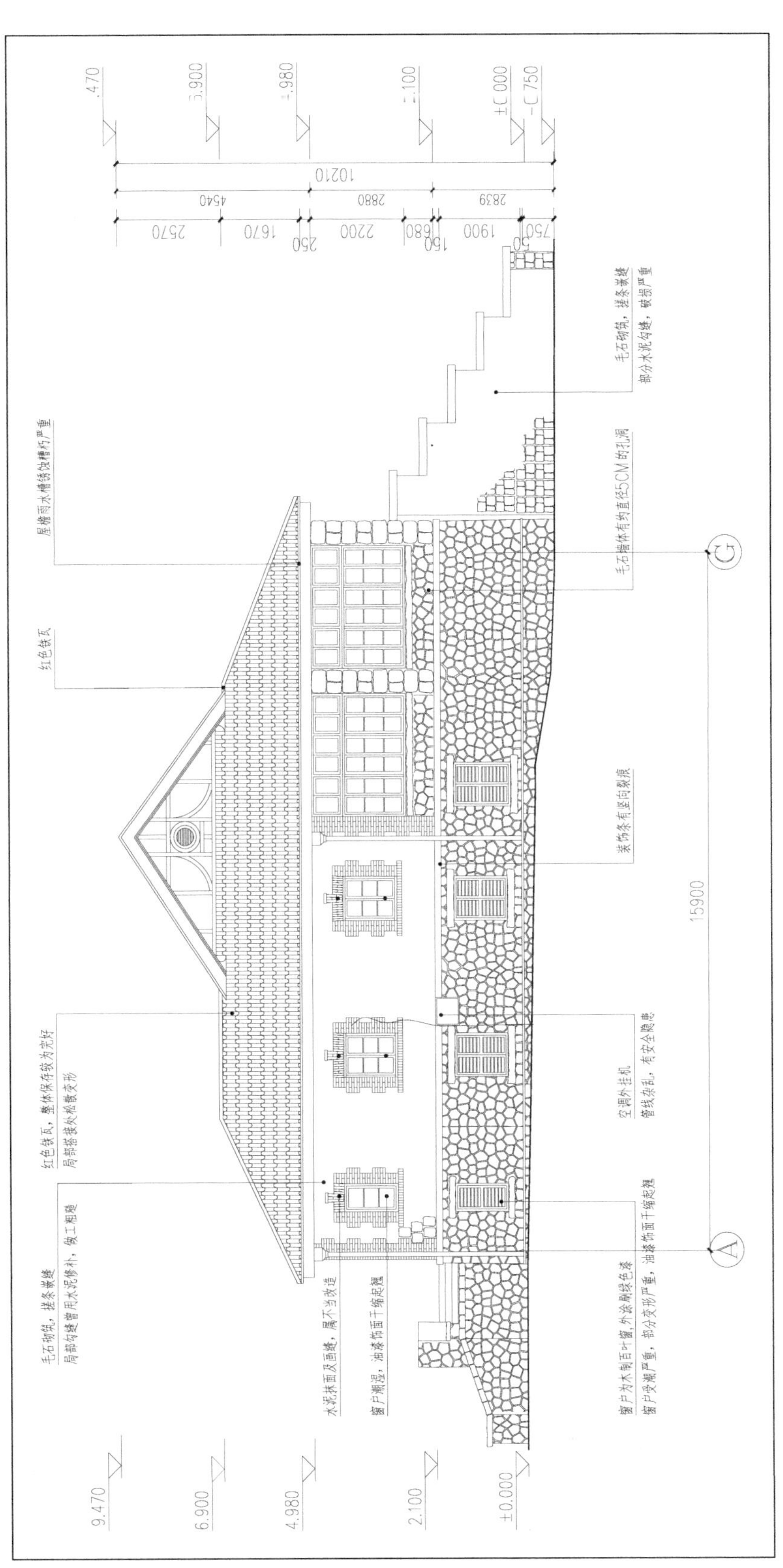

常德立别墅（10号楼）南立面图

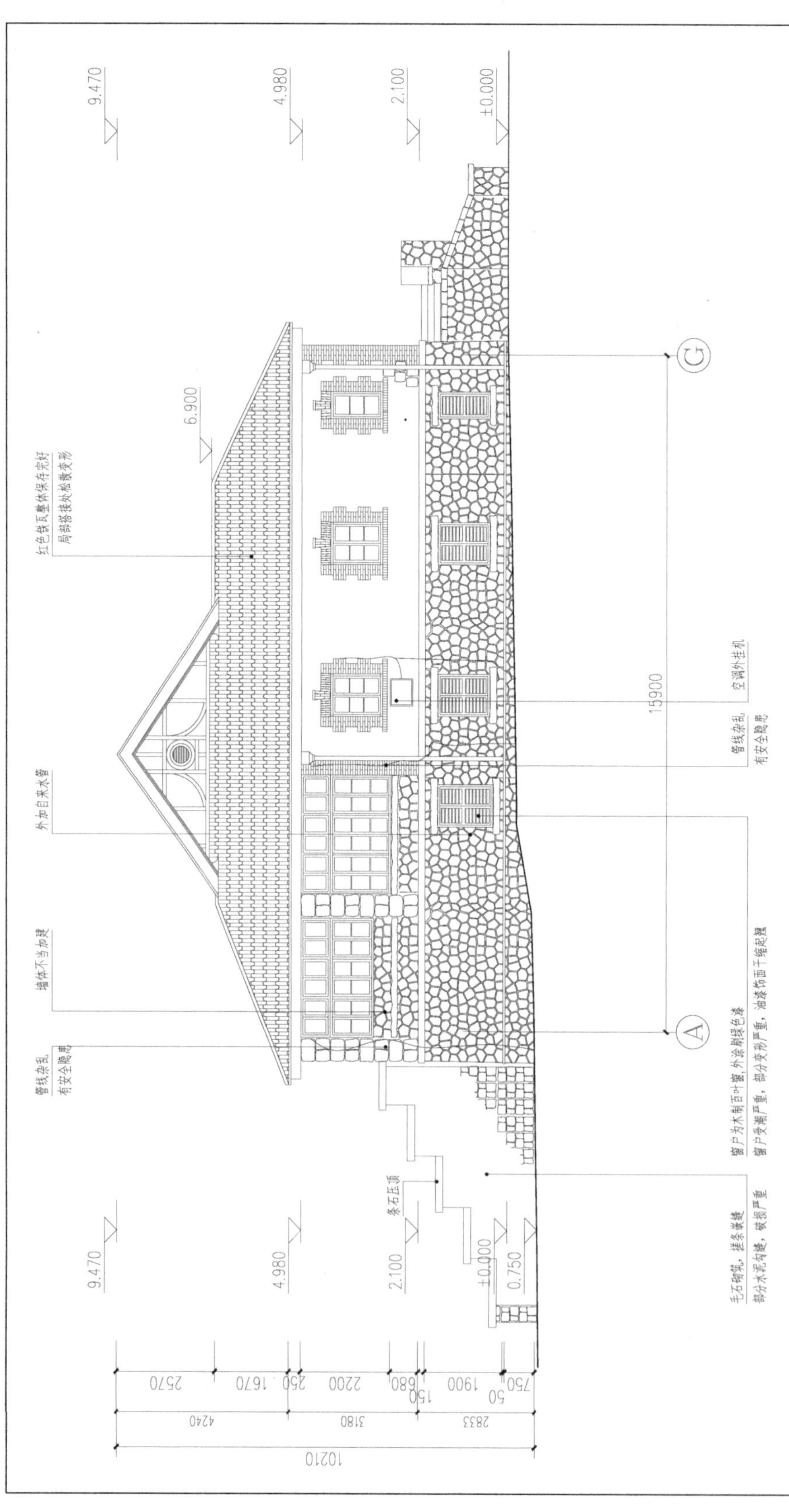

常德立别墅（10号楼）北立面图

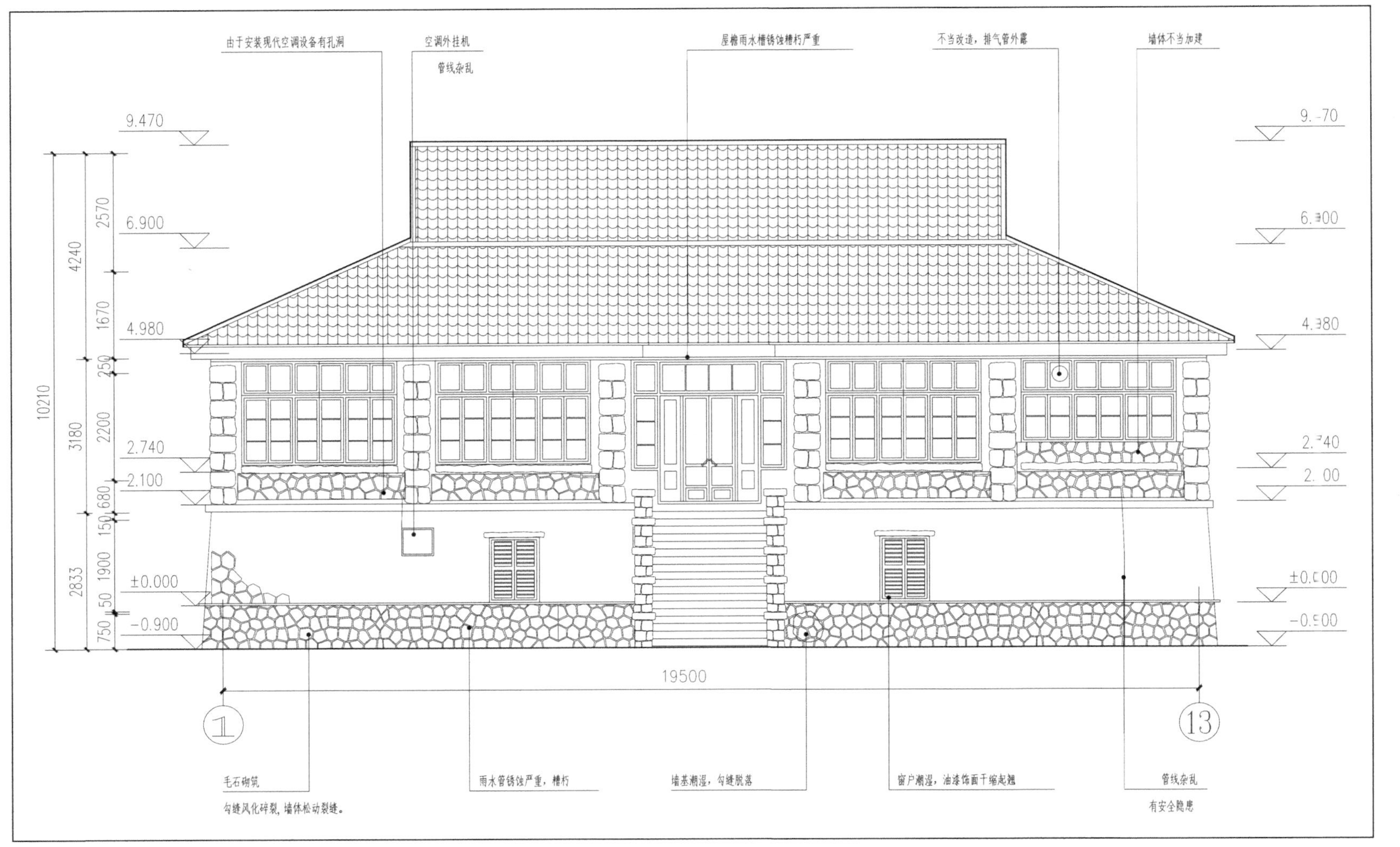

常德立别墅（10号楼）东立面图

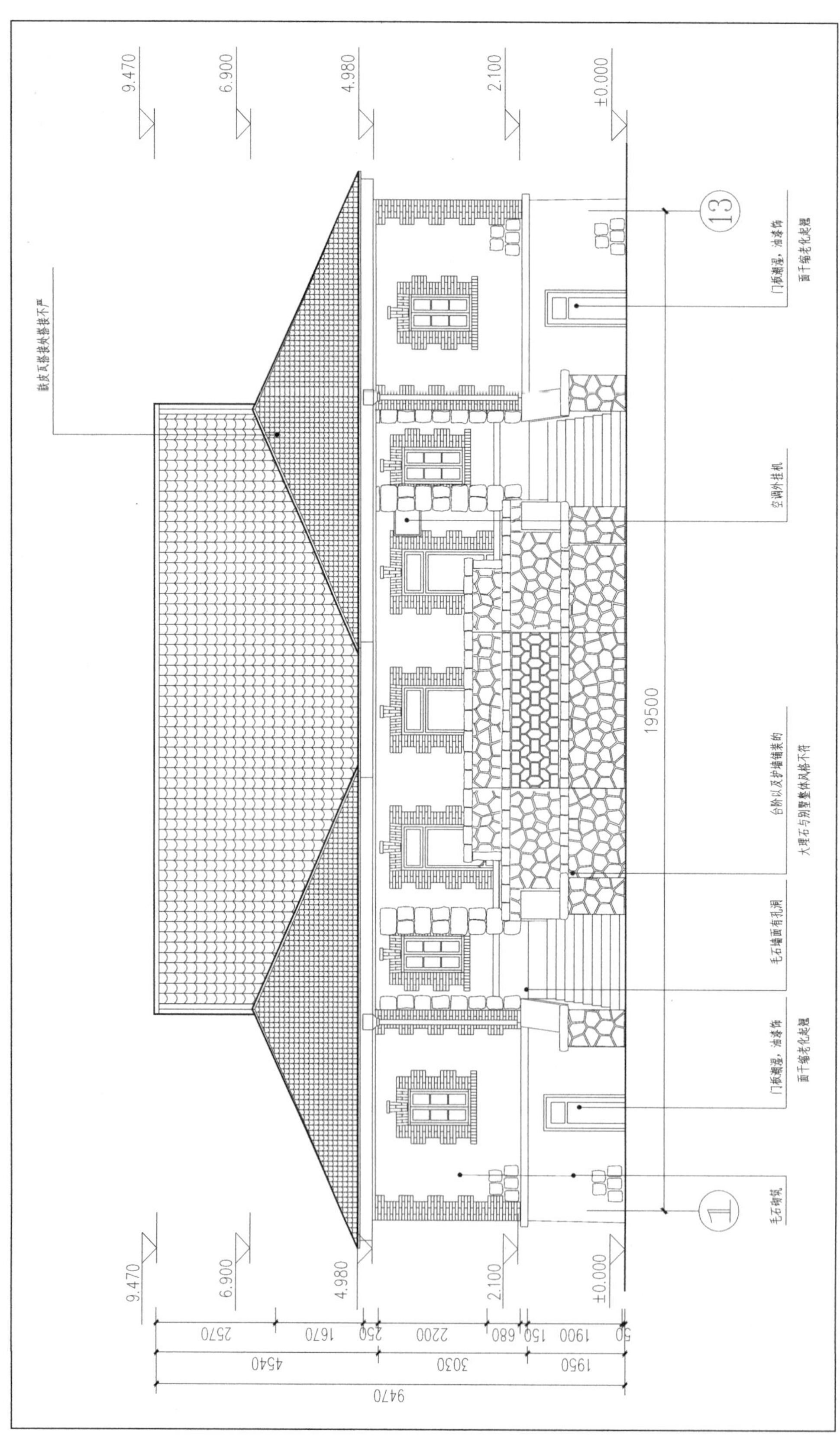

常德立别墅（10号楼）西立面图

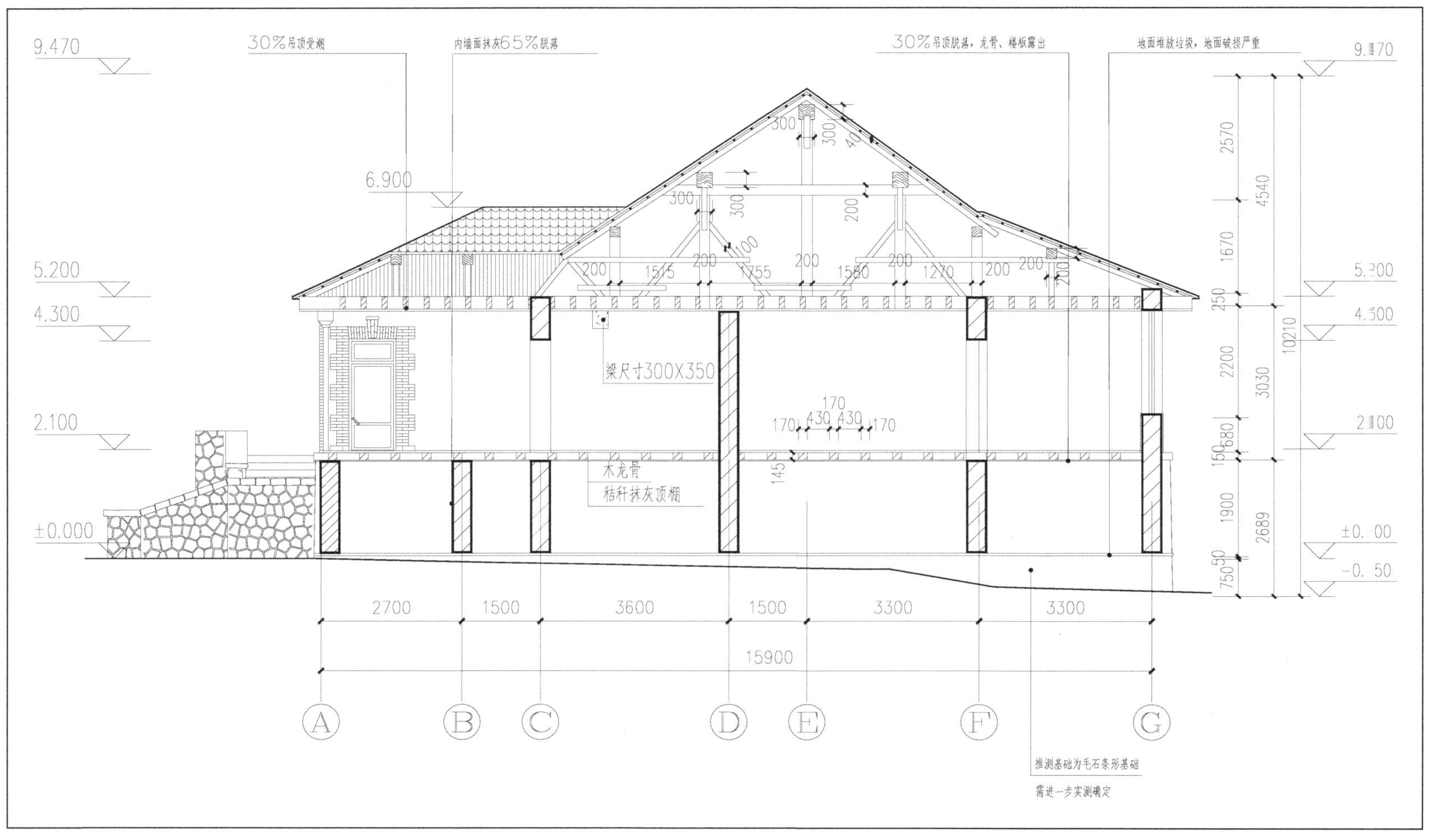

常德立别墅（10号楼）1-1剖面图

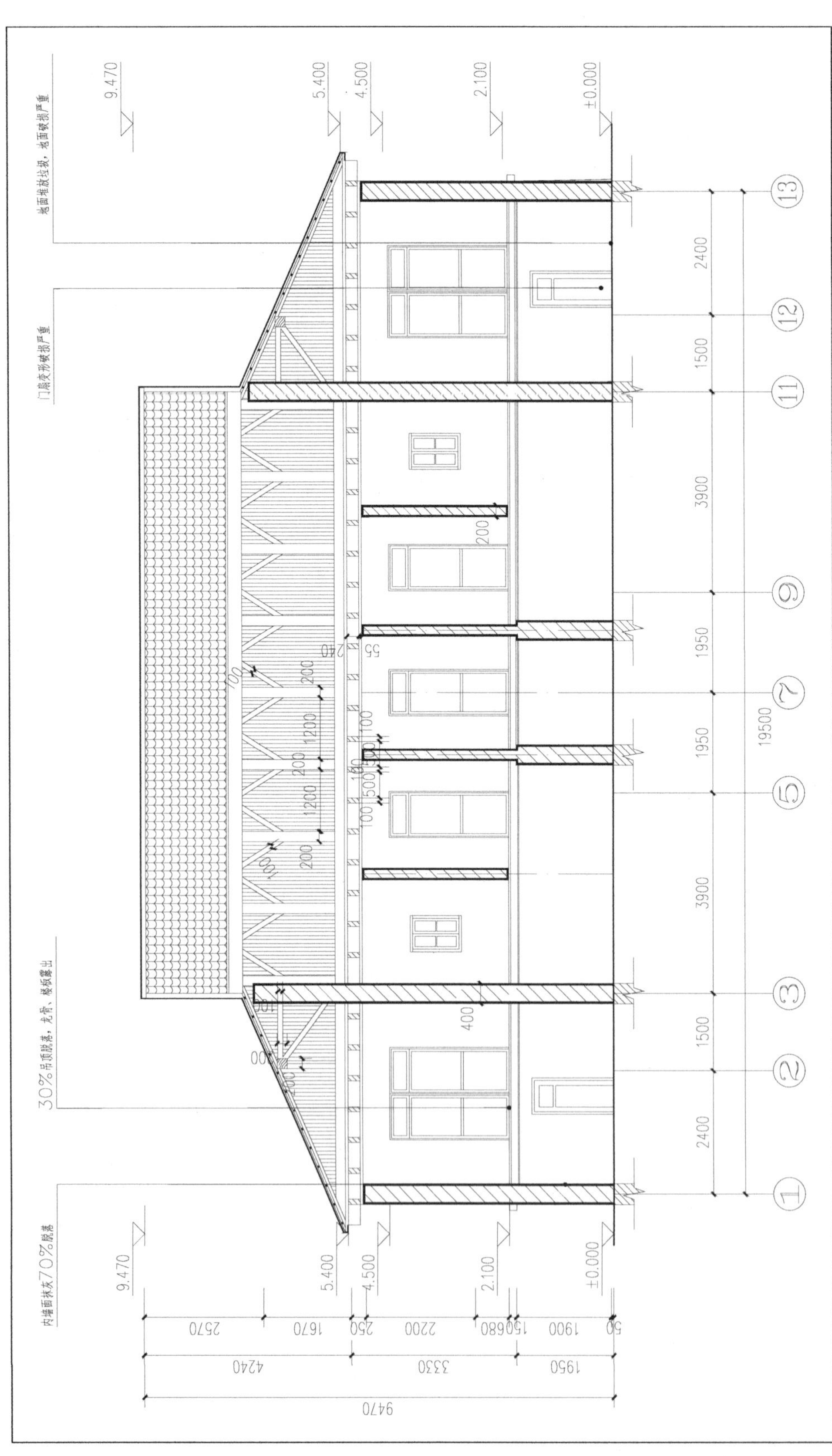

常德立别墅（10号楼）2-2剖面图

四、来牧师别墅（11号楼）

建筑名称：来牧师别墅（11号楼）

建筑位置：鹰角路8号

建筑年代：20世纪初

建筑现状：建筑为石木结构，整体铁瓦坡屋顶，地上两层，地下一层，采用石、砖、木、铁瓦等建筑材料建造，室内有吊顶、木饰线，建筑面积368平方米。

保护范围：东至建筑外廊毛石墙基础，南至建筑外廊毛石墙基础，西至建筑主楼毛石墙基础，北至建筑外廊毛石墙基础。

建设控制地带：从四面保护范围外缘起各向外延伸10米。

来牧师别墅（11号楼）现状（一）

来牧师别墅（11 号楼）现状（二）

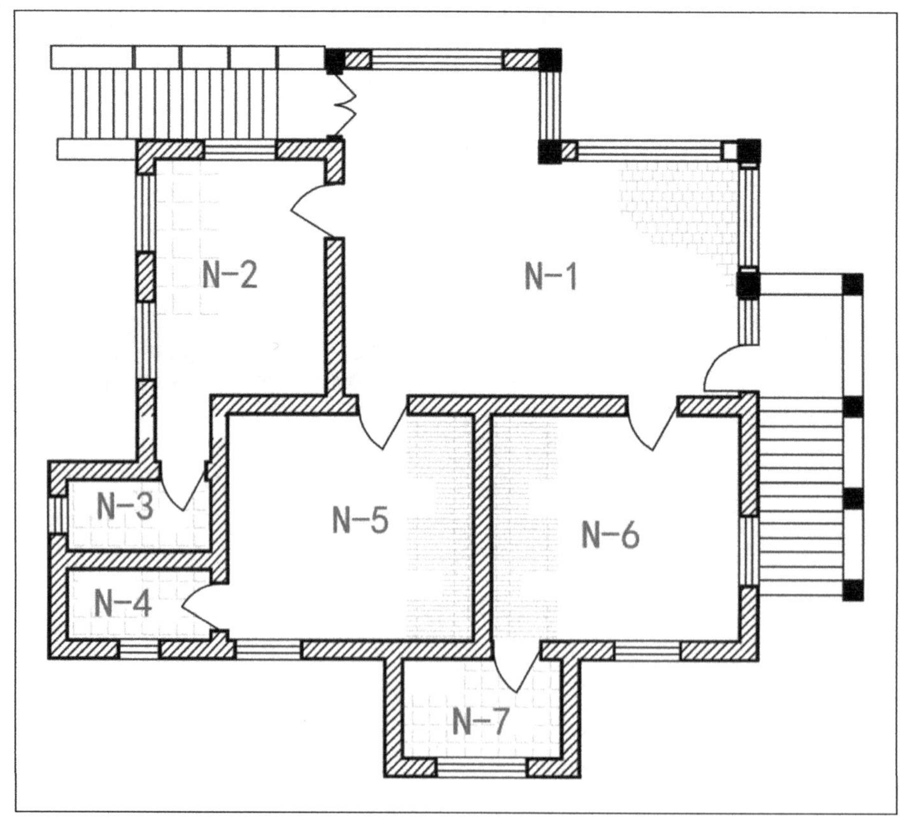

来牧师别墅（11 号楼）房间编号图

（一）建筑残损现状

1. 台基及入口台阶

（1）台基

残损现状：毛石墙基础，水泥砂浆勾缝，局部墙面有后加固的水泥勾缝痕迹。

残损原因：墙基自然损毁。

（2）东侧台阶

残损现状：东侧台阶为现代材料砌筑，花岗石面层；台阶西侧为毛石墙体，东侧为毛石砌筑外廊。台阶为后期重建，无明显残损，但与建筑风格不符。

残损原因：人为不当使用。

（3）西北角台阶

残损现状：西侧台阶为条石砌筑，水泥勾缝；台阶扶手为毛石砌筑条石压面。条石较为完好，个别出现裂缝，水泥勾缝部分老化残损。

残损原因：年久失修，自然风化。

2. 一层墙体、地面及门窗

残损现状：地下室处于废弃不用状态，堆积较多建筑垃圾；曾进行结构加固；顶棚抹灰脱落20%；水泥地面破损不平。地下室处于废弃不用状态，堆积较多建筑垃圾；曾进行结构加固，但加固没有考虑使用需求和美观需求，为不当加固。顶棚抹灰多处脱落，龙骨暴露；地面破损不平。

残损原因：长期废弃不予使用，缺乏维修，且用于加固结构的维修不当。

3. 二层地面

（1）水磨石地面

残损现状：水磨石地面主要铺设在会客厅N1房间，保存状况完好。

（2）瓷砖地面

残损现状：瓷砖地面主要使用在卫生间内，即N3、N4、N7房间。瓷砖已经老旧破损，有严重的锈渍。

残损原因：长期使用维修替换不及时。

（3）水磨石地面

残损现状：黑白花色、肉色花岗岩石块拼装铺就，未见明显损坏。

（4）水磨石地面

残损现状：室内房间大部分为栗红色木地板。木地板内部龙骨情况不详。木地板基本完整，无明显沉降迹象；在使用中，表面平整光滑。

4. 墙体

（1）外墙

残损现状：外墙为毛石砌筑，水泥砂浆勾缝。经勘察，未见明显的墙体裂缝，墙体局部有管道穿孔后遗留空洞；室外面，可见曾经历修缮，但水泥勾缝处理较为粗糙；室内面，已经被粉刷成白色。

残损原因：多次修补墙面，和室内不当粉刷。

（2）内墙

残损现状：青砖砌筑，白灰砂浆勾缝，麻刀灰找平，白灰抹面。二层内墙现状完好，一层 70% 墙面破损。

残损原因：地下一层废弃后缺乏维修。

5. 廊柱

残损现状：毛石砌筑石柱廊，水泥勾缝较为粗糙。

残损原因：维修不当。

6. 重檐装饰

残损现状：重檐为小木料制成椽子和望板，作为支撑，上铺瓦片，小木料粉刷成白色，封檐板漆绿；支撑构建为黑色铁艺近三角形构件。局部转角处瓦片缺失，且机砖瓦与原有风貌不符。

残损原因：维修不当。

7. 门窗

（1）室外百叶门窗

残损现状：建筑外墙门窗均为单层门窗，室外侧为百叶木门窗和木格玻璃窗，室内侧为双层木格玻璃窗；百叶木门窗木料多为松木，木框饰绿漆，百叶格栅饰白色油漆。连接件为铁合页及铁把手。百叶木门窗基本完好，80% 门窗扇位移、歪闪磨损严重；木饰油漆普遍干裂褪色，门窗铁连接件缺失等。

残损原因：年久失修，人为不当使用；木材受干湿、冷热、风化等自然侵害。

（2）室内门窗

残损现状：建筑外墙门窗均为双层门窗，室外侧部分为百叶木门窗，部分为木格玻璃窗；室内侧为木格玻璃窗；百叶木门窗木料多为松木，木框及百叶窗格饰绿漆。连接件为铁合页及铁把手。百叶木门窗基本完好，60% 门窗扇位移、歪闪磨损严重；木饰油漆普遍干裂褪色，门窗铁连接件把手缺失等。

残损原因：年久失修，人为不当使用；木材受干湿、冷热、风化等自然侵害。

8. 吊顶

（1）室内吊顶

残损现状：普遍房间白灰吊顶无明显沉降裂缝痕迹；卫生间吊顶采用白蓝条铝塑与建筑整体风格不符。

残损原因：不当人为改造。

（2）围廊吊顶

残损现状：围廊吊顶由木梁架间搭接木板条，木板条下抹麻刀白灰，白灰浆找平抹面。围廊吊顶局部受潮。

残损原因：年久失修，屋面防水设施老化。

9. 屋顶

（1）铁瓦坡顶屋面

残损现状：双坡铁瓦顶屋面，铁瓦屋面基本完好，普遍油漆剥落褪色，局部锈蚀严重；铁皮瓦屋面搭接处锈蚀有轻微漏雨现象。

残损原因：年久失修，铁件锈蚀。

（2）雨水管、雨水槽

残损现状：雨水槽、水管及固定件均为铁质，表面饰绿色油漆。雨水槽下均设有雨水管，共 10 根。铁质排水管件锈蚀松动情况较严重，管件固定件缺失；檐角排水槽锈蚀漏雨严重。

残损原因：年久失修，铁件锈蚀。

（二）建筑现状残损照片

台基残损现状

入口台阶（东侧）残损现状

入口台阶（西北角）残损现状

水磨石地面残损现状（一）

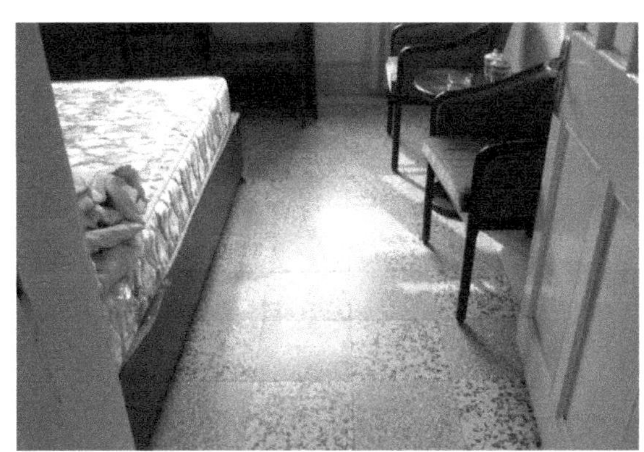

水磨石地面残损现状（二）

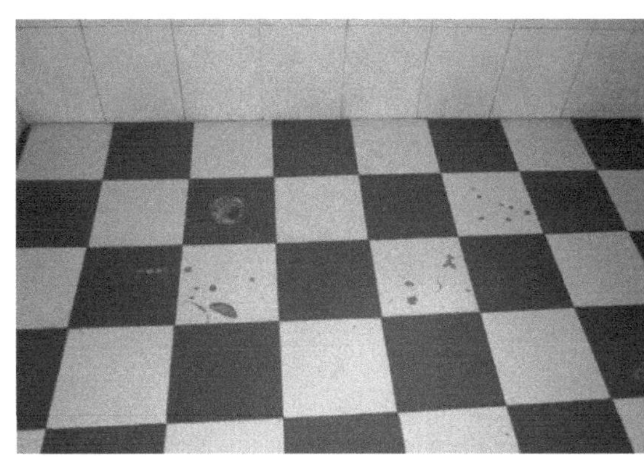

瓷砖地面残损现状

木地板残损现状

廊柱残损现状

外墙墙体残损现状

内墙群体残损现状

室外百叶门窗残损现状

室内门窗残损现状

重檐装饰残损现状

室内吊顶残损现状

围廊吊顶残损现状

机砖瓦坡顶屋面残损现状

雨水管，电线残损现状

一层墙体、地面、门窗等残损现状

（三）现状勘测图纸

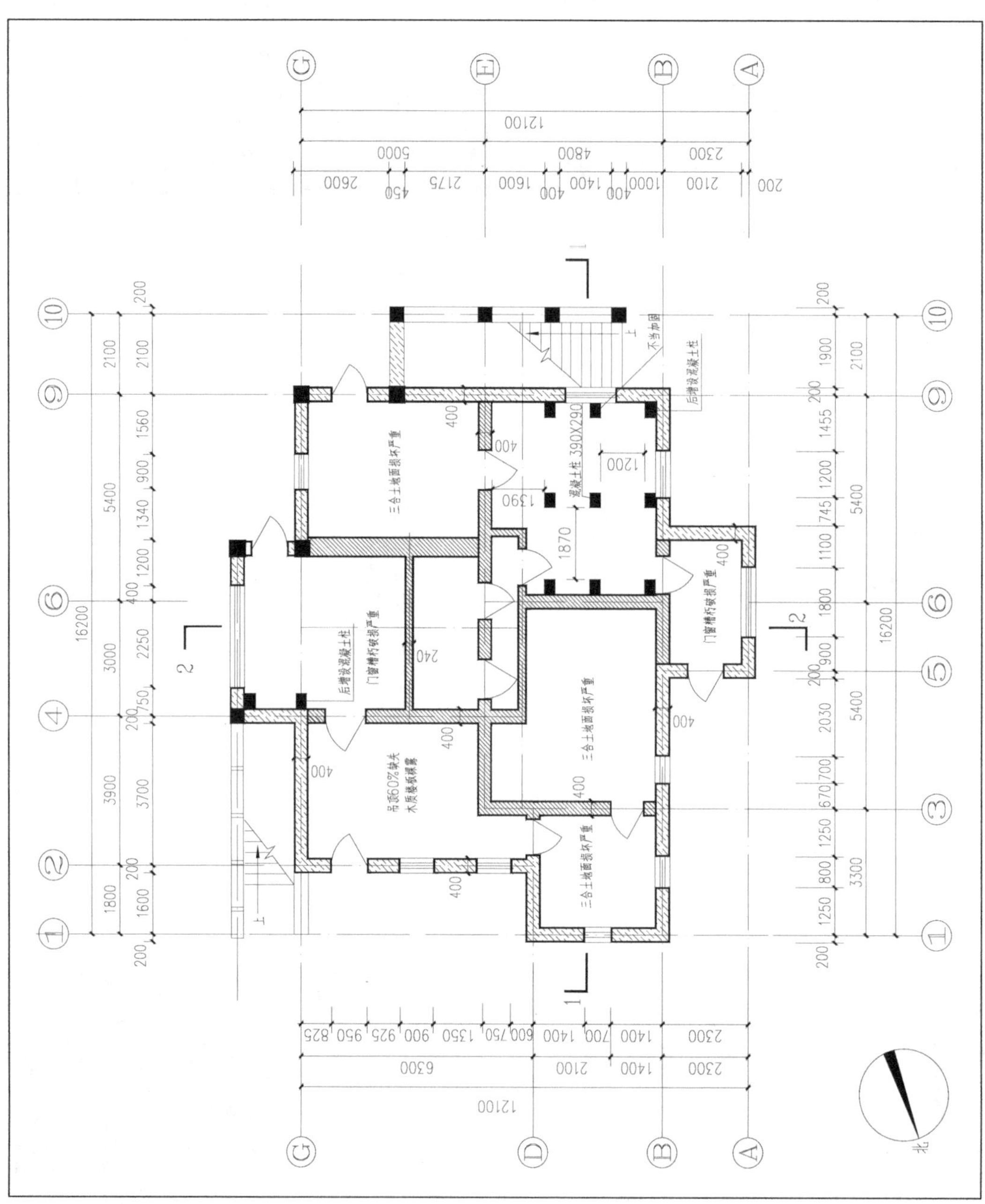

来牧师别墅（11号楼）一层平面图

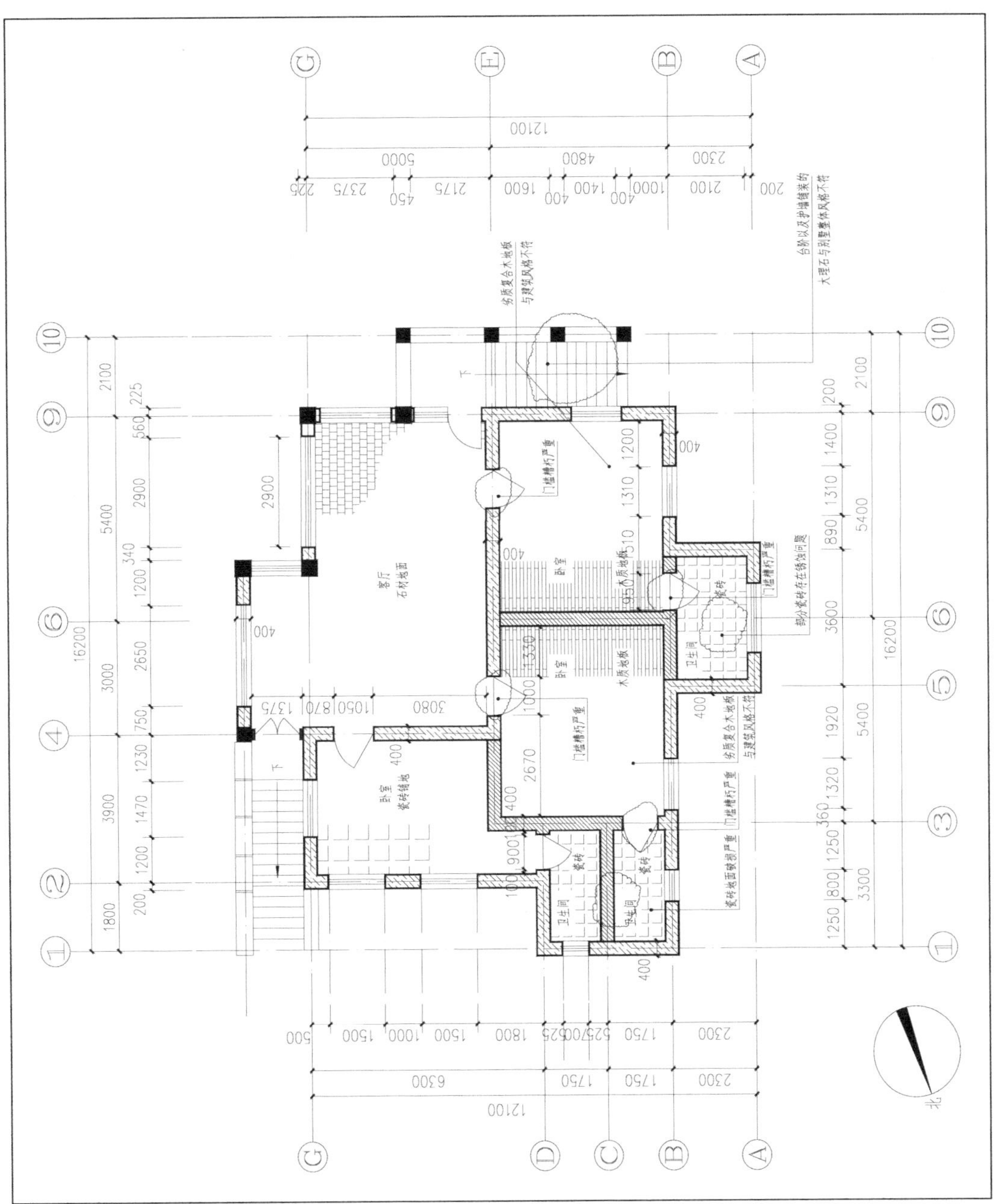

来牧师别墅（11号楼）二层平面图

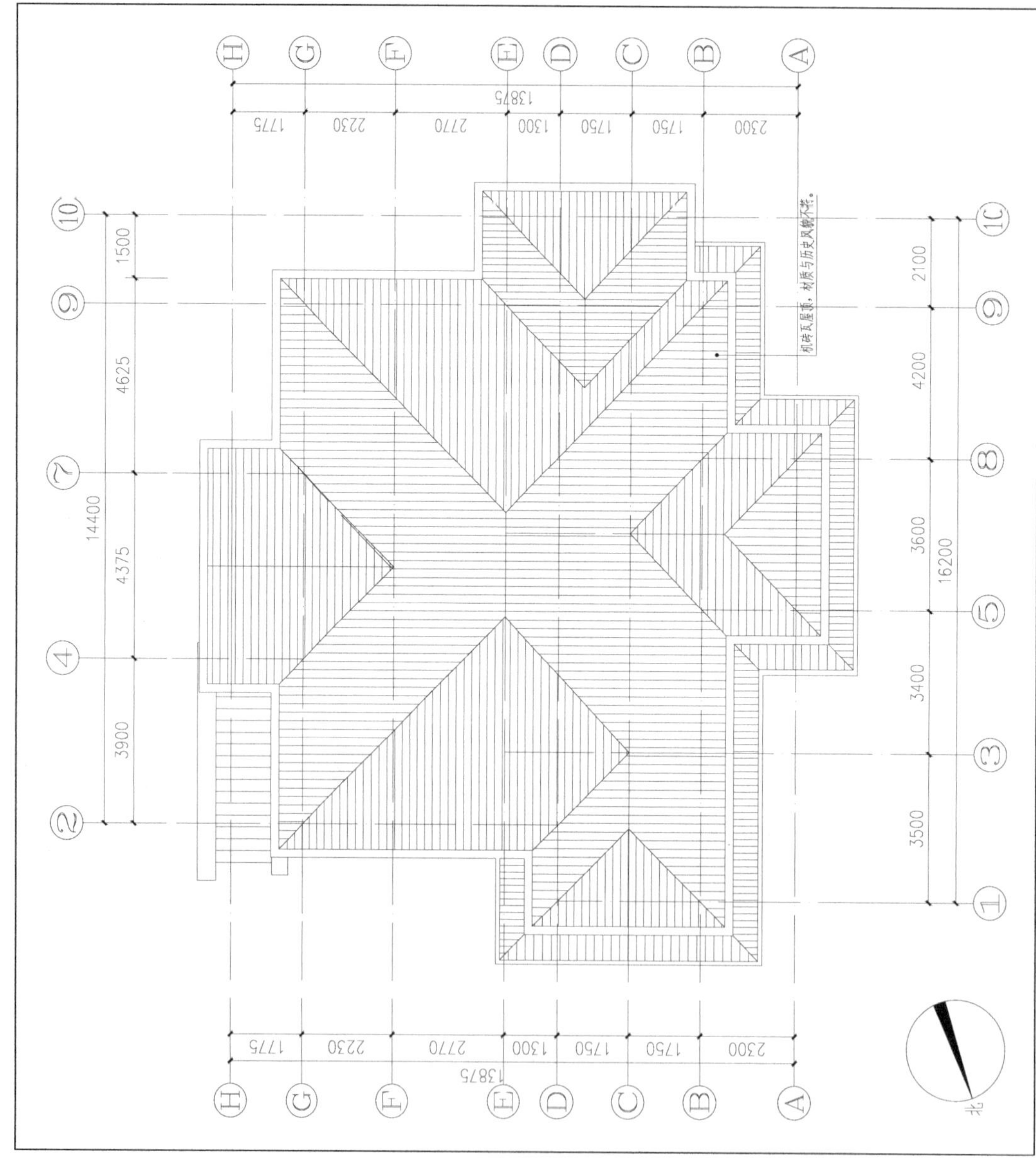

来牧师别墅（11号楼）屋顶平面图

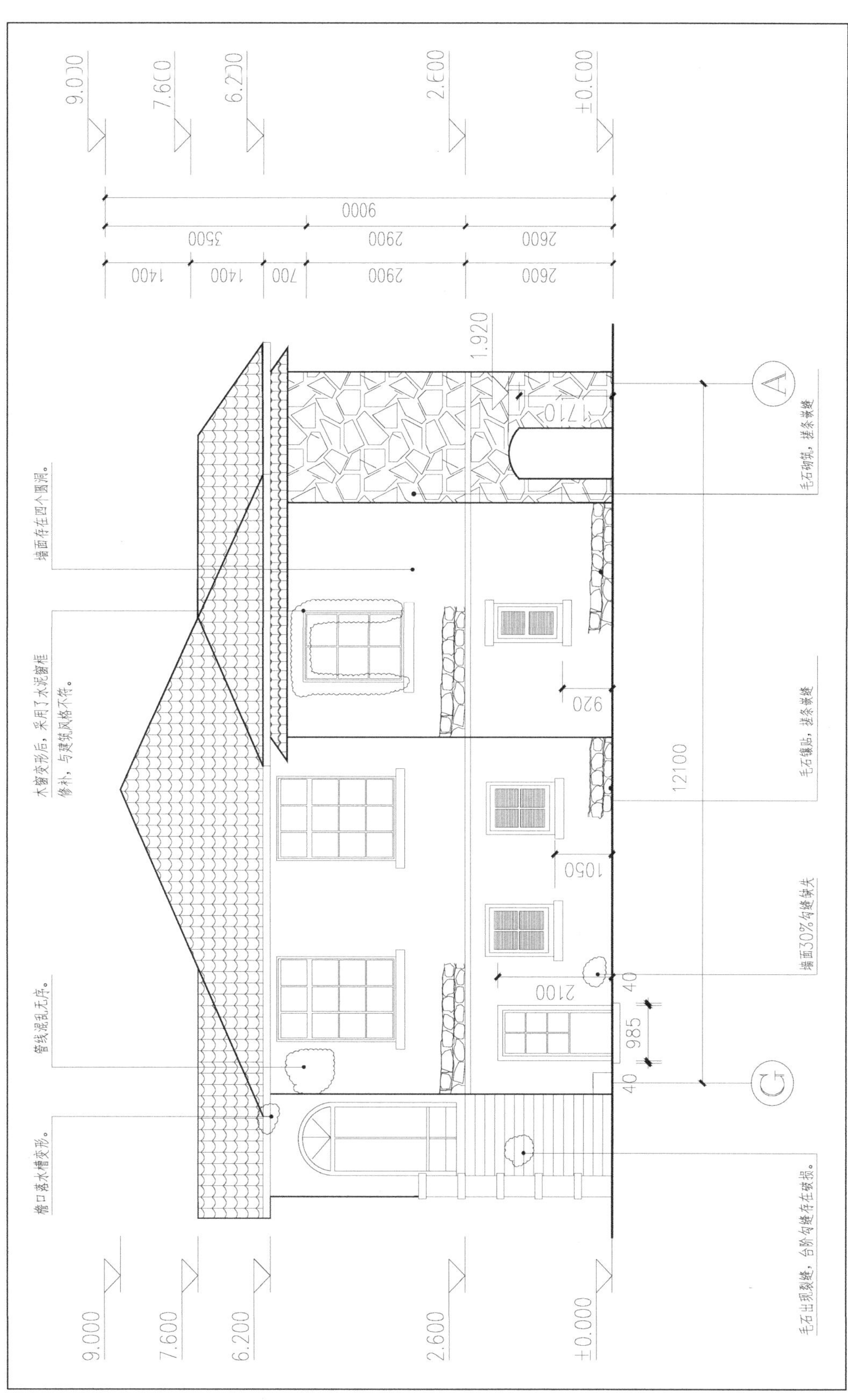

来牧师别墅（11号楼）北立面图

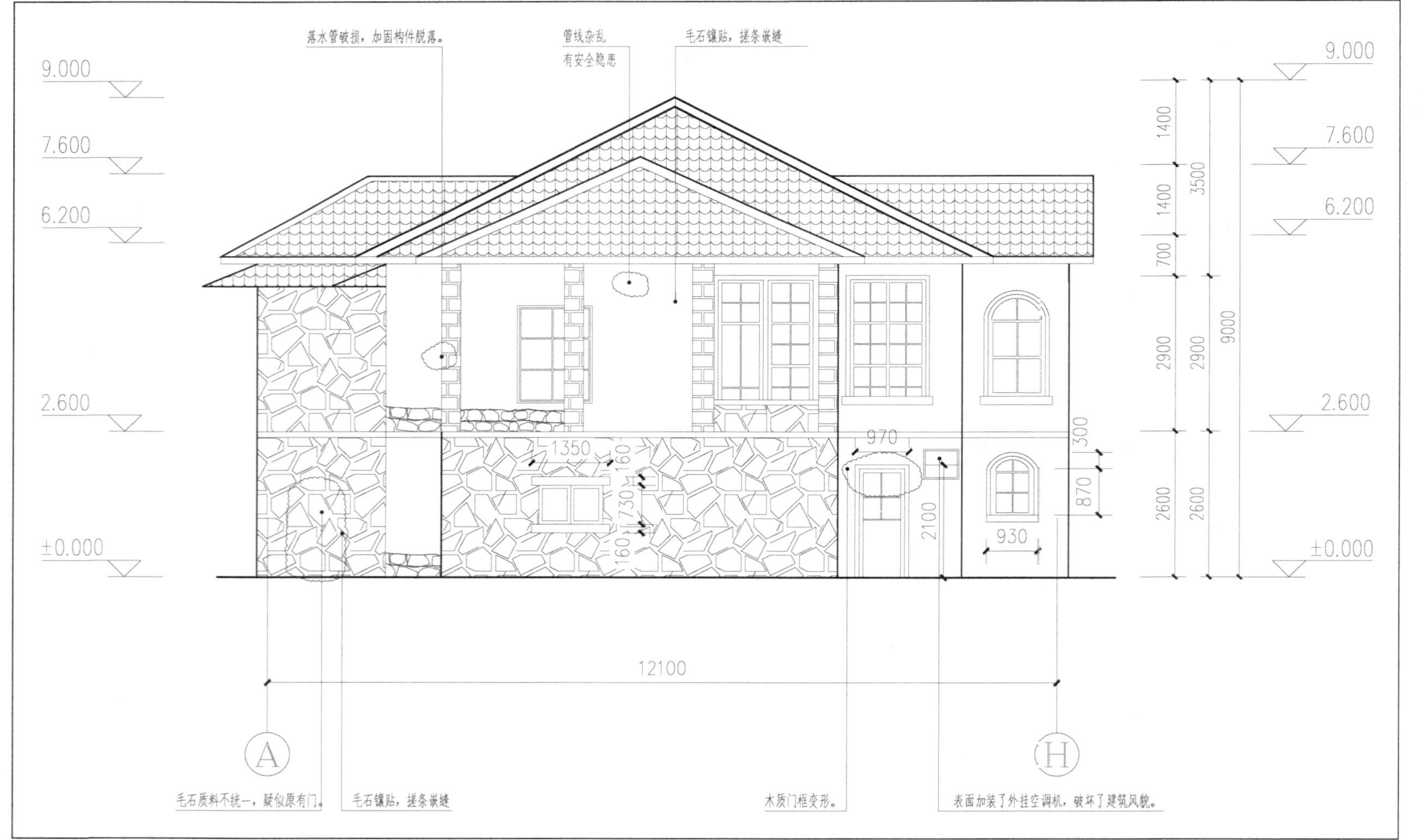

来牧师别墅（11 号楼）南立面图

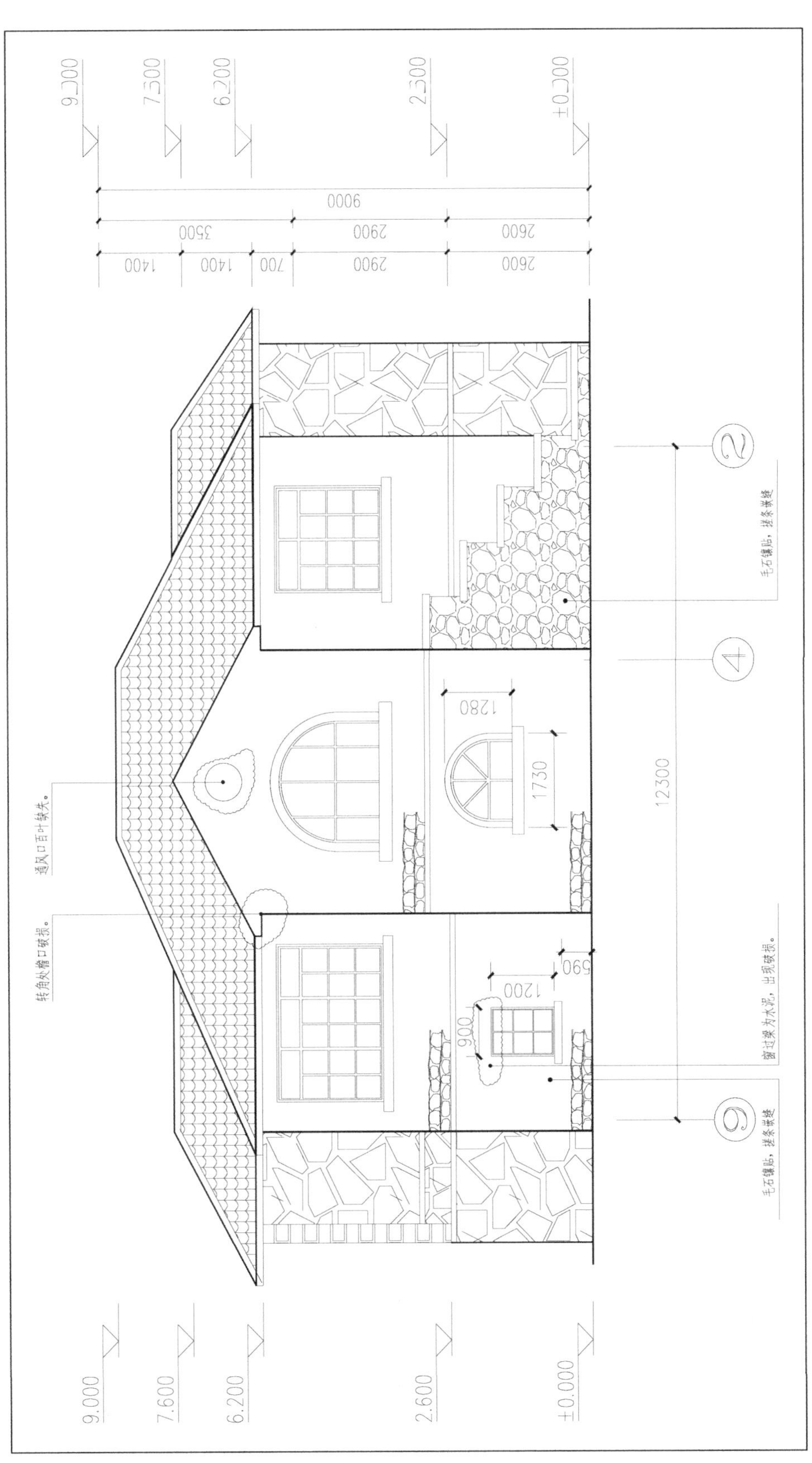

来牧师别墅（11号楼）东立面图

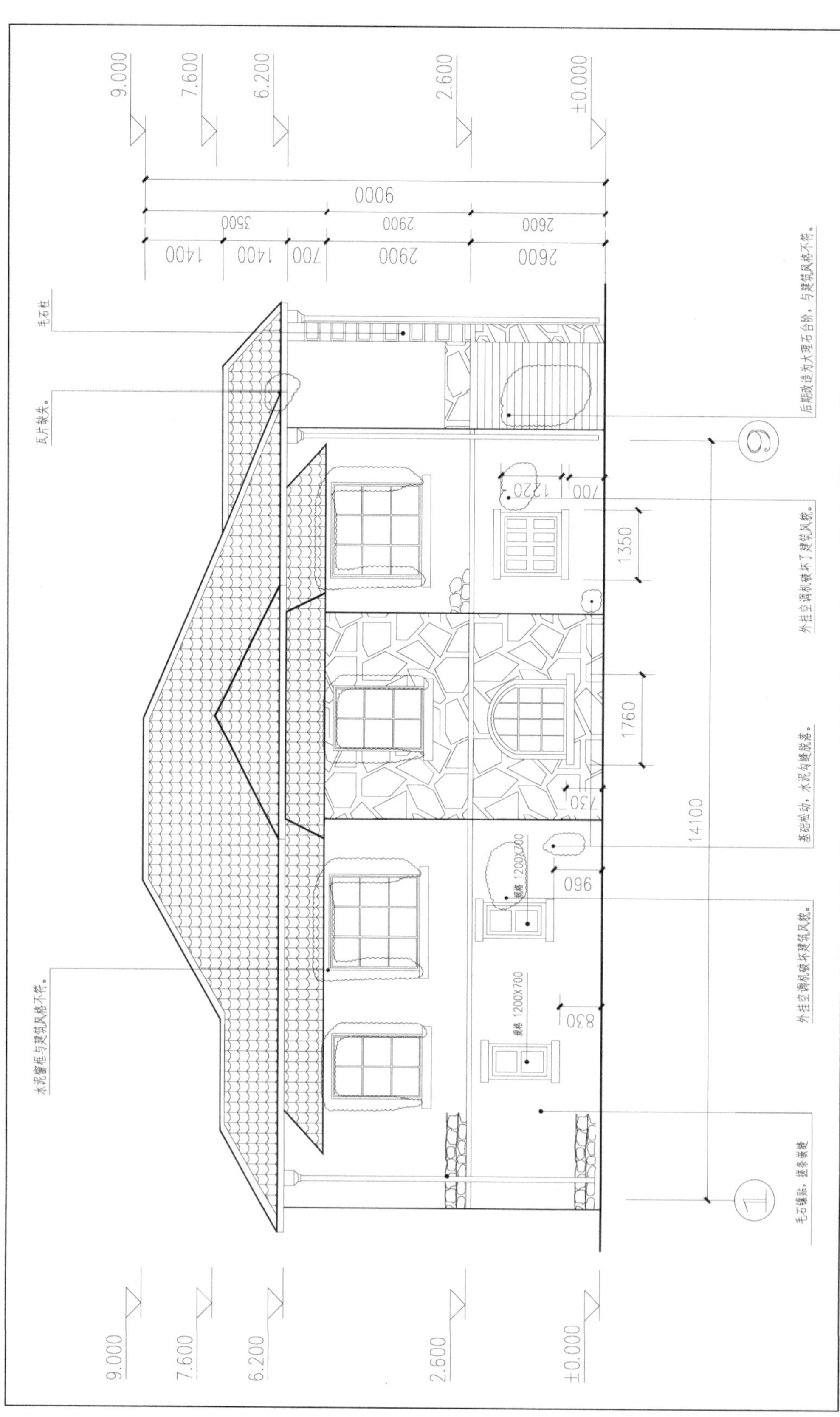

来牧师别墅（11号楼）西立面图

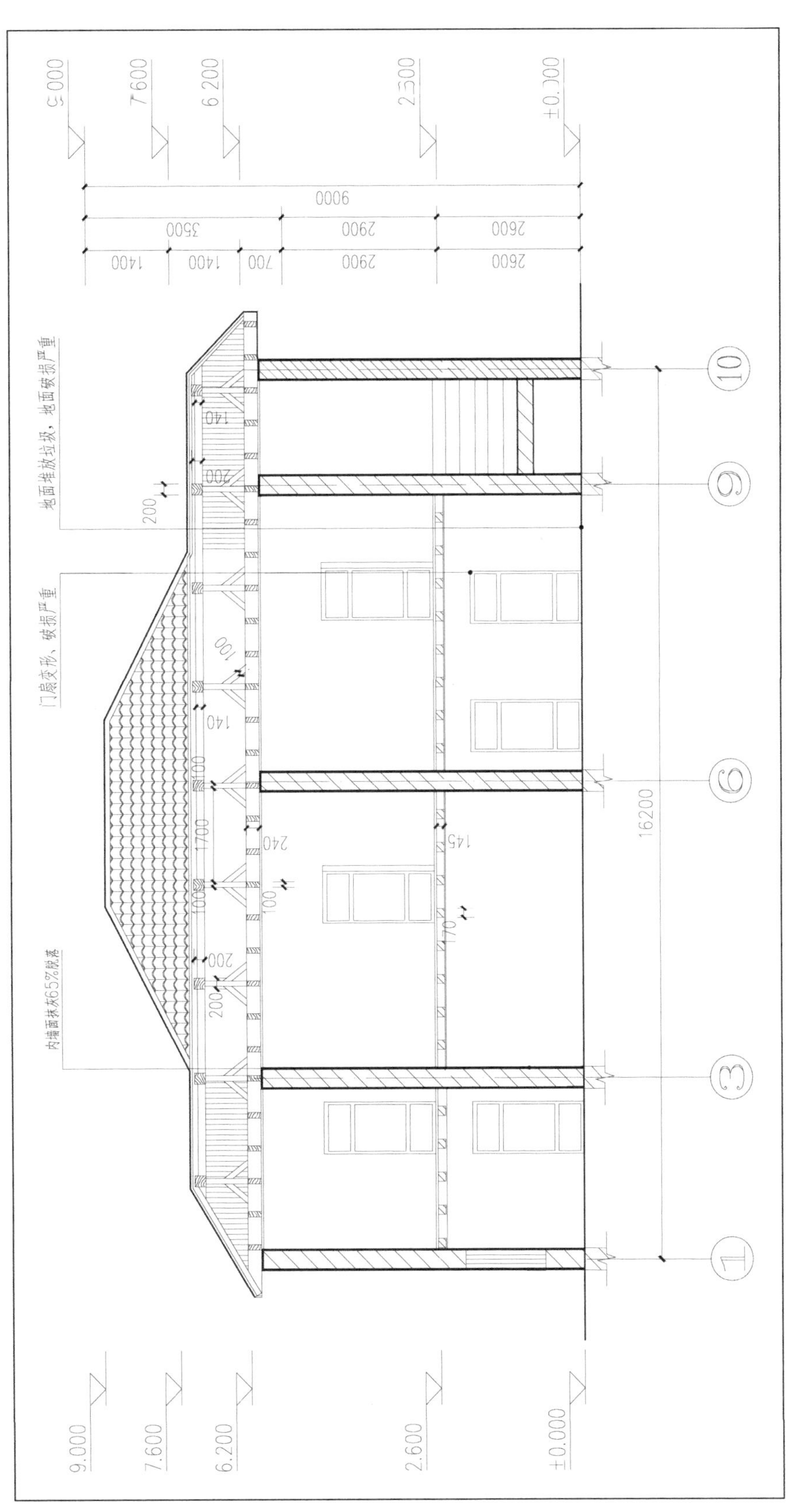

来牧师别墅（11号楼）1-1剖面图

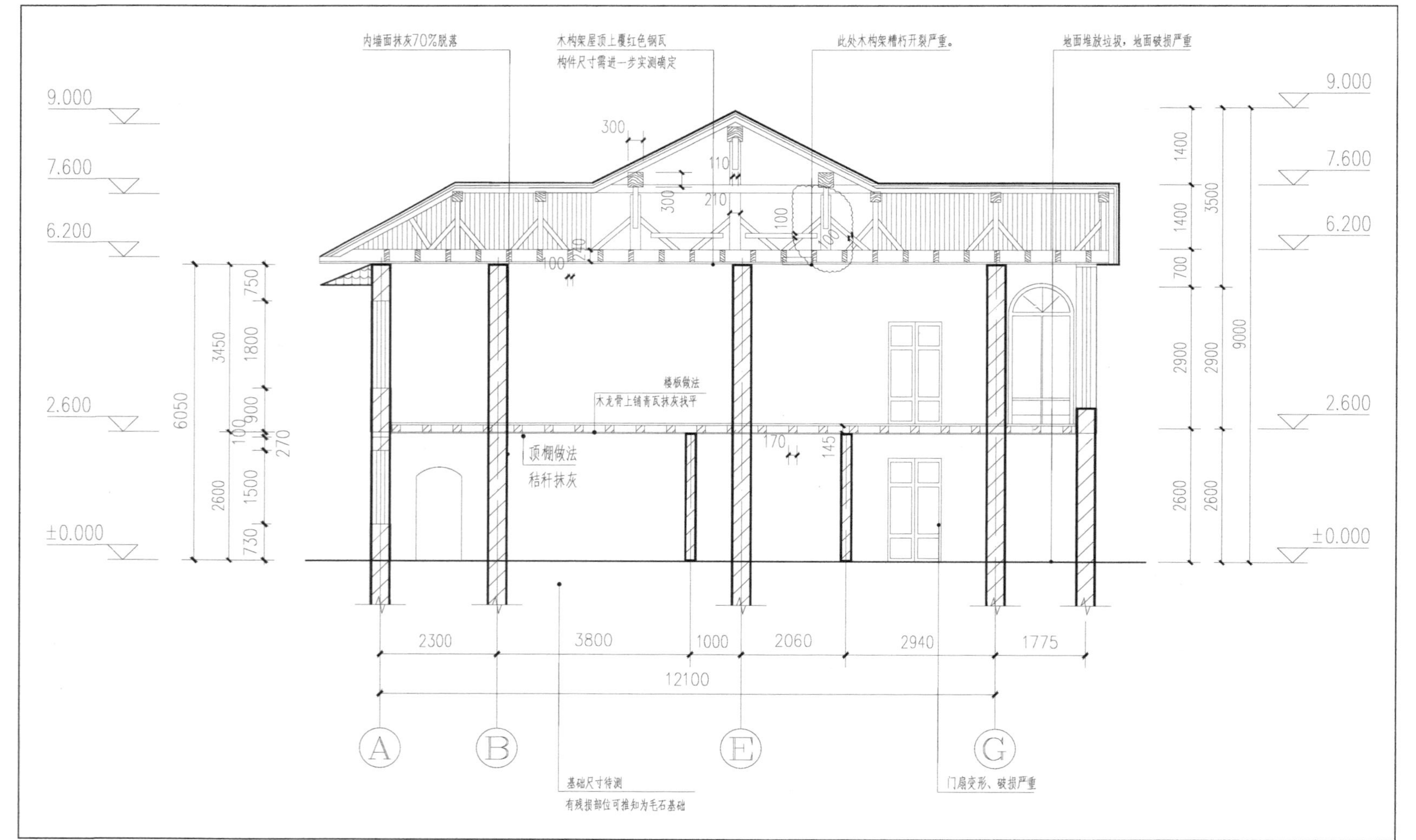

来牧师别墅（11号楼）2-2剖面图

第三章　结构检测与安全鉴定

一、班地聂别墅（6 号楼）结构检测报告

（一）工程概况

班地聂别墅（6 号楼）始建于 1893 年，建筑面积约 492.60 平方米，原图纸资料无存，历年维修改造亦未进行较为全面的勘测。

2009 年，清华大学建筑设计研究院对该建筑进行了测绘。该建筑为一层中西结合砖木结构外廊式建筑，外墙采用青砖白灰浆砌筑，横墙为砖墙。门窗过梁为青砖砌筑。

班地聂别墅（6 号楼）外观照片

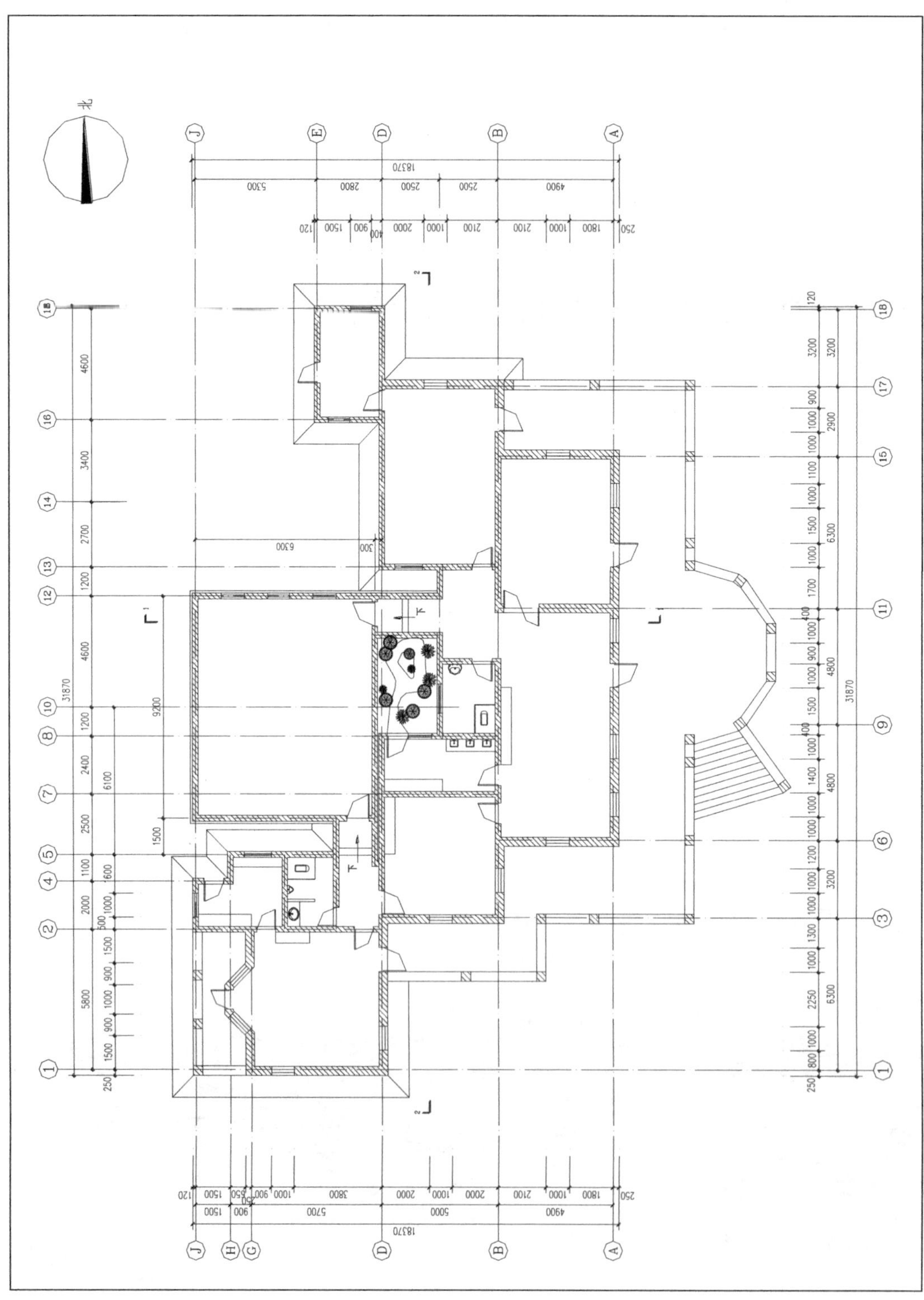

班地聂别墅（6号楼）测绘平面图

屋盖采用木屋架铺红色铁皮瓦屋面，外廊护栏、廊柱均为石材砌筑。该建筑由于年久失修，多处地方出现裂缝，风化，腐朽现象。

（二）检测项目与依据

1. 检测项目

（1）建筑物外观质量检查。

（2）承重墙体的砖强度和砌筑砂浆强度检测。

（3）木构件材料强度检测。

（4）主要构件尺寸检测。

2. 检测依据

（1）《建筑结构检测技术标准》（GB/T 50344-2004）

（2）《砌体工程现场检测技术标准》（GB/T 50315-2000）

（3）《回弹法检测砌体中普通砖抗压强度检验细则》（BETC-JG-307A）

（4）《木结构设计规范》（GB 50203-2002）

（5）《木材抗弯强度试验方法》（GB/T 1936.1-1991）

（6）《古建筑木结构维护与加固技术规范》（GB 50165-1992）

（7）工程质量检测委托书、测绘图等。

（三）建筑物外观质量检查

经现场详细检查，班地聂别墅的外观质量主要存在下列问题：

1. 由于建筑物的使用年限较长，外墙砖的风化、剥蚀问题较多，局部比较严重。

2. 外廊木构件存在油漆脱落、干缩裂缝等问题，影响使用安全。

3. 吊顶、抹灰等装修层破损较多，影响建筑使用功能。

外墙砖风化、剥蚀严重

外廊木构件油漆脱落、干缩裂缝图

外廊吊顶抹灰层脱落

排水天沟生锈严重

内墙皮脱落

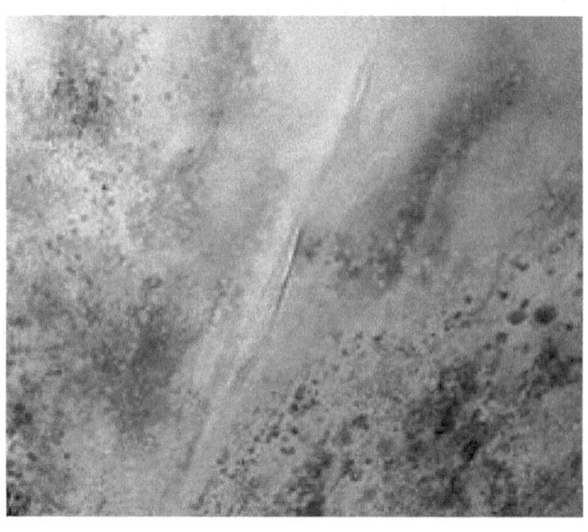

内墙面渗水发霉

（四）砖强度、砌筑砂浆强度检测

1. 上部结构砖强度检测

采用回弹法检测砖强度等级，检测操作参考《建筑结构检测技术标准》（GB/T 50344-2004）有关规定进行，砖抗压强度试验结果见下表。

考虑到建筑物使用时间较长，砖存在表面风化、腐蚀现象，在结构计算分析中建议按强度等级 MU5.0 取用。

砖抗压强度试验结果表

构件序号	检测部位	实测值 MPa		平均值 MPa
		上限值	下限值	
1	东面墙（检测 3 处）	6.1	4.9	5.5
2	西面墙（检测 3 处）	5.9	5.0	5.3
3	北面墙（检测 3 处）	5.8	4.7	5.2
4	南面墙（检测 3 处）	4.0	2.9	3.5

2. 上部结构砂浆强度检测

采用贯入法检测砌筑砂浆强度，操作参照《贯入法检测砌筑砂浆抗压强度技术规程》（JGJ/T 136-2001）的要求进行，砂浆强度贯入法测试结果见下表。砂浆推定强度为 3.0MPa

砂浆强度贯入法测试结果表

构件序号	检测部位	实测值 MPa	平均值 MPa	备注
1	东面墙（检测 3 处）	2.7–5.7	4.3	
2	西面墙（检测 3 处）	3.5–7.5	5.3	
3	北面墙（检测 3 处）	3.4–7.4	4.8	
4	南面墙（检测 3 处）	2.1–5.8	3.7	

（五）木材力学性能试验

木材抗弯强度检测：根据木材的外观，初步判断木材树种为红松，历年经过修缮，除外观有些干缩裂缝外，使用状况良好，为了避免取样对结构的破坏，结合与它相邻的马海德别墅检测结构木材检测结果，按照《木结构设计规范》（GB 50005-2003）中的树种适用强度等级，判断红松的强度等级为 TC13（B）。

（六）检测结论

经现场全面检查，本建筑外观质量主要存在的问题有：

1. 由于建筑物的使用年限较长，外墙砖存在风化、剥蚀现象。

2. 墙体个别地方有开裂现象。

3. 室内吊顶及走廊吊顶为板条抹灰，普遍存在龟裂及脱落现象，破损较多，影响建筑使用功能。

4. 在结构计算中，木屋架木材强度等级可采用 TC13（B）。

（七）建议

受现场检测条件限制，部分隐蔽部位不具备直观检查的条件，建议在装修施工过程中，若发现结构异常或者与本报告存在不符之处需复查。

二、班地聂别墅（6 号楼）安全鉴定报告

（一）房屋安全鉴定目的

该建筑为文物保护单位，目前拟进行修缮和加固，秦皇岛市文物局委托燕山大学对该建筑进行结构鉴定，提出结构加固方案。主要工作内容为，根据检测单位提出的检测结果，进行结构整体计算分析，评定结构现阶段的承载性能，进行结构的安全鉴定；针对新的使用功能，进行结构加固方案设计，依据加固方案进行结构整体计算分

析，在此基础上，提出加固处理建议。

（二）建筑概况

班地聂别墅（6 号楼）始建于 1893 年，建筑面积约 492.60 平方米，原图纸资料无存，历年维修改造亦未进行较为全面的勘测。

2009 年，清华大学建筑设计研究院对该建筑进行了测绘。该建筑为一层中西结合砖木结构外廊式建筑，外墙采用青砖白灰浆砌筑，横墙为砖墙。门窗过梁为青砖砌筑。屋盖采用木屋架坡红色铁皮瓦屋面，外廊护栏石材砌筑。该建筑由于年代超过 100 年，由于未能及修缮，房屋多处地方出现裂缝、风化、腐朽现象。

1. 墙体普遍存在风化碱蚀和剥皮现象。
2. 部分墙体及门窗过梁出现竖向或斜向裂缝。
3. 房间内吊顶，渗漏严重。
4. 走廊吊顶为板条抹灰，普遍存在龟裂及脱落现象。
5. 室内抹灰普遍存在陈旧空鼓、裂缝和局部抹灰脱落现象。
6. 屋顶铁皮瓦锈蚀严重，有渗漏痕迹。
7. 建筑的排水管锈蚀严重。

（三）结构检测结论

秦皇岛市质检站对该结构进行了现场检测，提出了检验报告。经现场检查，内外墙体均为承重青砖墙。主要检测结论如下：

1. 经现场全面检查，班地聂别墅外观质量主要存在的问题有：由于建筑物的使用年限较长，外墙砖多处风化、剥蚀，局部比较严重；外墙、内墙面有明显渗水迹象；吊顶、抹灰等装修层破损较多，特别是外廊吊顶脱落和破损非常严重；排水天沟及落水管生锈；吊顶与墙连接处有明显裂缝，内墙皮多处脱落，影响建筑使用功能；屋架木杆件存在干缩顺纹裂缝，局部漏水潮湿霉变等。

2. 根据砖样抗压强度试验结果和回弹法检测结果，建议在结构计算时砖强度等级可采用 MU5.0，回弹法检测砌体砂浆强度推定值为 3.00 MPa。

3. 在结构计算时，木屋架木材强度等级可采用TC13。

4. 石柱截面尺寸平均值为500毫米 ×500毫米；墙体厚度及屋架各杆件尺寸见报告。

5. 墙基采用条石基础。

（四）鉴定依据

1.《建筑抗震鉴定标准》（GB 50023-2009，以下简称“抗震鉴定标准”）

2.《建筑抗震设计规范》（GB 50011-2008，以下简称“抗震规范”）

3.《砌体结构设计规范》（GB 50003-2001，以下简称“砌体规范”）

4.《建筑结构荷载规范》（GB 50009-2006，以下简称“荷载规范”）

5.《民用建筑可靠性鉴定标准》（GB 50292-1999，以下简称“可靠性鉴定标准”）

6.《混凝土结构设计规范》（GB 50010-2002，以下简称“混凝土规范”）

7.《木结构设计规范》（GB 50005-2003，以下简称“木结构规范”）

8.《古建筑木结构维护与加固技术规范》（GB 50165-1992，以下简称“维护规范”）

9. 班地聂别墅测绘工程图纸。

10. 班地聂别墅检测报告。

（五）结构安全性鉴定

1. 地基基础

现场检测结果表明，该房屋上部结构未发现明显的不均匀沉降裂缝和倾斜，其地基基础无明显的静载缺陷，地基基础承载状况基本正常。根据可靠性鉴定标准，地基基础的安全性可评定为Bu级。

2. 上部结构

（1）水平结构构件

木楼盖：检测发现，木结构楼面没有明显变形，说明能满足正常使用状态。但屋顶渗水现象比较严重。木屋盖历年修缮过，根据外观可以判断基本上没有腐朽现象，和明显的挠曲变形，但铁皮瓦锈蚀比较严重，影响到结构正常使用，按照可靠性鉴定标准，木楼盖的安全性可评定为 Cu 级。

（2）竖向结构构件

砖墙：根据秦皇岛市质检站砖和砂浆检测结果，采用中国建筑科学研究院建筑结构研究所编制的结构平面 CAD 软件（PMCAD）进行砖墙竖向承载力计算分析，墙体受压承载力验算满足要求。

但检测中发现，个别门窗洞口过梁有损坏，个别墙体有开裂。经综合评定，砖墙的安全性可评定为 Bu 级。

外廊石柱：根据现场检测，外廊石柱属于后来修缮加固部分，工作状况良好。经综合评定，木柱的安全性可评定为 Bu 级。

主体结构安全性评级表

项次	项目		分项评级	安全性鉴定评级
1	地基基础		Bu	Csu
2	上部结构	木楼盖	Cu	
		砖墙	Bu	
		外廊石柱	Bu	

（六）结构正常使用性鉴定

检测中发现，外墙砖多处风化、剥蚀，局部比较严重；门窗洞口两侧的墙体有开裂，局部砖风化、剥蚀严重；外墙、内墙面有明显渗水迹象，木屋顶存在渗水现象；吊顶、抹灰等装修层破损较多；外廊屋架木杆件存在干缩顺纹裂缝，局部漏水潮湿霉变；结构的排水管锈蚀严重。

经综合评定，该建筑的正常使用性可评定为 Css 级。

（七）结构可靠性鉴定

根据可靠性鉴定标准，主体结构的可靠性鉴定评级可分项表示为：

结构安全性评级：Csu 级。

正常使用性评级：Css 级。

（八）抗震性能评定

该结构竖向结构构件由砖墙和石柱（外廊部分）混合承重。

1. 砖墙抗震承载力

采用 PMCAD 软件计算分析砖墙的抗震承载力，计算其抗震设防烈度为 7 度。计算结果表明墙体抗震承载力满足要求。

2. 外观质量及抗震构造措施

（1）外观质量

该工程外观质量状况已在结构正常使用性鉴定中说明，外观质量不满足抗震鉴定标准的要求。

（2）抗震横墙的最大间距

该结构抗震横墙的最大间距为 9.60 米，未超过抗震鉴定标准规定的限值 15 米（地震烈度 7 度）。

（3）圈梁

该结构楼面及屋面处均无圈梁，但仅为一层砖木结构，满足抗震鉴定标准的要求。

（4）构造柱

该结构无构造柱，不满足抗震规范的要求。

该结构抗震承载力满足要求，外观质量及部分抗震构造措施不满足规范要求，需要对结构进行修缮加固。

（九）结构加固建议

考虑到该结构为文物保护单位，加固时应尽可能降低对原建筑的损伤，结构加固改造的建议如下：

1. 保持原结构外立面不变。

2. 对室内屋顶及墙面进行重新装修。

3. 对原建筑外墙表面风化严重的砖替换，墙面重新抹灰。

4. 采用压力灌注水泥浆的方法修复墙体裂缝。

5. 对外廊吊顶进行拆除重建。

6. 原屋顶铁皮瓦拆除，替换同样外观形状的新铁皮瓦。

7. 建筑的排水管及排水天沟重新设计安装。

8. 该建筑使用期已 100 多年，加固改造后，建议定期检查与维护。

（十）说明

在施工过程中，若发现结构中还有本报告未提及的问题，请通知检测鉴定单位，检测鉴定单位将负责必要的复查和鉴定。

班地聂别墅（6 号楼）南立面照片

班地聂别墅（6号楼）测绘平面图

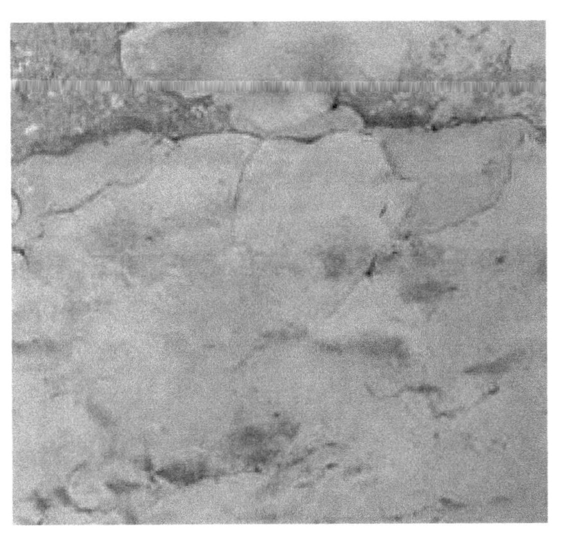
外墙面风化剥蚀

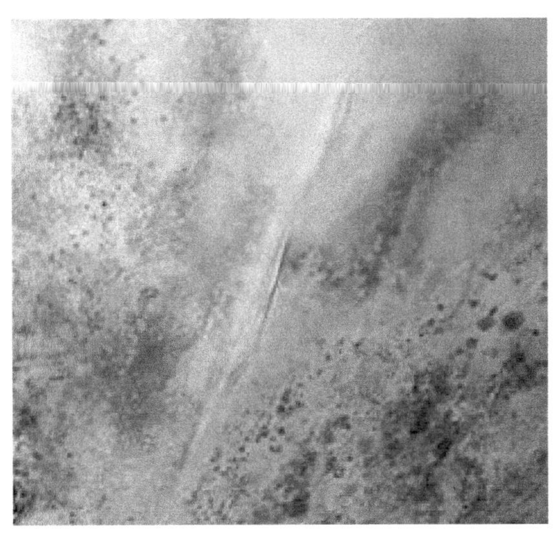
内墙面渗水发霉

吊顶脱落

排水天沟生锈严重

（十一）砖砌体结构计算

1. 结构计算依据、参数

（1）结构计算依据

见鉴定依据。

（2）结构计算条件

① 结构重要性系数 $\gamma_0 = 1.0$。

② 建筑抗震设防类别：丙类；建筑结构安全等级：二级。

③ 抗震设防烈度：7 度；基本地震加速度 0.1g，地震分组为第一组。

（3）材料强度

见检验报告。计算复核中，黏土砖、砂浆、混凝土的抗压强度根据检验报告提供的结果确定。砖强度等级采用 MU5.0，回弹法检测砌体砂浆强度推定值为 3.00 MPa。

2. 砌体结构计算

（1）计算工具

砌体结构计算工具名称：《砌体结构辅助设计软件》（2005 年 10 月版），编制单位：中国建筑科学研究院 PKPM CAD 工程部。

（2）平面简图

结构平面简图见测绘图。

（3）永久荷载标准值

屋面均布永久荷载标准值：1.0kN/m^2。

（4）可变荷载标准值

① 屋面均布可变荷载标准值：0.5kN/m^2。

② 基本风压：0.45kN/m^2。

③ 基本雪压：0.25kN/m^2。

（5）计算控制数据及总结果

① 砌体结构计算控制数据

结构类型：砌体结构

结构总层数：1

结构总高度：3.3

地震烈度：7.0

楼面结构类型：木楼面或大开洞率钢筋砼楼面（柔性）

墙体材料的自重（kN/m^3）：22.

地下室结构嵌固高度（mm）：0.

施工质量控制等级：B 级

② 结构计算总结果

结构等效总重力荷载代表值：1764.3

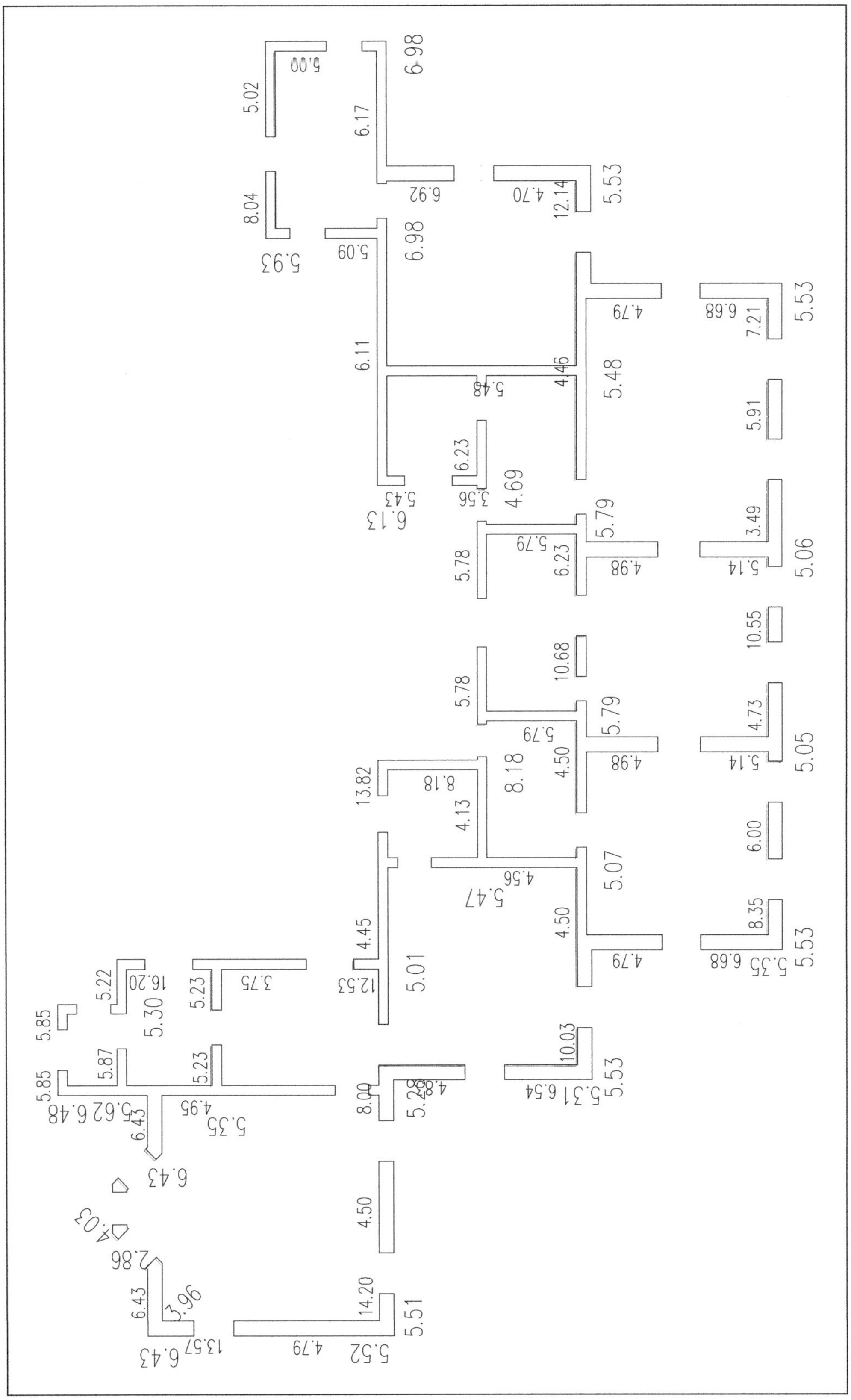

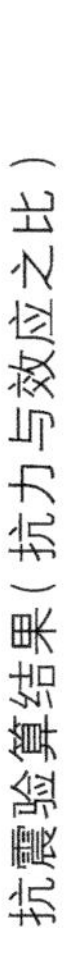

抗震验算结果（抗力与效应之比）

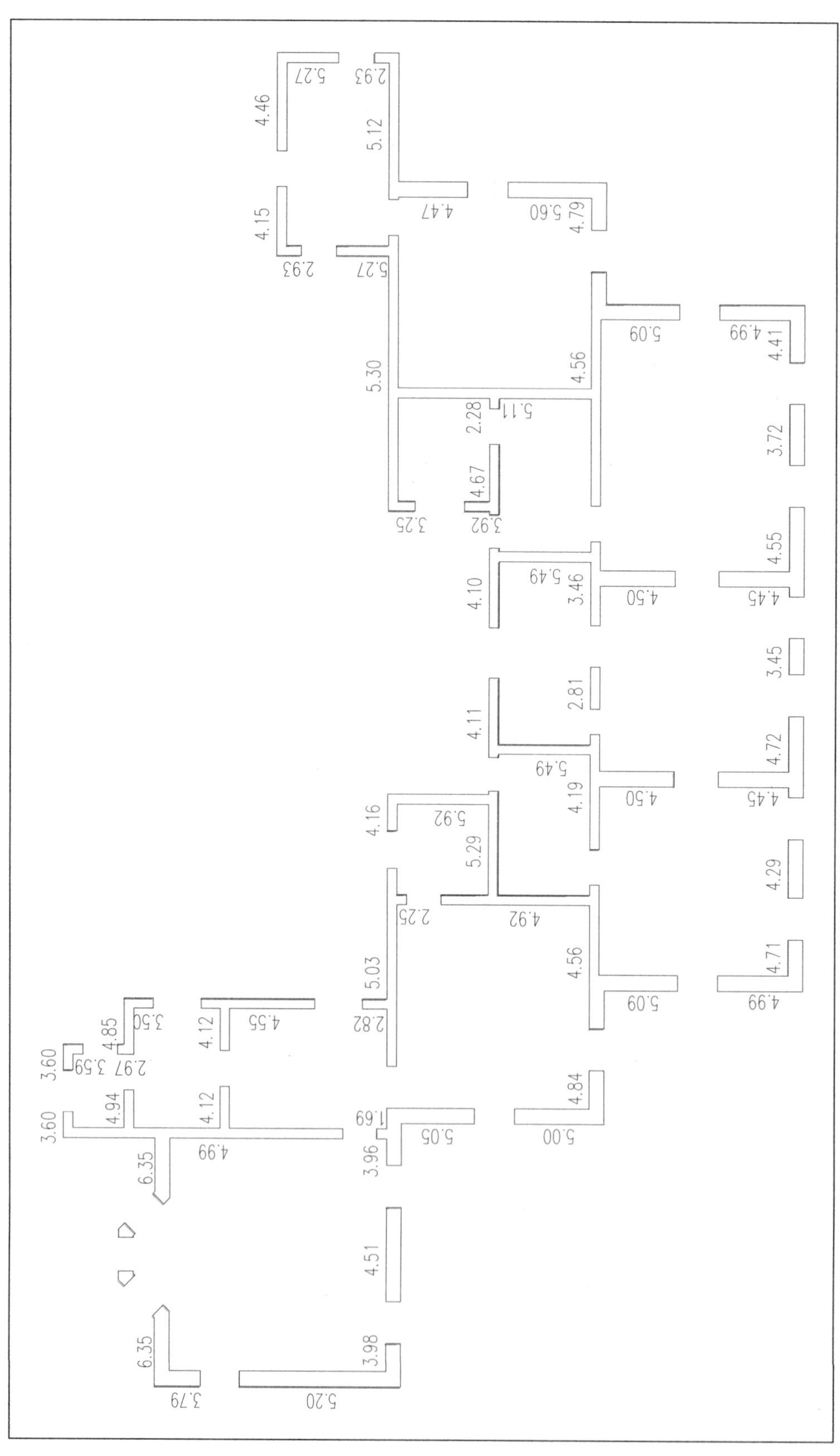

竖向承载力计算结果（抗力与效应之比）

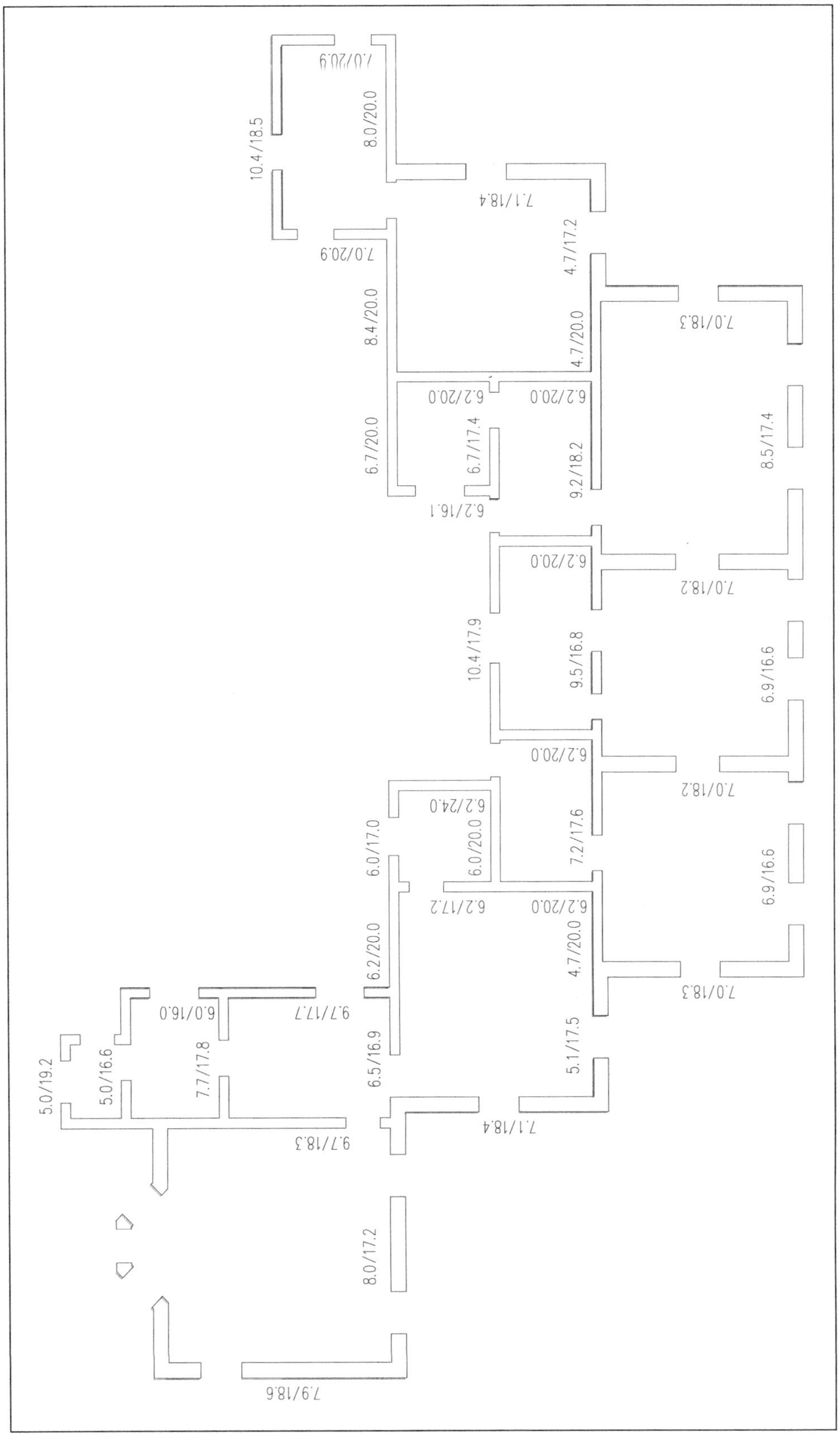
7.0/20.9
10.4/18.5
8.0/20.0
7.1/18.4
7.0/20.9
4.7/17.2
8.4/20.0
4.7/20.0
7.0/18.3
6.2/20.0
6.2/20.0
6.7/20.0
6.7/17.4
9.2/18.2
8.5/17.4
6.2/16.1
6.2/20.0
7.0/18.2
10.4/17.9
9.5/16.8
6.9/16.6
6.2/20.0
7.0/18.2
6.2/24.0
6.0/17.0
6.0/20.0
7.2/17.6
6.9/16.6
6.2/17.2
6.2/20.0
6.2/20.0
4.7/20.0
7.0/18.3
6.0/16.0
9.7/17.7
6.5/16.9
5.1/17.5
5.0/19.2
5.0/16.6
7.7/17.8
9.7/18.3
7.1/18.4
8.0/17.2
7.9/18.6

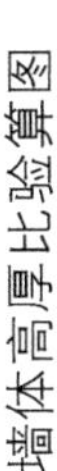

墙体高厚比验算图

墙体总自重荷载：3541.9

楼面总恒荷载：243.8

楼面总活荷载：121.8

水平地震作用影响系数：0.080

结构总水平地震作用标准值（kN）：141.1

（6）主要结论

墙体受压承载力验算满足砌体规范要求，墙体高厚比验算满足砌体规范要求，墙体抗震承载力验算满足抗震规范要求。

三、白兰士别墅（8号楼）结构检测报告

（一）工程概况

白兰士别墅（8号楼），又称马海德别墅，始建于20世纪初，建筑面积约483.95平方米，原图纸资料无存，历年维修改造亦未进行较为全面的勘测。

2009年，清华大学建筑设计研究院对该建筑进行了测绘。该建筑为一层（局部二层）中西结合砖木结构外廊式建筑，外墙采用青砖白灰浆砌筑，横墙为砖墙。门窗圆

白兰士别墅（8号楼）外观照片

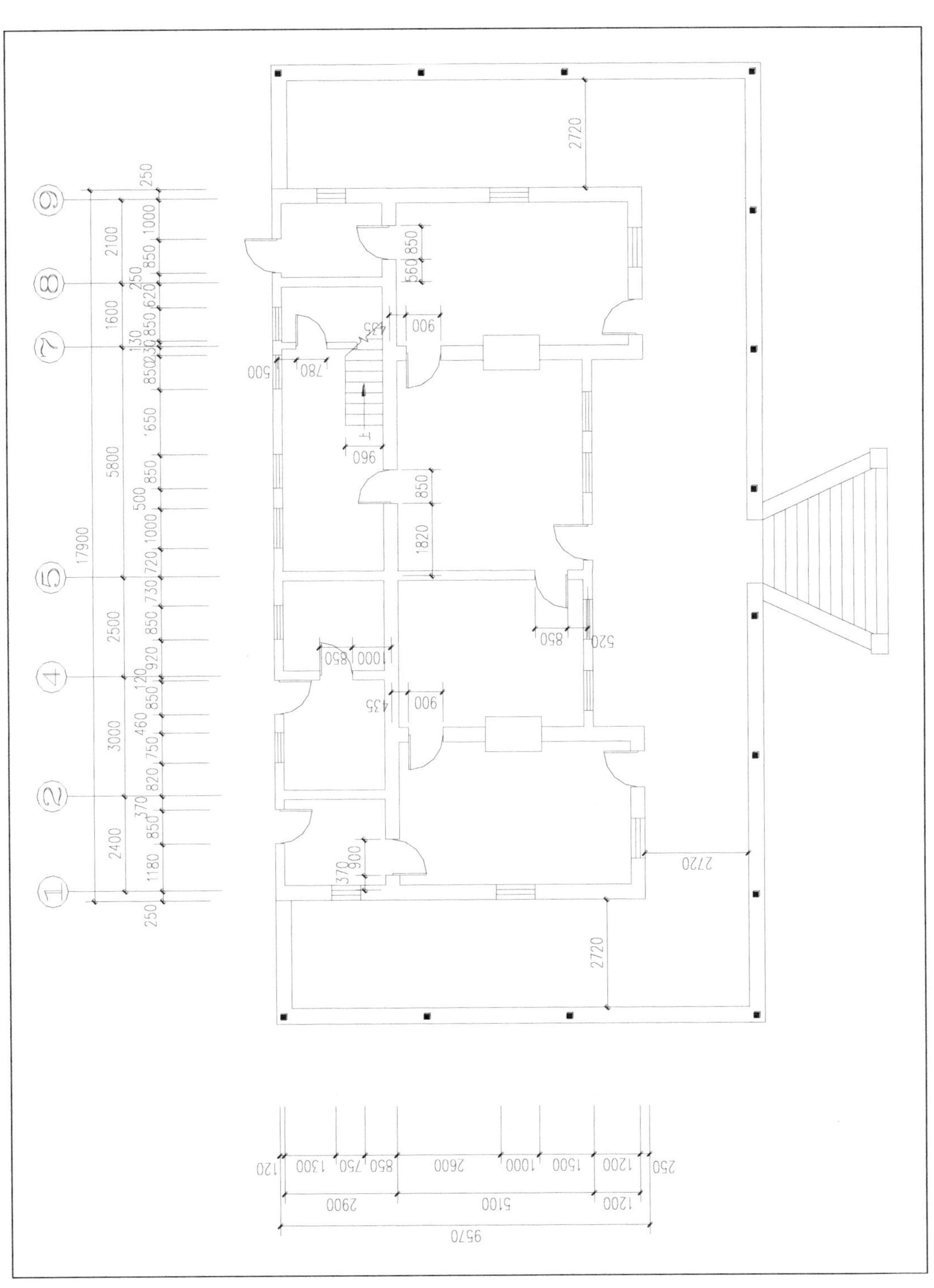

白兰士别墅（8号楼）测绘平面图

拱过梁为青砖砌筑，楼板做法为木结构上铺木地板。屋盖采用木屋架二面坡红色铁皮瓦屋面，楼梯为木结构式楼梯，外廊护栏砌筑式护栏。该建筑由于年久失修，多处地方出现裂缝、糟朽、错位现象。

（二）检测项目与依据

1. 检测项目

（1）建筑物外观质量检查。

（2）承重墙体的砖强度和砌筑砂浆强度检测。

（3）木构件材料强度检测。

（4）主要构件尺寸检测。

2. 检测依据

（1）《建筑结构检测技术标准》（GB/T 50344-2004）

（2）《砌体工程现场检测技术标准》（GB/T 50315-2000）

（3）《回弹法检测砌体中普通砖抗压强度检验细则》（BETC-JG-307A）

（4）《木结构设计规范》（GB 50203-2002）

（5）《木材抗弯强度试验方法》（GB/T 1936.1-1991）

（6）《古建筑木结构维护与加固技术规范》（GB 50165-1992）

（7）工程质量检测委托书、测绘图等。

（三）建筑物外观质量检查

经现场详细检查，马海德别墅的外观质量主要存在下列问题：

1. 由于建筑物的使用年限较长，外墙砖的风化、剥蚀问题较多，局部比较严重；墙体存在霉变现象。

2. 墙体开裂较多，局部砖风化、剥蚀严重。

3. 外廊木柱存在油漆脱落、干缩裂缝等问题，影响使用安全。

4. 吊顶、抹灰等装修层破损较多，影响建筑使用功能。

一层外墙砖风化、剥蚀严重

一层外墙砖霉变普遍

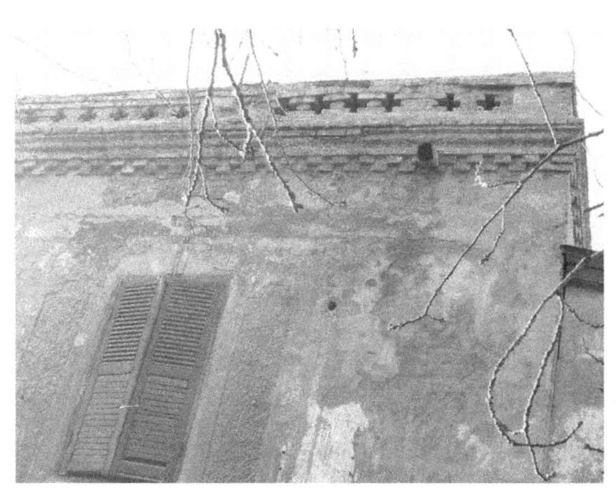
二层外墙剥蚀严重

二层墙体剥蚀严重

一层墙体洞口右侧剥蚀

一层墙体破损

一层墙体洞口右侧剥蚀

二层屋顶霉变严重

一层木柱油漆脱落

一层木柱油漆脱落

一层外廊吊顶抹灰层脱落

一层外廊吊顶抹灰层脱落

一层外廊排水构件腐朽

一层外廊屋檐建筑装修层损坏

（四）砖强度、砌筑砂浆强度检测

1. 上部结构砖强度检测

采用回弹法检测砖强度等级，检测操作参考《建筑结构检测技术标准》（GB/T 50344-2004）有关规定进行，砖抗压强度试验结果见下表。

考虑到建筑物使用时间较长，砖存在表面风化、腐蚀现象，且表面回弹值较低，在结构计算分析中建议按强度等级 MU2.5 取用。

砖抗压强度试验结果表

构件序号	检测部位	实测值 MPa		平均值 MPa
		上限值	下限值	
1	一层墙 5-B-C	3.6	2.1	2.9
2	一层墙 5-7-C	2.9	1.8	2.6
3	一层墙 5-7-B	3.0	1.7	2.6
4	一层墙 4-5-B	3.1	1.6	2.7
5	一层墙 4-B-C	2.9	2.0	2.5
6	一层墙 4-5-C	3.4	2.5	3.0
7	一层墙 5-7-D	3.3	2.1	2.8
8	一层墙 5-C-D	3.1	2.0	2.7
9	一层墙 1-C-D	3.2	1.9	2.5
10	一层墙 5-7-C	3.1	1.8	2.6

续 表

构件序号	检测部位	实测值 MPa		平均值 MPa
		上限值	下限值	
11	一层墙 6-B-C	3.3	2.1	2.8
12	一层墙 7-9-C	3.4	2.1	2.7
13	二层墙 7-9-C	2.9	2.0	2.6
14	二层墙 7-A-C	3.0	1.9	2.7
15	二层墙 7-9-A	3.1	2.2	2.5
16	二层墙 9-A-C	3.2	2.3	2.7
17	二层烟囱	3.2	2.1	2.8

2. 上部结构砂浆强度检测

采用贯入法检测砌筑砂浆强度，操作参照《贯入法检测砌筑砂浆抗压强度技术规程》（JGJ/T 136-2001）的要求进行，砂浆强度贯入法测试结果见下表。砂浆推定强度为 1.0MPa

砂浆强度贯入法测试结果表

构件序号	检测部位	单构件砂浆强度推定值（MPa）
1	一层墙 5-B-C	1.1
2	一层墙 5-7-C	0.9
3	一层墙 5-7-B	1.0
4	一层墙 4-5-B	1.2
5	一层墙 4-B-C	1.1
6	一层墙 4-5-C	1.0
7	一层墙 5-7-D	0.9
8	一层墙 5-C-D	1.1
9	一层墙 1-C-D	0.9
10	一层墙 5-7-C	1.3
11	一层墙 6-B-C	0.5
12	一层墙 7-9-C	0.9

续　表

构件序号	检测部位	单构件砂浆强度推定值（MPa）
13	二层墙 7-9-C	1.1
14	二层墙 7-A-C	1.2
15	二层墙 7-9-A	1.1
16	二层墙 9-A-C	0.9
17	二层烟囱	0.7

（五）木材力学性能试验

木材抗弯强度检测：根据木材的外观，初步判断木材树种为红松，按照《木结构设计规范》（GB 50005-2003）中的树种适用强度等级，红松的强度等级为 TC13（B）。

现场截取木材样品，并制作 3 个试件，按照《木材抗弯强度试验方法》（GB/T 1936.1-1991）有关规定对木材弦向抗弯强度进行试验，试验结果见下表。根据《木结构设计规范》（GB 50005-2003）附录 C 中木材强度检验标准（对于承重结构用材，强度等级为 TC13 的木材检验结果的抗弯强度最低值不得低于 51N/mm^2），下表中的试验结果表明屋架木材强度等级能够达到 TC13。

木材弦向抗弯强度试验结果表

试件编号	试件尺寸（mm）	破坏荷载（N）	抗弯强度（MPa）	备注
1	300×20×20	2100	73.8	跨距为 240mm
2		2300	72.1	
3		2200	70.5	
木材抗弯强度平均值		2200	72.1	/

1. 木材弹性模量检测

对木材进行了弹性模量的检测，选取的木材截面尺寸为 11.3mm×24.4mm（如图 5-3），施加的最大力为 6259N，测得的抗拉强度为 22.7MPa，得出的弹性模量为 10.47 GPa。

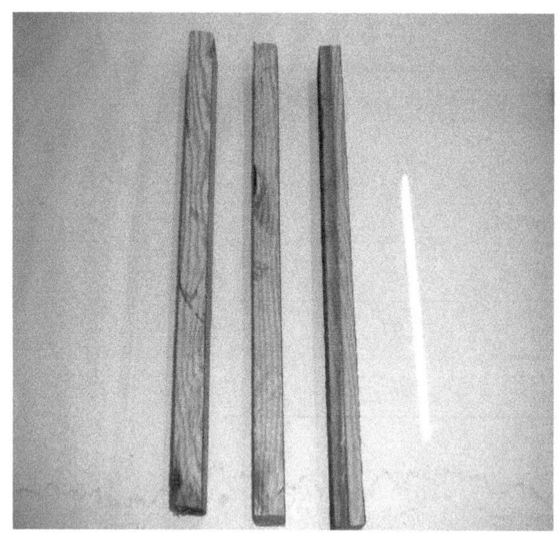

木材试件

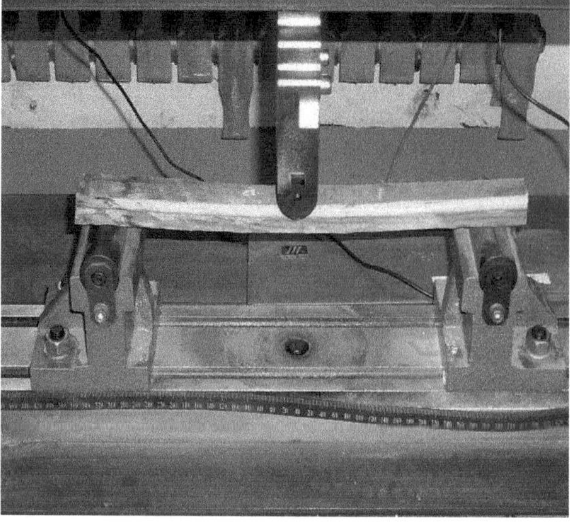

木材弦向抗弯强度测试

木材弹性模量测试

（六）主要构件尺寸检测

采用钢卷尺对木柱的截面尺寸进行测量，木柱截面尺寸为 150mm × 150mm，外墙厚度为 370mm。

木屋架的杆件均为方木，采用钢卷尺对屋架杆件尺寸进行了测量，测量结果见下图和下表。

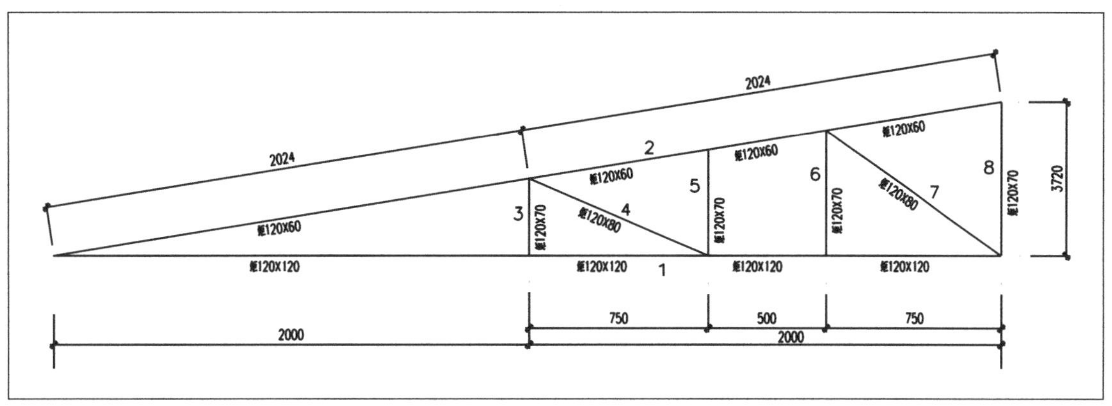

走廊屋架平面图

木屋架杆件截面实测尺寸表（mm）

杆件①	杆件②	杆件③	杆件④
60×120	120×120	70×120	80×120
杆件⑤	杆件⑥	杆件⑦	杆件⑧
80×120	80×120	80×120	80×120

（七）检测结论

1.经现场全面检查，本建筑外观质量主要存在的问题有：

（1）由于建筑物的使用年限较长，外墙砖的风化、剥蚀问题较多，局部比较严重，墙体存在泛碱、霉变现象。

（2）墙体开裂较多，局部砖风化、剥蚀严重。

（3）室内吊顶及走廊吊顶为板条抹灰，普遍存在龟裂及脱落现象，破损较多，影响建筑使用功能。

（4）外廊木柱存在油漆脱落、干缩裂缝、变形等问题。

2.在结构计算中，木屋架木材强度等级可采用TC13B。

3.木柱截面尺寸为150mm×150mm；屋架各杆件尺寸见木屋架杆件截面实测尺

寸表。

（八）建议

受现场检测条件限制，部分隐蔽部位不具备直观检查的条件，建议在装修施工过程中，若发现结构异常或者与本报告存在不符之处需复查。

四、白兰士别墅（8号楼）安全鉴定报告

（一）房屋安全鉴定目的

该建筑为文物保护单位，目前拟进行修缮和加固，秦皇岛市文物局委托燕山大学对该建筑进行结构检测鉴定，提出结构加固方案。主要工作内容为，根据检测单位提出的检测结果，进行结构整体计算分析，评定结构现阶段的承载性能，进行结构的安全鉴定；针对新的使用功能，进行结构加固方案设计，依据加固方案进行结构整体计算分析，在此基础上，提出加固处理建议。

（二）建筑概况

白兰士别墅（8号楼），又称马海德别墅，始建于20世纪初，建筑面积约483.95平方米，原图纸资料无存，历年维修改造亦未进行较为全面的勘测。

2009年，清华大学建筑设计研究院对该建筑进行了测绘。该建筑为一层（局部二层）中西结合砖木结构外廊式建筑，外墙采用青砖白灰浆砌筑，横墙为砖墙。门窗过梁为青砖砌筑，楼板做法为木结构上铺木地板。屋盖采用硬山搁檩二面坡红色铁皮瓦屋面，楼梯为木结构式楼梯，外廊护栏砌筑式青砖护栏。该建筑由于年久失修，多处地方出现裂缝、糟朽、错位现象。

1. 首层墙体普遍存在风化碱蚀和剥皮现象，特别是建筑背立面墙体局部碱蚀比较厉害。

2. 部分墙体及门窗过梁出现竖向或斜向裂缝。

3. 一层挂檐多处有干缩裂缝、糟朽和油漆脱落现象。

4. 一层外廊木柱有油漆脱落、干裂现象。

5. 二层房间内吊顶，渗漏严重。

6. 走廊吊顶为板条抹灰，普遍存在龟裂及脱落现象。

7. 室内抹灰普遍存在陈旧空鼓、裂缝和局部抹灰脱落现象。

8. 二层房间地面有下沉现象。

9. 屋顶铁皮瓦锈蚀严重，有渗漏痕迹。

10. 建筑的排水管锈蚀严重。

（三）结构检测结论

质检站对该结构进行了现场检测，提出了检验报告。经现场检查，多数内墙体为承重的青砖墙。主要检测结论如下：

1. 经现场全面检查，白兰士别墅（8 号楼）外观质量主要存在的问题有：由于建筑物的使用年限较长，外墙砖多处风化、剥蚀，局部比较严重，墙体存在泛碱现象；部分门窗洞口砖拱过梁有损坏，门窗洞口两侧墙体砖损坏较重，抹灰脱落严重；外廊木柱油漆脱落、干裂，个别柱油漆脱落比较严重；木挂檐干裂变形，根部腐朽；外墙、内墙面有明显渗水迹象，卫生间两侧的墙体渗水现象严重，木楼盖渗水和腐烂严重；二层房间楼面变形较明显，呈现中间下挠趋势，尤其二层卫生间地面破坏严重；二层外墙及屋顶烟囱破损严重；吊顶、抹灰等装修层破损较多，特别是外廊吊顶脱落和破损非常严重，吊顶与墙连接处有明显裂缝，内墙皮多处脱落，影响建筑使用功能；屋架木杆件存在干缩顺纹裂缝，局部漏水潮湿霉变。

2. 根据砖样抗压强度试验结果和回弹法检测结果，建议在结构计算时砖强度等级可采用 MU2.5，回弹法检测砌体砂浆强度推定值为 1.00 MPa。

3. 在结构计算时，木屋架木材强度等级可采用 TC13。

4. 木柱截面尺寸平均值为 150mm × 150mm；墙体厚度及屋架各杆件尺寸见报告。

5. 墙基采用条石基础。

（四）鉴定依据

1.《建筑抗震鉴定标准》（GB 50023-2009，以下简称“抗震鉴定标准”）
2.《建筑抗震设计规范》（GB 50011-2008，以下简称“抗震规范”）
3.《砌体结构设计规范》（GB 50003-2001，以下简称“砌体规范”）
4.《建筑结构荷载规范》（GB 50009-2006，以下简称“荷载规范”）
5.《民用建筑可靠性鉴定标准》（GB 50292-1999，以下简称“可靠性鉴定标准”）
6.《混凝土结构设计规范》（GB 50010-2002，以下简称“混凝土规范”）
7.《木结构设计规范》（GB 50005-2003，以下简称“木结构规范”）
8.《古建筑木结构维护与加固技术规范》（GB 50165-1992，以下简称“维护规范”）
9. 马海德别墅测绘工程图纸。
10. 马海德别墅检测报告。

（五）结构安全性鉴定

1. 地基基础

现场检测结果表明，该房屋上部结构未发现明显的不均匀沉降裂缝和倾斜，其地基基础无明显的静载缺陷，地基基础承载状况基本正常。根据可靠性鉴定标准，地基基础的安全性可评定为 Bu 级。

2. 上部结构

（1）水平结构构件

木楼盖：检测发现，二层楼面变形明显，呈现中间下挠趋势，卫生间地面破坏严重，木地面向下沉陷。外廊外侧也呈现明显下挠。卫生间两侧的墙体渗水现象严重，二层木屋顶渗水现象也很严重，木楼盖腐烂严重。一层坡屋面木檩条强度计算满足木结构规范要求，一层地面及屋顶和二层屋面的木梁经过计算强度均不满足木结构规范要求。按照可靠性鉴定标准，木楼盖的安全性可评定为 Cu 级。

外廊木屋架：根据现场实际情况，而对外廊木屋架进行计算。根据现场实际支承情况，计算分析木屋架的承载性能。计算模型模拟柱子、内纵墙和外纵墙均可作为桁架的支撑的情况，采用中国建筑科学研究院 PKPM CAD 工程部编制的《桁架优化设计软件》（STS）进行木屋架承载力计算分析，模型屋架验算结果满足要求。

但检测中发现，屋架木杆件存在干缩顺纹裂缝，局部漏水潮湿霉变。按照可靠性鉴定标准，木屋架的安全性可评定为 Cu 级。

（2）竖向结构构件

砖墙：根据质检站砖和砂浆检测结果，均不满足抗震设计规范；采用中国建筑科学研究院建筑结构研究所编制的结构平面 CAD 软件（PMCAD）进行砖墙竖向承载力计算分析，墙体受压承载力验算满足要求。

检测中发现，部分门窗洞口过梁有损坏，部分墙体有开裂，门窗洞口两侧的墙体有损坏。经综合评定，砖墙的安全性可评定为 Cu 级。

外廊木柱：现场检测发现，外廊木柱存在干缩裂缝。经综合评定，木柱的安全性可评定为 Cu 级。

主体结构安全性评级表

<table>
<tr><th>项次</th><th colspan="2">项目</th><th>分项评级</th><th>安全性鉴定评级</th></tr>
<tr><td>1</td><td colspan="2">地基基础</td><td>B_u</td><td rowspan="6">C_{su}</td></tr>
<tr><td rowspan="5">2</td><td rowspan="5">上部结构</td><td>木楼盖</td><td>C_u</td></tr>
<tr><td>木屋架</td><td>C_u</td></tr>
<tr><td>砖墙</td><td>C_u</td></tr>
<tr><td>外廊木柱</td><td>C_u</td></tr>
</table>

（六）结构正常使用性鉴定

检测中发现，外墙砖多处风化、剥蚀，局部比较严重；门窗洞口两侧的墙体有开裂，局部砖风化、剥蚀严重；木柱油漆脱落、干裂、柱上部有腐朽、变形较大，木挂檐干裂变形，局部腐朽；外墙、内墙面有明显渗水迹象，卫生间两侧的墙体渗水现象严重；二层房间楼面变形明显，木地面有略有下陷；二层木屋顶渗水现象也很严重；二层外墙及屋顶烟囱破损严重；吊顶、抹灰等装修层破损较多；外廊屋架木杆件存在干缩顺纹裂缝，局部漏水潮湿霉变；结构的排水管锈蚀严重。

经综合评定，该建筑的正常使用性可评定为 Css 级。

（七）结构可靠性鉴定

根据可靠性鉴定标准，主体结构的可靠性鉴定评级可分项表示为：

结构安全性评级：Csu 级。

正常使用性评级：Css 级。

（八）抗震性能评定

该结构竖向结构构件由砖墙和木柱（外廊部分）混合承重。

1. 砖墙抗震承载力

采用 PMCAD 软件计算分析砖墙的抗震承载力，计算其抗震设防烈度为 7 度。大部分墙体抗震承载力满足要求，个别位置不满足要求。

2. 外观质量及抗震构造措施

（1）外观质量

该工程外观质量状况已在结构正常使用性鉴定中说明，外观质量不满足抗震鉴定标准的要求。

（2）抗震横墙的最大间距

该结构抗震横墙的最大间距为 5.60m，未超过抗震鉴定标准规定的限值 15m（地震烈度 7 度）。

（3）圈梁

该结构楼面及屋面处均无圈梁，不满足抗震鉴定标准的要求。

（4）构造柱

该结构无构造柱，不满足抗震规范的要求。

该结构受力体系不合理，个别位置抗震承载力不满足要求，外观质量及部分抗震构造措施不满足规范要求，需要进行结构抗震加固改造。

（九）结构加固建议

考虑到该结构为文物保护单位，加固时应尽可能降低对原建筑的损伤，结构加固改造的建议如下：

1. 保持原结构外立面不变，对墙体采用钢筋网水泥砂浆抹面进行加固。

2. 对原建筑二层木屋盖进行加固，拆除腐烂的原木梁，替换同强度的新的木梁，重建新的木楼盖体系。屋内木结构楼板：保留原木楼盖体系，但对木梁需进行加固，对原木地板重新清洗、刷漆，对空鼓处进行修复；卫生间部分：拆除原木楼盖，重建木楼盖结构体系；对室内屋顶及墙面进行重新装修。

3. 对原建筑外墙表面风化严重的砖替换，墙面重新抹灰。

4. 采用压力灌注水泥浆的方法修复墙体裂缝。

5. 加强原外廊木柱与屋架的连接。

6. 对外廊吊顶进行拆除重建。

7. 原屋顶铁皮瓦拆除，替换同样外观形状的新铁皮瓦。

8. 建筑的排水管及排水天沟重新设计安装。

9. 对外廊木柱（含连接）、门窗洞口局部缺陷进行局部修补，并采取有效的防潮措施。

10. 该建筑使用期已近 100 年，加固改造后，建议定期检查与维护。

（十）说明

在施工过程中，若发现结构中还有本报告未提及的问题，请通知检测鉴定单位，检测鉴定单位将负责必要的复查和鉴定。

白兰士别墅（8号楼）测绘平面图

白兰士别墅（8号楼）南立面

白兰士别墅（8号楼）东南侧立面

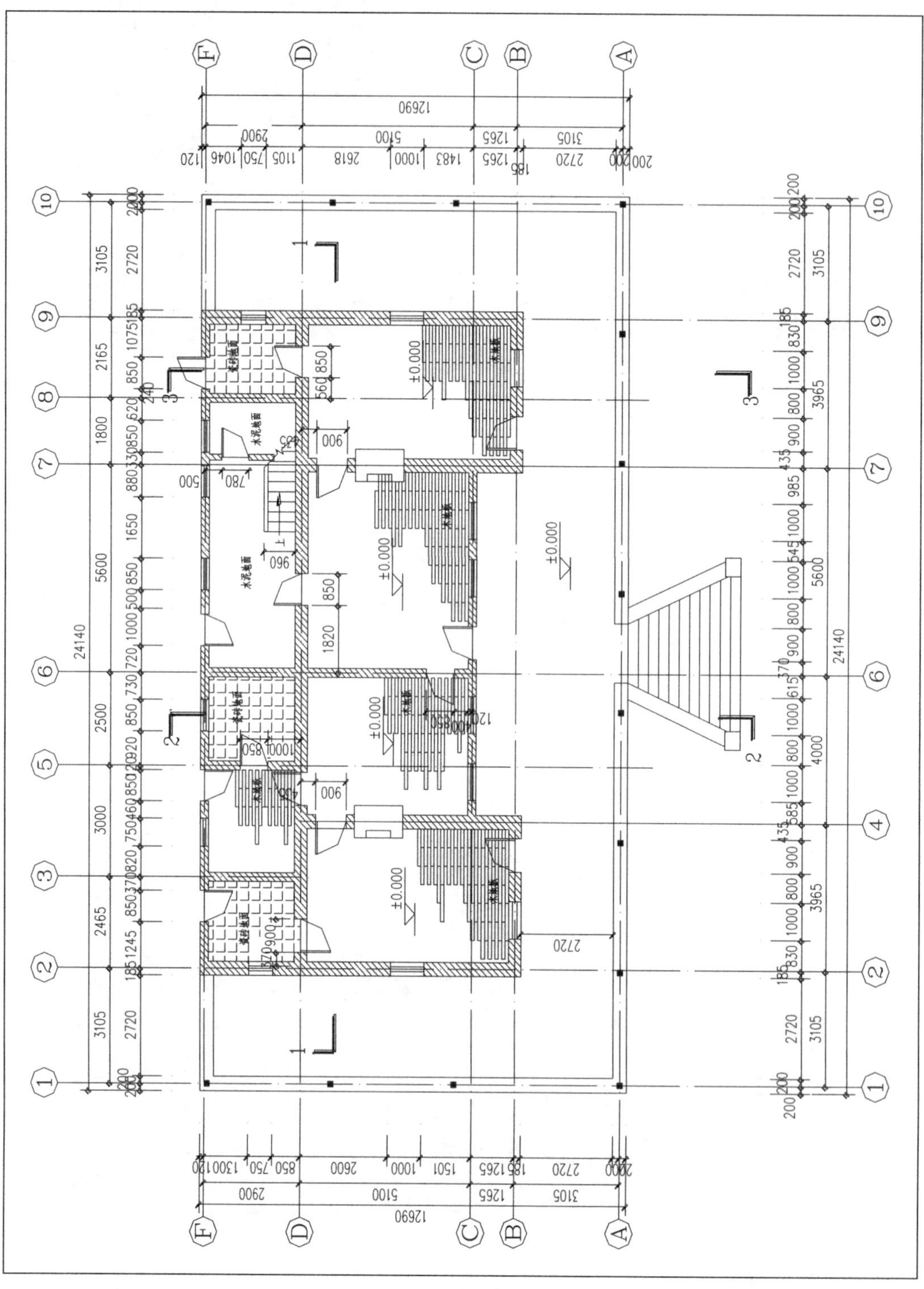

砖墙布置一层图

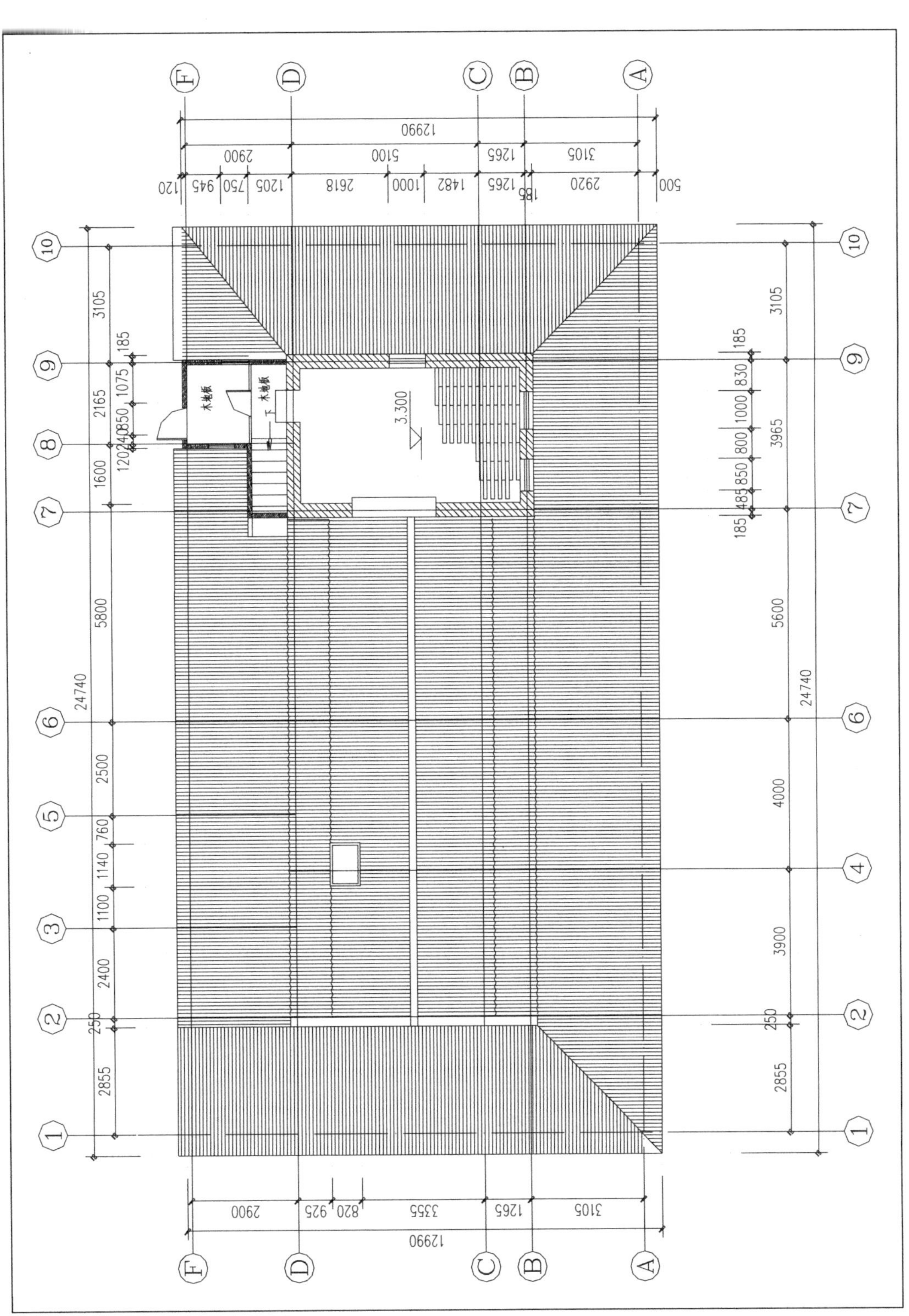

砖墙布置二层图

北立面外墙二层三层墙体脱落

北立面外墙三层四层墙体风化剥蚀

外廊右侧柱（8 柱）有油漆脱落

外廊前柱（13 柱）有干缩裂缝

二层屋顶漏水严重

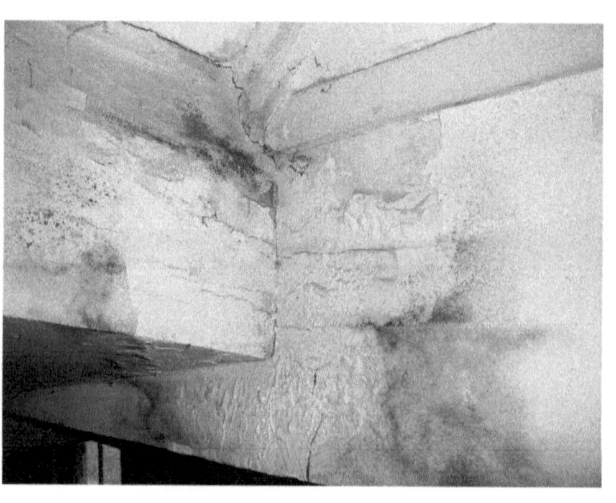

一层屋顶与二层墙体连接处漏水

二层墙体外皮脱落

二层木结构墙有损坏

屋顶烟囱有部分损坏

外廊吊顶部分脱落

外廊吊顶大面积脱落

（十一）楼盖木梁强度计算

1. 双坡屋面木檩条强度计算

（1）结构计算参数

屋盖为硬山搁檩结构，红松，檩条尺寸为 b×h=100mm×200mm，水平间距布置为 0.8m。屋面恒载为 1.0 kN/m²，活载为 0.5 kN/m²，对楼盖的檩条进行简化计算，简化成简支梁，取均布荷载设计值折算为 q=1.7 kN/m，计算简图如下：

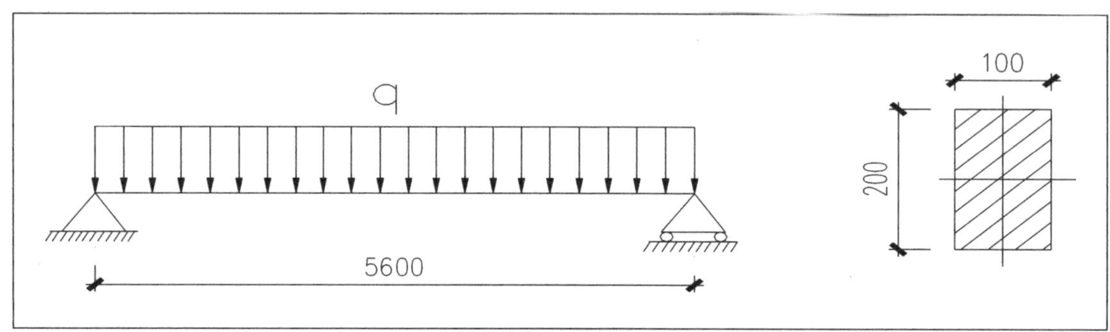

木梁计算简图

（2）结构计算过程及结果

由已知的均布荷载 q=1.7 kN/m 可以得出：

$$M_{\max}=\frac{1}{8}ql^2=\frac{1}{8}\times1.7\times5.6^2=6.7kN\cdot m$$

由 $\sigma_{\max}=\dfrac{M_{\max}}{W_z}$ 和 $W_z=\dfrac{bh^2}{6}$ 可得

$$\sigma_{\max}=\frac{M_{\max}}{W_z}=\frac{6M_{\max}}{bh^2}=\frac{6\times6.7\times10^6}{100\times200^2}=10.1MPa<f_m=13MPa$$

由计算结果可得出相应的结论：屋盖中的木檩条承载力满足要求。

2. 第二层楼面木梁强度计算

（1）结构计算参数

本楼面恒载为 1.5 kN/m²，活载为 2.0 kN/m²，对楼盖的木梁进行简化计算，木梁间距为 0.4m，将木梁简化成简支梁，取均布荷载设计值为 q=1.85 kN/m，计算简图如下：

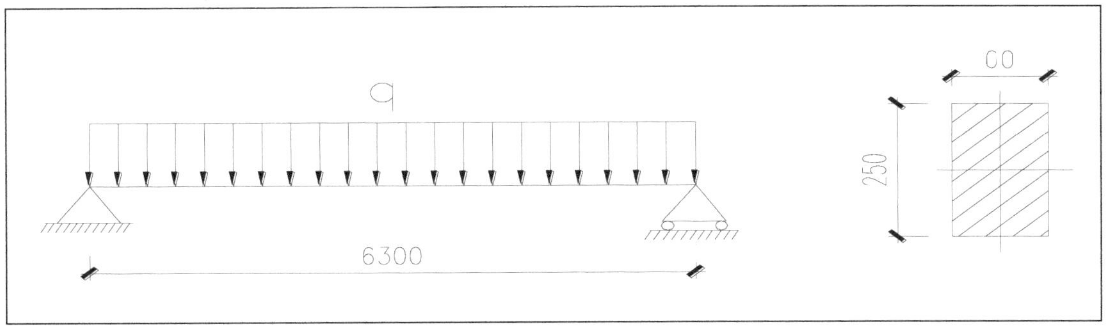

木梁计算简图

（2）结构计算过程及结果

① 强度计算

由已知的均布荷载 q=1.85 kN/m 可以得出：

$$M_{\max}=\frac{1}{8}ql^2=\frac{1}{8}\times 1.85\times 6.3^2=9.2kN\cdot m$$

由 $\sigma_{\max}=\frac{M_{\max}}{W_z}$ 和 $W_z=\frac{bh^2}{6}$ 可得

$$\sigma_{\max}=\frac{M_{\max}}{W_z}=\frac{6M_{\max}}{bh^2}=\frac{6\times 9.2\times 10^6}{60\times 250^2}=16.78MPa>f_m=13MPa$$

由计算结果可得出相应的结论：第二层楼面木梁承载力不满足要求。

② 挠度计算

取荷载标准值：木梁上线荷载标准值为：qk=（1.5+2.0）×0.4=1.40Kn/m

$$f=\frac{5.q_k l^4}{384EI}=\frac{5\times 1.75\times 6000^4}{384\times 9000\times \frac{1}{12}\times 60\times 250^3}=33.6mm>[f]=\frac{1}{250}l=24mm$$

挠度计算不满足要求。

（十二）外廊木屋架计算

1. 计算软件

计算工具名称：《桁架优化设计软件 STS》（2005 年 4 月），编制单位：中国建筑科学研究院 PKPM CAD 工程部。

2. 结构计算依据、条件

（1）结构计算依据

见鉴定依据。

（2）结构计算条件

① 结构重要性系数 $\gamma_0=1.0$。

② 建筑抗震设防类别：丙类；建筑结构安全等级：二级。

③ 抗震设防烈度：7 度；基本地震加速度 0.10g，地震分组为第一组。

3. 计算模型

（1）几何模型及边界条件

计算中，将屋架简化为几何稳定的组合结构，构件尺寸取实测值，腹杆与弦杆节点简化为铰接点，位于通长木构件之间的节点未作简化处理。根据现场实际支承情况，取柱子和外纵墙可作为桁架的支撑。其几何模型见下图，杆件取实测尺寸。屋架立面及编号图见下图，实测尺寸见下表。

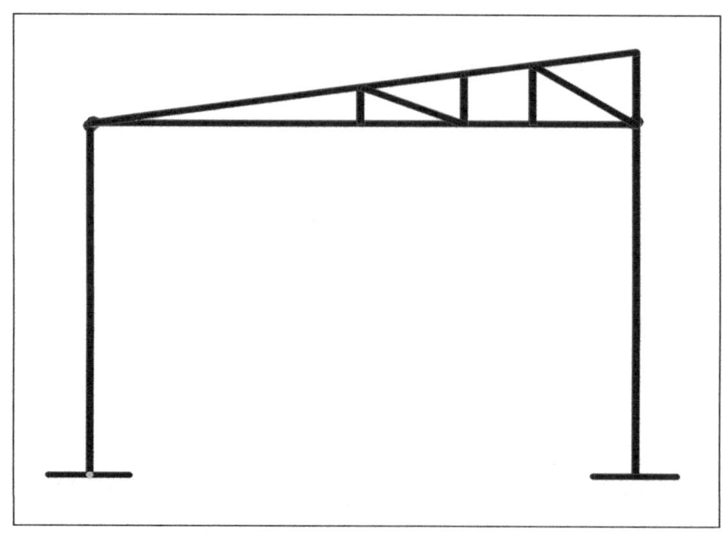

外廊木屋架三维模型

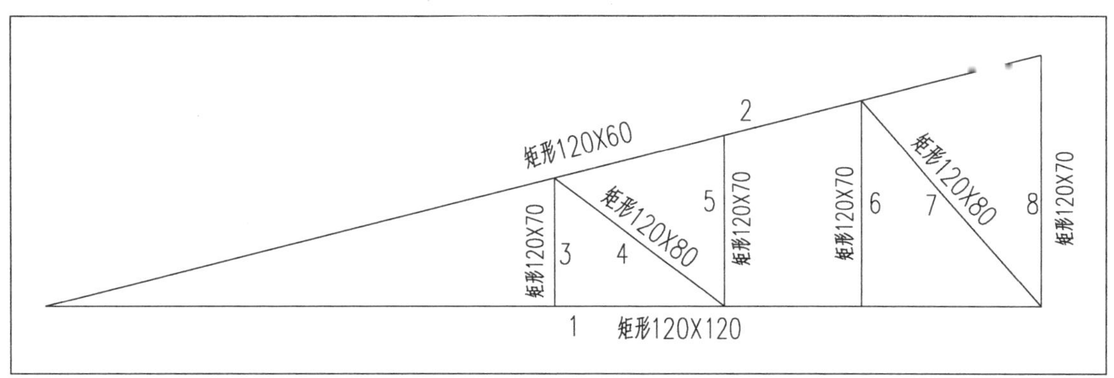

外廊木屋架杆件编号

外廊木屋架杆件截面实测尺寸

杆件 1	杆件 2	杆件 3	杆件 4	杆件 5	杆件 6	杆件 7	杆件 8
120 × 120	120 × 60	120 × 70	120 × 80	120 × 70	120 × 70	120 × 80	120 × 70

（2）荷载简图

屋架荷载简图（恒载简图、活载简图、风简图）如下。

地震作用程序自动计算，计算条件为：地震烈度：7.00；场地土类别：Ⅱ类；设计地震分组：第一组；周期折减系数：0.80；地震力计算方法：振型分解法；结构阻尼比：0.050。

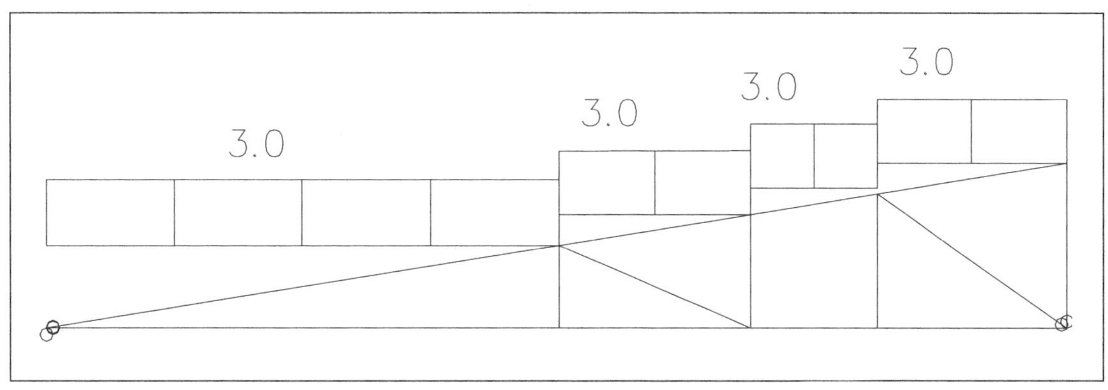

屋架荷载－恒载简图

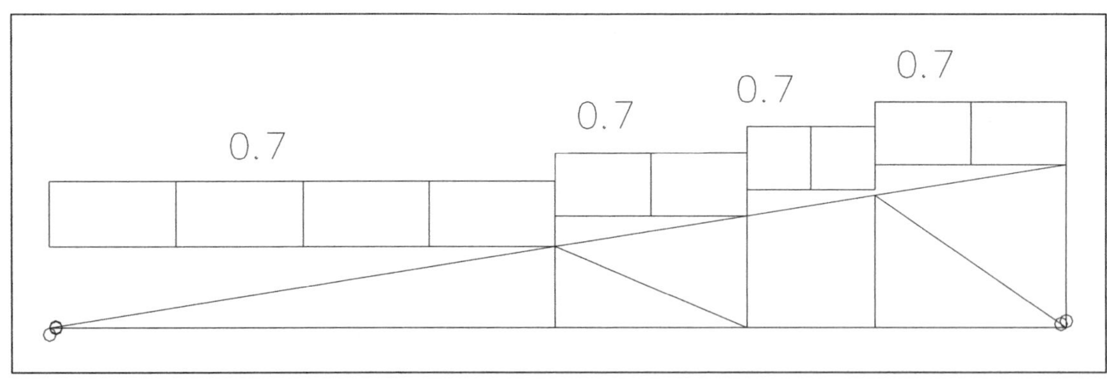

屋架荷载—活载简图

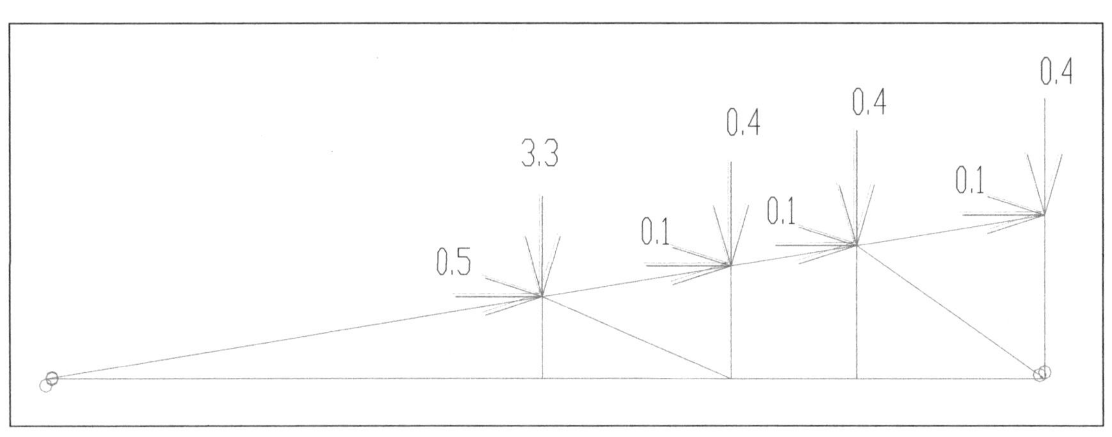

屋架荷载—风载荷简图

4. 材料特性

木屋架木材强度等级采用 TC13B，抗弯强度 f_m=13MPa，顺纹抗拉 f_t=8.0MPa，顺纹抗压及承压 f_c=10MPa，弹性模量 E=9000 MPa。

5. 验算结果

（1）杆件验算结果

杆件的验算结果见拉弯杆件验算表、压弯杆件验算表、轴心受力杆件验算表和柱子强度验算表。

（2）主要验算结论

① 按强度验算，外廊木屋架杆件的承载力满足要求。

② 按稳定验算，外廊木屋架杆件的承载力满足要求。

拉弯杆件验算表

杆件编号	拉力 N（kN）	平面内弯矩 M（kN·m）	$\frac{N}{A_n f_t}+\frac{M}{W_n f_m}$ ①	满足要求 ①<1
1	48.800	1.310	0.770	满足

压弯杆件验算表

杆件编号	压力 N（kN）	平面内弯矩 M（kN·m）	强度验算		稳定验算			
					弯矩作用平面内		弯矩作用平面外	
			$\frac{N}{A_n f_t}+\frac{M}{W_n f_m}$ ②	满足要求 ②<1	$\frac{N}{\varphi\varphi_m A_0}$（MPa）③	满足要求③<fc	$\frac{N}{\varphi_y A_0 f_c}+\left(\frac{M}{\varphi lw f_m}\right)^2$（MPa）④	满足要求 ④<1
2	28.920	0.000	0.400	满足	5.500	满足	0.100	满足

轴心受力杆件验算表（拉为正、压为负）

杆件编号	轴力 N（kN）	强度验算		稳定验算			
				桁架平面内		桁架平面外	
		$\frac{N}{A}$（MPa）⑤	满足要求 ⑤<ft（fc）	$\frac{N}{\varphi A}$（MPa）⑥	满足要求 ⑥<fc	$\frac{N}{\varphi A}$（MPa）⑦	满足要求 ⑦<1
3	1.620	0.190	满足	—	—	—	—
4	23.110	2.400	满足	—	—	—	—
5	−0.400	−0.048	满足	−0.048	满足	−0.053	满足
6	7.910	0.940	满足	—	—	—	—
7	−18.030	−1.880	满足	−1.880	满足	−2.560	满足
8	2.390	0.290	满足	—	—	—	—

说明："—"表示规范无此项要求。

柱子强度验算表

杆件编号	拉力 N（kN）	平面内弯矩 M（kN·m）	$\frac{N}{A_n f_t}+\frac{M}{W_n f_m}$ ①	满足要求 ①<1
柱子	12.080	2.100	0.354	满足

（十三）砖砌体结构计算

1. 结构计算依据、参数

（1）结构计算依据

见鉴定依据。

（2）结构计算条件

① 结构重要性系数 $\gamma_0 = 1.0$。

② 建筑抗震设防类别：丙类；建筑结构安全等级：二级。

③ 抗震设防烈度：7 度；基本地震加速度 0.1g，地震分组为第一组。

（3）材料强度

见检验报告。计算复核中，黏土砖、砂浆、混凝土的抗压强度根据检验报告提供的结果确定。砖强度等级采用 MU2.5，回弹法检测砌体砂浆强度推定值为 1.00 MPa。

2. 砌体结构计算

（1）计算工具

砌体结构计算工具名称：《砌体结构辅助设计软件》（2005 年 10 月版），编制单位：中国建筑科学研究院 PKPM CAD 工程部。

（2）平面简图

结构平面简图见下图，砖墙厚度见检测报告。

（3）永久荷载标准值

① 楼面均布永久荷载标准值：1.5kN/m^2。

② 屋面均布永久荷载标准值：2kN/m^2（暂估）。

（4）可变荷载标准值

① 楼面均布可变荷载标准值：2.0kN/m^2（含隔墙）。

② 屋面均布可变荷载标准值：0.5kN/m^2。

③ 基本风压：0.45kN/m^2。

④ 基本雪压：0.25kN/m^2。

（5）计算控制数据及总结果

① 计算控制数据

结构类型：砌体结构

结构总层数：2

结构总高度：7.3

地震烈度：7.0

楼面结构类型：木楼面或大开洞率钢筋砼楼面（柔性）

墙体材料：烧结砖

墙体材料的自重：22kN/m^3

施工质量控制等级：B 级

② 结构计算总结果

结构等效总重力荷载代表值：1854.7

墙体总自重荷载：2470.8

楼面总恒荷载：634.9

楼面总活荷载：125.2

水平地震作用影响系数：0.080

结构总水平地震作用标准值：148.4kN

（6）受压承载力验算结果

第 1、2 层墙体受压承载力满足要求，过程从略。

（7）主要结论

① 墙体受压承载力验算满足要求。

② 墙体高厚比满足要求。

③ 大部分墙体抗震承载力满足要求，个别位置不满足。

一层结构平面图

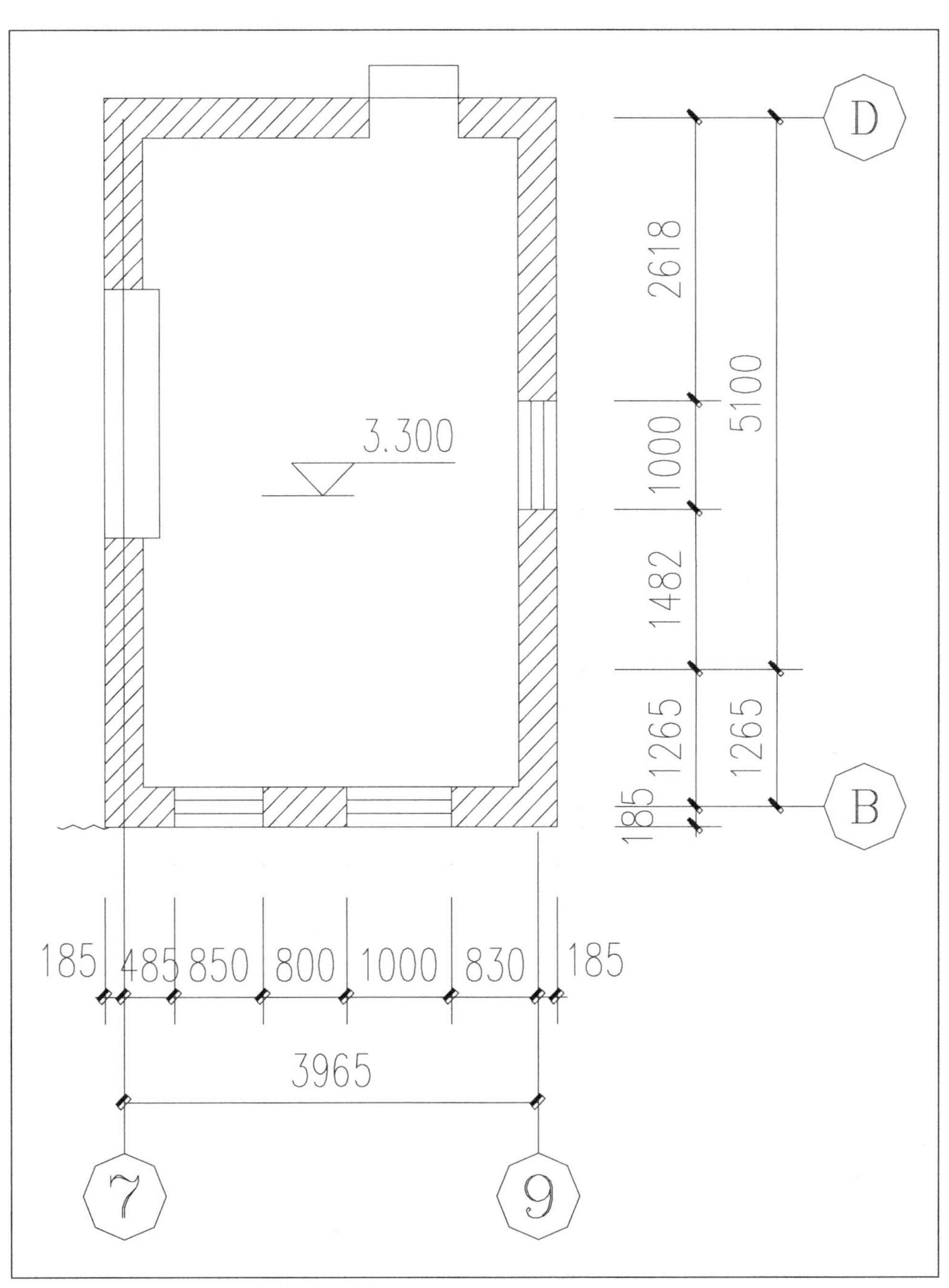

3.300
2618
1000
1482
1265
185
5100
1265
D
B
185
485
850
800
1000
830
185
3965
7
9

二层结构平面图

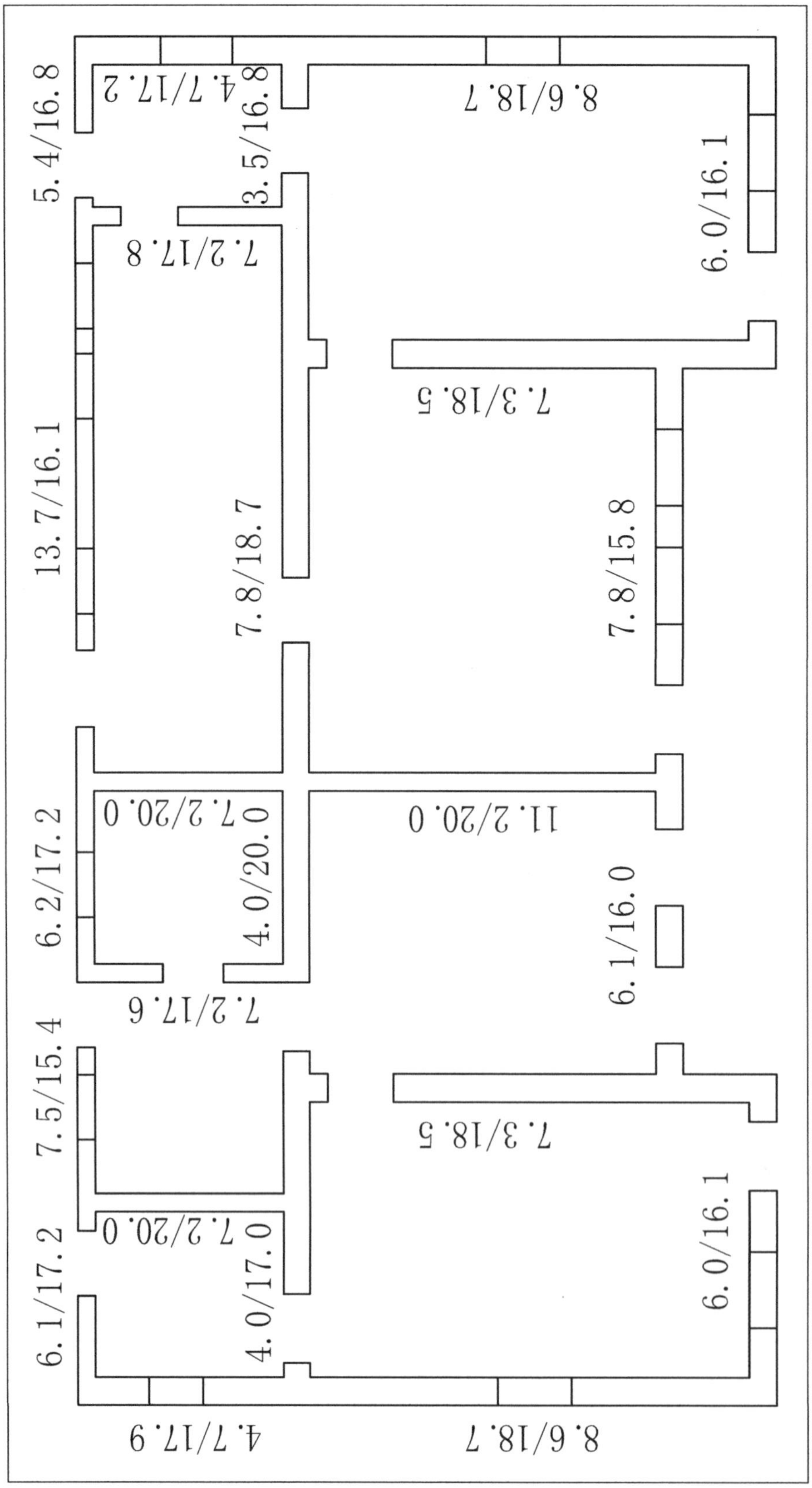

5.4/16.8
4.7/17.2
3.5/16.8
8.6/18.7
6.0/16.1
7.2/17.8
7.3/18.5
13.7/16.1
7.8/18.7
7.8/15.8
6.2/17.2
7.2/20.0
4.0/20.0
11.2/20.0
6.1/16.0
7.2/17.6
7.5/15.4
7.3/18.5
6.0/16.1
7.2/20.0
6.1/17.2
4.0/17.0
4.7/17.9
8.6/18.7

一层墙体高厚比图

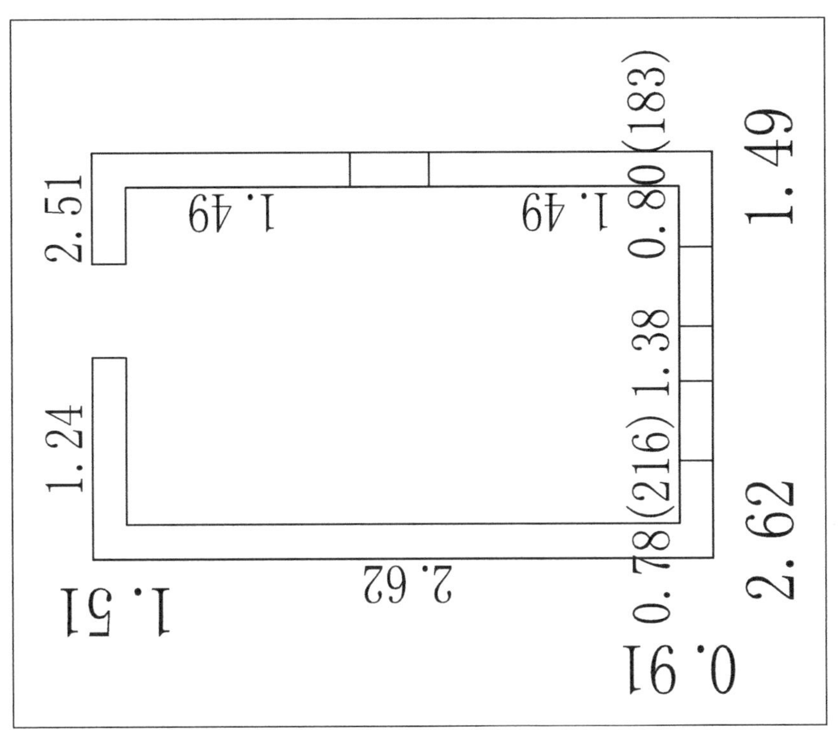

二层抗震简图

6.0/17.9
8.6/18.9
6.0/16.5
8.6/20.0

二层墙体高厚比图

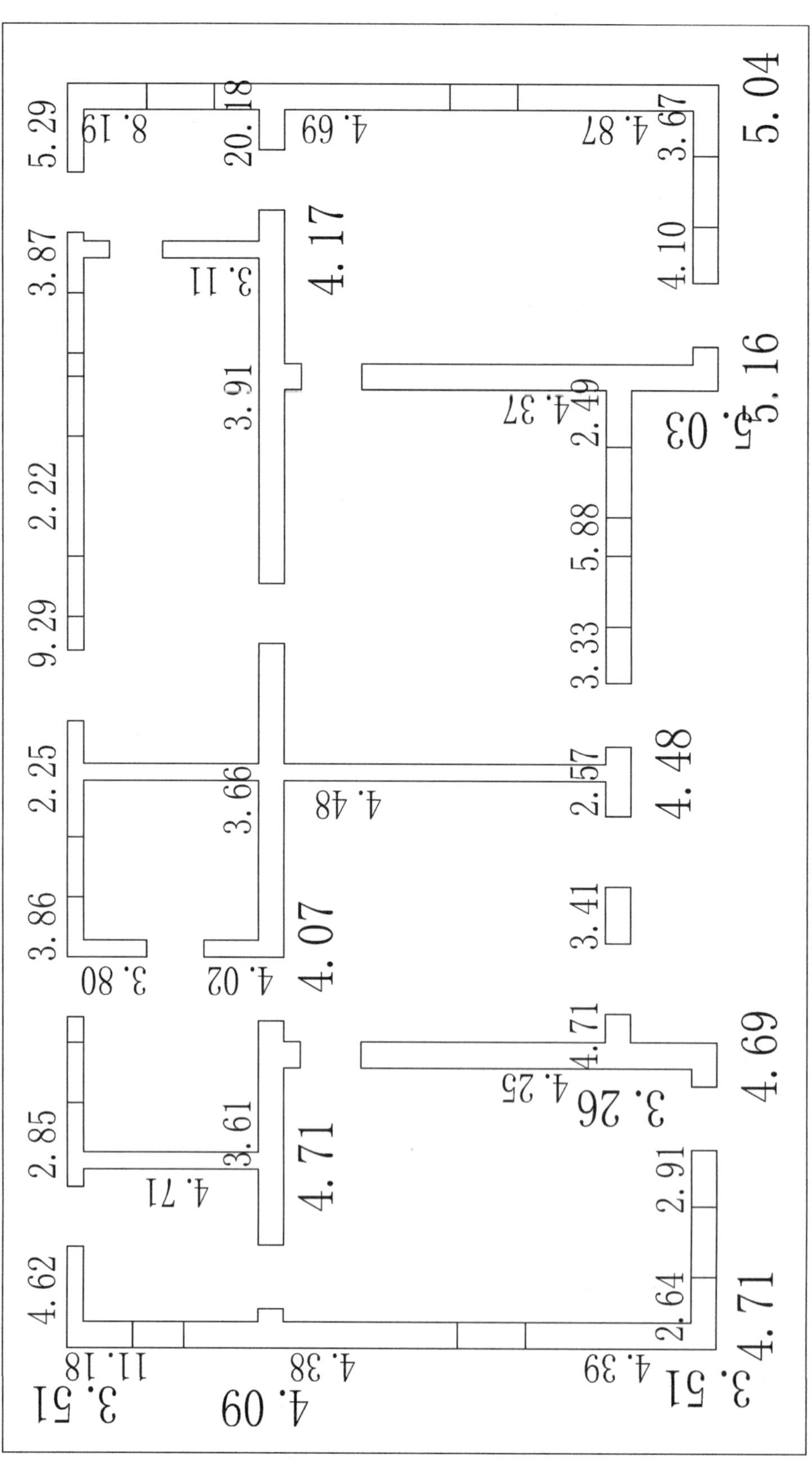
5.29
8.19
20.18
4.69
4.87
3.67
5.04
3.87
3.11
4.17
4.10
3.91
5.16
4.37
2.49
5.03
2.22
5.88
9.29
3.33
2.25
3.66
4.48
2.57
4.48
3.86
3.41
3.80
4.02
4.07
4.71
4.69
4.25
3.26
2.85
3.61
4.71
4.71
2.91
4.62
2.64
4.71
11.18
4.38
4.39
3.51
4.09
3.51

一层抗震简图

五、常德立别墅（10 号楼）、来牧师别墅（11 号楼）结构检测报告

（一）结构检测报告

1. 概述

本次检测对位于北戴河鹰角路 7 号的常德立别墅（10 号楼）、来牧师别墅（11 号楼）进行整体强度的检测，主要包括以下内容：砌筑毛石灰缝的砂浆抗压强度检测、墙垛及某些部位砌砖抗压强度的检测、一楼少部分支撑加固用的混凝土梁柱及混凝土楼板强度的检测、某些支撑木结构的木材顺纹抗拉强度检测等。

因不能对房屋损坏，故不能对墙体的砌筑毛石进行取样，根据经验只进行了目测和估算。

2. 检测仪器

SJY800B 型贯入式砂浆强度检测仪、HT75 砖回弹仪、HT225 混凝土回弹仪

3. 依据规范

（1）《贯入法检测砌筑砂浆抗压强度技术规程》（JGJ/T136-2001）

（2）《回弹仪评定烧结普通砖强度等级的方法》（JC/T796-1999）

（3）《回弹法检测混凝土抗压强度技术规程》（JGJ/T23-2001）

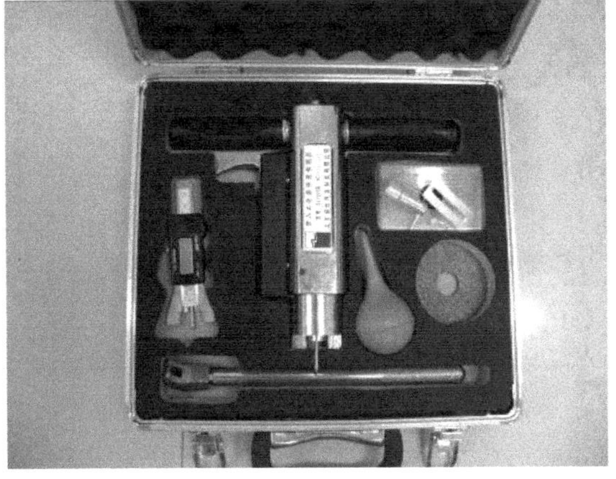

SJY800B 型贯入式砂浆强度检测仪

4. 砂浆抗压强度检测

砂浆抗压强度贯入检测记录表

工程名称	11#		构件名称	墙	构件编号	1 楼
贯入仪型号	SJY800B 型		砂浆品种	水泥混合砂浆		
测区 / 序号 / 贯入深度 d_i（mm）	一	二	三	四	五	六
1	14.17	13.42	15.83	13.04	14.01	12.72
2	14.70	16.09	15.20	14.49	14.41	14.69
3	15.56	13.46	14.81	12.77	15.36	12.51
4	14.83	12.75	12.88	14.51	15.68	15.33
5	14.11	12.65	15.28	16.16	14.16	13.36
6	12.73	14.10	14.95	12.69	12.51	15.90
7	14.30	13.71	14.35	12.84	15.19	15.44
8	14.62	12.65	15.41	14.68	15.29	15.24
9	13.07	13.95	16.05	13.34	12.86	14.91
10	14.08	13.61	12.71	13.30	13.06	15.07
11	14.42	14.76	12.67	13.86	14.04	13.55
12	14.05	13.12	15.71	13.82	15.76	14.41
13	13.09	12.86	16.02	12.85	13.76	15.59
14	15.73	12.51	15.46	14.18	14.26	15.86
15	13.15	14.33	13.32	14.35	13.89	13.81
16	15.45	15.35	15.39	12.78	14.88	13.62
贯入深度平均值（mm）	14.24	13.54	15.02	13.74	14.44	14.51
砂浆抗压强度换算值 $f_{2,e}^{c}$（MPa）	0.5	0.6	0.4	0.5	0.5	0.5

回弹法评定砖的强度等级测试报告

工程名称	11#		构件名称	墙	构件编号	2 楼
贯入仪型号	SJY800B 型		砂浆品种	水泥混合砂浆		
测区 序号　贯入深度 d_i（mm）	一	二	三	四	五	六
1	14.13	13.57	14.36	15.64	13.76	13.73
2	15.85	14.70	15.68	15.24	16.07	14.39
3	15.47	14.05	15.12	14.89	14.97	12.61
4	12.66	14.66	13.16	15.24	13.80	14.09
5	16.08	13.14	13.31	13.83	14.94	13.98
6	15.26	15.60	13.15	12.59	16.04	15.57
7	14.92	14.54	14.57	16.11	13.69	13.53
8	13.01	15.64	13.82	13.52	15.50	15.58
9	13.65	14.37	15.88	12.85	13.44	14.31
10	14.31	14.52	15.31	13.77	13.08	14.60
11	16.04	13.52	13.50	15.41	14.36	13.88
12	15.29	15.78	14.69	14.81	12.59	13.83
13	16.06	13.14	15.57	14.14	15.70	14.61
14	13.47	15.09	13.42	13.70	16.03	15.09
15	12.62	16.04	15.32	13.66	13.06	16.16
16	15.96	15.81	12.52	13.51	15.41	15.08
贯入深度平均值（mm）	14.95	14.05	14.69	14.85	14.14	13.83
砂浆抗压强度换算值 $f_{2,e}^{c}$（MPa）	0.4	0.5	0.5	0.5	0.5	0.5

砂浆抗压强度贯入检测记录表

工程名称	10#		构件名称	墙	构件编号	1 楼
贯入仪型号	SJY800B 型		砂浆品种	水泥混合砂浆		
测区 序号 贯入深度 d_i（mm）	一	二	三	四	五	六
1	13.61	15.93	14.49	14.57	15.55	13.86
2	14.83	13.66	14.25	16.00	14.89	13.15
3	14.14	13.35	13.85	13.40	15.92	15.66
4	15.78	13.55	15.32	14.58	15.48	14.74
5	12.57	12.63	14.91	15.45	16.02	14.68
6	14.93	16.04	12.57	15.33	14.59	15.85
7	13.06	12.77	13.95	15.00	13.18	14.53
8	16.13	13.84	14.03	15.81	15.38	15.10
9	13.57	14.08	15.89	15.65	12.64	15.24
10	12.69	15.87	13.96	13.50	13.49	14.86
11	13.67	15.98	13.75	13.63	15.12	16.03
12	15.85	14.65	12.51	14.14	12.66	14.92
13	14.38	16.01	15.55	12.95	15.21	13.35
14	15.77	14.40	12.95	13.00	14.09	12.81
15	13.92	14.96	14.07	15.26	14.88	12.97
16	14.12	14.29	13.45	15.40	14.31	13.76
贯入深度平均值（mm）	14.44	14.65	14.07	15.08	14.68	13.66
砂浆抗压强度换算值 $f^{c}_{2,e}$（MPa）	0.5	0.5	0.5	0.5	0.5	0.5

砂浆抗压强度贯入检测记录表

工程名称	10#		构件名称	墙	构件编号	2 楼
贯入仪型号	SJY800B 型		砂浆品种	水泥混合砂浆		
测区 序号　贯入深度 d_i（mm）	一	二	三	四	五	六
1	15.56	15.21	13.26	12.87	16.05	12.58
2	15.25	12.70	15.13	16.14	16.11	15.05
3	14.27	14.63	14.46	15.94	13.68	13.40
4	12.63	14.15	12.94	13.84	15.12	13.17
5	12.90	14.99	12.72	14.81	14.65	12.94
6	15.45	16.01	14.44	15.96	12.52	13.45
7	14.07	16.05	14.13	12.53	16.00	14.32
8	13.12	13.26	15.42	14.83	12.97	13.22
9	15.63	14.49	13.31	14.46	15.76	15.03
10	14.18	13.36	13.26	12.52	14.02	15.74
11	16.09	13.03	14.91	13.88	14.06	14.47
12	13.45	13.95	14.47	12.95	14.43	13.94
13	13.17	13.32	15.84	15.85	13.45	13.30
14	12.97	13.27	14.12	14.05	13.00	14.02
15	13.24	15.11	13.10	15.40	14.84	13.68
16	14.23	12.59	14.31	13.74	14.13	15.78
贯入深度平均值（mm）	13.78	14.20	14.16	14.61	14.36	13.50
砂浆抗压强度换算值 $f^{c}_{2,e}$（MPa）	0.5	0.5	0.5	0.5	0.5	0.6

5. 砌砖抗压强度检测

回弹法评定砖的强度等级测试报告

构件编号	Q1				干湿状态		干燥			
率定值	72				日期		2011 年 6 月 16 日			
回弹值										
1	30	26	30	34	27	27	26	33	32	29
2	31	32	34	27	29	33	33	35	33	32
3	34	34	31	31	27	33	32	33	33	31
4	32	33	32	30	29	34	33	30	29	33
5	30	28	26	34	26	32	31	26	30	27
6	29	31	31	32	34	28	27	34	31	31
7	31	27	29	33	29	33	33	34	32	27
8	29	31	29	35	32	34	34	32	29	29
9	26	35	29	34	30	32	34	34	33	29
10	33	28	31	29	31	32	31	27	31	30
平均值	30.5	30.5	30.2	31.8	29.3	31.9	31.5	31.7	31.3	29.6
结果	$m_{\bar{R}}$		30.8			R_{min}		29.0		
强度等级	$f_{\bar{R}}$		10			f_{min}		10		
推定强度	MulO									
备注	回弹仪型号：HT75									

回弹法评定砖的强度等级测试报告

构件编号		Q2			干湿状态		干燥			
率定值		72			日期		2011 年 6 月 16 日			
回弹值										
1	27	30	30	30	34	31	33	34	33	34
2	27	29	31	28	27	32	26	28	33	26
3	31	29	30	27	28	35	30	28	29	35
4	28	31	34	26	34	33	29	27	29	32
5	35	27	33	34	32	29	34	31	29	35
6	29	30	35	31	31	34	28	29	28	29
7	31	34	31	28	30	29	29	29	31	30
8	29	31	29	32	31	30	33	35	33	27
9	27	28	33	34	30	28	32	28	27	27
10	28	28	33	31	30	33	35	26	31	33
平均值	29.3	29.7	31.8	30.1	30.8	31.4	30.9	29.4	30.2	30.6
结果	$m_{\bar{R}}$		30.4			R_{min}		29.3		
强度等级	$f_{\bar{R}}$		10			f_{min}		10		
推定强度	MulO									
备注	回弹仪型号：HT75									

回弹法评定砖的强度等级测试报告

构件编号		Q3			干湿状态		干燥			
率定值		72			日期		2011 年 6 月 16 日			
回弹值										
1	30	30	31	26	30	29	26	26	33	33
2	31	30	29	32	28	26	31	27	26	29
3	26	33	28	31	27	28	30	27	28	32
4	28	29	28	28	26	32	28	26	28	28
5	31	34	29	29	29	31	33	31	28	30
6	32	28	33	34	29	28	29	29	32	30
7	30	30	28	27	32	26	29	27	28	31
8	32	31	30	33	28	27	30	30	30	32
9	31	32	31	30	26	31	26	27	28	30
10	27	33	32	30	33	27	29	33	32	29
平均值	29.8	30.9	29.8	30.1	29.0	28.5	29.2	28.3	29.4	30.2
结果	$m_{\bar{R}}$		29.5			R_{min}		28.3		
强度等级	$f_{\bar{R}}$		10			f_{min}		10		
推定强度	Mu10									
备注	回弹仪型号：HT75									

回弹法评定砖的强度等级测试报告

构件编号		Q4			干湿状态		干燥			
率定值		72			日期		2011 年 6 月 16 日			
回弹值										
1	29	31	33	30	30	26	33	30	27	30
2	27	32	32	27	28	29	27	27	29	30
3	30	33	27	34	34	28	31	33	27	31
4	26	30	30	34	28	33	26	30	27	34
5	29	26	31	29	34	30	31	29	31	29
6	30	32	30	29	31	31	31	30	33	26
7	30	26	28	27	28	27	28	32	32	30
8	27	29	27	28	33	31	32	32	27	32
9	27	32	31	31	32	30	33	31	28	27
10	27	30	28	34	29	32	34	30	28	30
平均值	28.2	30.2	29.7	30.1	30.6	29.7	30.5	30.5	28.9	29.9
结果	$m_{\bar{R}}$		29.8			R_{min}		28.2		
强度等级	$f_{\bar{R}}$		10			f_{min}		10		
推定强度	MulO									
备注	回弹仪型号：HT75									

回弹法评定砖的强度等级测试报告

构件编号		Q2			干湿状态		干燥			
率定值		72			日期		2011 年 6 月 16 日			
回弹值										
1	35	34	27	35	28	31	28	29	32	34
2	29	31	35	27	27	27	27	33	33	33
3	33	32	26	28	32	30	35	32	26	31
4	33	33	29	34	33	30	30	31	30	31
5	27	27	35	33	26	35	32	27	31	31
6	32	34	30	30	27	27	32	32	28	26
7	30	29	26	27	30	26	34	34	32	29
8	31	33	34	31	30	29	33	32	29	27
9	29	32	28	26	28	30	28	35	27	34
10	35	35	26	34	32	31	33	31	30	28
平均值	31.4	32.1	29.6	30.6	29.3	29.7	31.0	31.6	29.7	30.3
结果	$m_{\bar{R}}$		30.5			R_{min}		29.3		
强度等级	$f_{\bar{R}}$		10			f_{min}		10		
推定强度	MulO									
备注	回弹仪型号：HT75									

回弹法评定砖的强度等级测试报告

构件编号	Q3			十湿状态		干燥			
率定值	72			日期		2011 年 6 月 16 日			
回弹值									
1	29	32	34	35	33	28	34	29	34	31
2	31	30	26	34	29	28	31	26	34	35
3	32	33	31	28	33	28	34	32	27	27
4	33	27	33	33	31	26	30	35	35	32
5	32	30	32	29	26	28	33	29	29	28
6	33	29	28	27	29	27	35	33	26	33
7	34	35	26	29	27	33	27	29	33	31
8	33	28	31	30	27	29	28	34	29	34
9	34	27	26	34	32	35	32	27	26	32
10	30	31	26	29	26	33	32	29	34	32
平均值	32.3	30.2	29.2	31.0	29.4	29.5	31.6	30.3	30.7	31.5
结果	$m_{\bar{R}}$		30.6			R_{min}		29.2		
强度等级	$f_{\bar{R}}$		10			f_{min}		10		
推定强度	MulO									
备注	回弹仪型号：HT75									

回弹法评定砖的强度等级测试报告

构件编号		Q4			干湿状态		干燥			
率定值		72			日期		2011年6月16日			
回弹值										
1	27	32	26	35	32	27	28	28	34	33
2	28	32	31	28	28	27	28	28	25	28
3	32	28	31	33	31	29	33	27	26	25
4	25	26	26	33	30	35	30	26	28	33
5	29	31	25	30	26	31	31	26	32	26
6	32	25	34	31	27	30	28	27	35	32
7	29	35	31	28	29	28	32	25	28	28
8	30	31	28	31	28	31	26	34	33	30
9	30	28	33	33	29	33	35	29	29	29
10	27	35	33	30	33	28	25	31	29	34
平均值	28.9	30.2	29.8	31.1	29.5	29.8	29.5	28.2	29.9	29.8
结果	$m_{\bar{R}}$		29.7			R_{min}		28.2		
强度等级	$f_{\bar{R}}$		10			f_{min}		10		
推定强度	MulO									
备注	回弹仪型号：HT75									

6. 混凝土抗压强度检测

回弹法检测混凝土抗压强度等级实验报告

构件编号	10#-1		干湿状态		干燥		是否泵送		否	
弹击面	侧面		弹击角		0		率定值		80	
测区 测点	一	二	三	四	五	六	七	八	九	十
1	39	38	40	44	43	40	41	38	38	39
2	41	42	43	44	45	43	45	40	40	40
3	42	45	41	43	45	41	43	44	45	39
4	42	39	38	44	39	40	39	38	45	38
5	40	45	45	38	38	44	40	40	45	43
6	41	42	38	38	39	40	39	42	42	43
7	43	38	44	38	41	42	40	41	44	40
8	40	40	45	40	38	43	44	39	38	38
9	40	44	44	40	40	42	38	44	39	44
10	38	44	44	43	45	40	41	43	43	38
11	42	45	40	44	44	39	38	39	45	39
12	38	39	38	44	42	40	44	40	39	42
13	38	45	39	41	40	39	40	42	42	39
14	42	39	41	42	44	45	40	42	42	42
15	41	44	45	45	38	41	39	44	40	42
16	38	45	45	39	39	39	45	42	42	41
平均回弹值	40.4	42.4	42.1	42.0	41.1	40.9	40.7	41.1	41.9	40.3
检测角度修正										
修正后										
浇筑面修正										
修正后										
碳化深度	6mm									
回弹强度换算值	25.4	28.0	27.7	27.5	26.4	26.1	25.9	26.4	27.4	25.3
泵送修正										
修正后										
回弹统计值	强度平均值		26.6							
	标准差		0.97							
	强度标准值		25.0							
	强度最小值		25.3							
构件推定强度等级	C25									

回弹法检测混凝土抗压强度等级实验报告

构件编号	10#-w2		干湿状态		干燥		是否泵送		否	
弹击面	侧面		弹击角		0		率定值		80	
测区 测点	一	二	三	四	五	六	七	八	九	十
1	43	45	43	41	42	40	41	44	45	44
2	44	40	39	40	43	45	38	41	41	45
3	38	43	40	43	43	39	43	38	40	42
4	40	44	42	38	40	40	39	39	42	39
5	45	39	44	38	45	40	41	41	41	44
6	41	38	43	43	40	43	45	39	43	42
7	45	43	40	44	44	43	42	45	45	45
8	42	40	44	44	40	40	42	42	42	38
9	39	43	44	40	39	39	41	41	44	44
10	38	44	44	44	42	42	45	38	45	40
11	39	45	42	44	45	38	38	38	40	41
12	43	40	38	39	44	40	42	43	38	41
13	40	45	43	41	41	40	40	39	39	42
14	41	38	39	45	45	44	45	39	40	41
15	44	44	45	44	39	42	45	45	40	44
16	42	39	44	43	38	41	45	45	44	45
平均回弹值	41.5	42.0	42.5	42.3	41.9	40.8	42.2	40.8	41.7	42.5
检测角度修正										
修正后										
浇筑面修正										
修正后										
碳化深度	6mm									
回弹强度换算值	26.9	27.5	28.2	27.9	27.4	26.0	27.8	26.0	27.1	28.2
泵送修正										
修正后										
回弹统计值	强度平均值		27.3							
	标准差		0.80							
	强度标准值		26.0							
	强度最小值		26.0							
构件推定强度等级	C25									

回弹法检测混凝土抗压强度等级实验报告

构件编号	10#—3		干湿状态		干燥		是否泵送		否	
弹击面	侧面		弹击角		0		率定值		80	
测区 / 测点	一	二	三	四	五	六	七	八	九	十
1	38	45	39	39	44	44	44	39	44	42
2	41	45	43	40	45	42	42	42	44	38
3	38	38	38	43	43	44	40	38	40	44
4	41	44	45	42	39	45	41	41	41	43
5	43	43	44	38	39	42	45	44	38	45
6	40	45	41	39	45	43	43	45	41	44
7	42	45	45	44	45	41	43	42	38	44
8	45	38	39	40	40	44	39	39	38	38
9	40	41	38	43	44	45	43	41	42	40
10	41	40	39	38	43	44	42	39	43	45
11	38	39	45	43	42	45	42	40	38	42
12	43	38	43	39	39	38	45	45	42	38
13	45	43	43	39	39	44	44	45	40	44
14	41	38	41	39	40	38	44	43	41	42
15	43	38	44	44	39	43	39	43	39	44
16	41	42	41	45	39	43	42	40	45	38
平均回弹值	41.3	41.3	41.8	40.7	41.3	43.3	42.6	41.5	40.7	42.3
检测角度修正										
修正后										
浇筑面修正										
修正后										
碳化深度	6mm									
回弹强度换算值	26.6	26.6	27.2	25.9	26.6	29.3	28.3	26.9	25.9	27.9
泵送修正										
修正后										
回弹统计值	强度平均值		27.1							
	标准差		1.09							
	强度标准值		25.3							
	强度最小值		25.9							
构件推定强度等级	C25									

回弹法检测混凝土抗压强度等级实验报告

构件编号	10#—4		干湿状态		干燥		是否泵送		否	
弹击面	侧面		弹击角		0		率定值		80	
测区 测点	一	二	三	四	五	六	七	八	九	十
1	38	43	45	43	41	38	38	42	44	41
2	40	39	41	45	43	43	39	40	41	44
3	43	41	40	41	44	39	40	38	43	45
4	43	43	45	42	38	39	42	40	42	41
5	45	42	44	39	41	44	39	44	39	39
6	43	40	42	45	40	40	40	44	43	45
7	41	42	40	40	41	42	40	40	40	43
8	44	38	38	44	44	41	40	43	45	45
9	45	38	44	42	43	44	38	38	44	42
10	42	45	40	42	42	44	41	41	42	38
11	38	41	39	45	44	41	40	38	40	39
12	42	44	41	42	41	40	43	42	42	44
13	44	38	38	44	45	38	44	41	39	45
14	44	41	40	43	40	40	40	44	39	45
15	42	40	40	38	43	43	41	42	43	43
16	45	39	38	41	39	43	39	43	42	38
平均回弹值	42.8	40.8	40.7	42.4	41.9	41.2	40.0	41.4	41.8	42.7
检测角度修正										
修正后										
浇筑面修正										
修正后										
碳化深度	6mm									
回弹强度换算值	28.6	26.0	25.9	28.0	27.4	26.5	25.0	26.7	27.2	28.5
泵送修正										
修正后										
回弹统计值	强度平均值		27.0							
	标准差		1.18							
	强度标准值		25.0							
	强度最小值		25.0							
构件推定强度等级	C25									

回弹法检测混凝土抗压强度等级实验报告

构件编号	10#—5		干湿状态		干燥		是否泵送		否	
弹击面	侧面		弹击角		0		率定值		80	
测区 测点	一	二	三	四	五	六	七	八	九	十
1	39	43	44	41	38	43	40	43	39	45
2	39	42	45	40	45	43	41	38	40	41
3	41	42	43	40	44	40	42	41	40	43
4	42	40	42	44	43	44	38	42	38	43
5	42	40	42	41	39	41	45	41	39	44
6	43	45	44	39	45	38	42	38	41	40
7	42	44	40	45	45	40	45	41	45	41
8	45	39	38	43	40	39	42	45	45	44
9	41	39	44	42	44	38	42	43	39	40
10	43	44	41	38	40	45	42	42	42	38
11	42	43	41	45	42	41	38	43	38	39
12	44	39	45	39	40	39	41	44	39	45
13	39	41	41	44	41	41	44	40	40	41
14	40	43	41	39	45	42	38	38	42	45
15	42	41	40	39	41	42	40	39	45	41
16	38	42	38	43	44	42	39	40	39	42
平均回弹值	41.4	41.7	41.9	41.2	42.4	41.1	41.1	41.2	40.1	42.0
检测角度修正										
修正后										
浇筑面修正										
修正后										
碳化深度	6mm									
回弹强度换算值	26.7	27.1	27.4	26.5	28.0	26.4	26.4	26.5	25.1	27.5
泵送修正										
修正后										
回弹统计值	强度平均值	26.7								
	标准差	0.80								
	强度标准值	25.4								
	强度最小值	25.1								
构件推定强度等级	C25									

回弹法检测混凝土抗压强度等级实验报告

构件编号	11#—1		干湿状态		干燥		是否泵送		否	
弹击面	侧面		弹击角		0		率定值		80	
测区 / 测点	一	二	三	四	五	六	七	八	九	十
1	44	44	42	41	42	45	45	38	39	39
2	42	39	45	44	44	42	44	43	42	40
3	41	44	41	45	39	44	44	40	41	44
4	42	40	44	43	39	39	45	43	40	42
5	40	39	40	45	39	40	40	40	43	43
6	40	40	44	40	40	42	40	43	41	38
7	45	42	45	44	43	44	43	44	40	42
8	44	45	44	44	45	42	41	41	44	38
9	39	43	40	40	42	40	44	44	44	41
10	44	38	39	43	42	41	45	44	43	39
11	44	38	45	41	45	42	41	40	44	44
12	40	42	42	45	41	43	38	38	38	41
13	41	39	45	43	38	39	40	39	45	39
14	43	40	41	44	44	39	45	45	45	45
15	45	38	39	45	38	42	41	38	41	38
16	45	41	38	44	39	38	38	39	39	45
平均回弹值	42.5	40.5	42.3	43.5	41.1	41.3	42.3	41.2	41.9	41.0
检测角度修正										
修正后										
浇筑面修正										
修正后										
碳化深度	6mm									
回弹强度换算值	28.2	25.6	27.9	29.5	26.4	26.6	27.9	26.5	27.4	26.2
泵送修正										
修正后										
回弹统计值	强度平均值		27.2							
	标准差		1.18							
	强度标准值		25.3							
	强度最小值		25.6							
构件推定强度等级	C25									

回弹法检测混凝土抗压强度等级实验报告

构件编号	11#—2		干湿状态		干燥		是否泵送		否	
弹击面	侧面		弹击角		0		率定值		80	
测区 测点	一	二	三	四	五	六	七	八	九	十
1	42	38	45	45	40	44	45	39	39	45
2	40	42	40	38	44	42	42	45	42	38
3	43	43	45	39	39	40	44	44	42	44
4	39	44	38	43	38	45	45	41	41	45
5	45	41	43	40	43	41	42	40	44	45
6	43	45	45	42	42	39	43	45	44	40
7	45	42	39	38	44	42	44	42	45	38
8	45	41	45	43	40	39	41	42	38	40
9	38	43	41	39	44	38	45	43	43	44
10	43	43	44	38	40	44	45	45	38	43
11	45	45	44	38	43	39	41	45	41	45
12	44	44	44	45	42	38	38	43	43	45
13	40	41	42	42	39	40	44	38	42	45
14	43	41	41	45	44	45	45	43	40	43
15	44	38	41	42	41	43	41	40	39	45
16	38	44	40	45	40	44	44	44	40	39
平均 回弹值	42.7	42.4	42.5	41.3	41.5	41.4	43.4	42.7	41.3	43.4
检测角度 修正										
修正后										
浇筑面 修正										
修正后										
碳化深度	6mm									
回弹强度 换算值	28.5	28.0	28.2	26.6	26.9	26.7	29.4	28.5	26.6	29.4
泵送修正										
修正后										
回弹 统计值	强度平均值		27.9							
	标准差		1.11							
	强度标准值		26.0							
	强度最小值		26.6							
构件推定 强度等级	C25									

回弹法检测混凝土抗压强度等级实验报告

构件编号	11#—3		干湿状态		干燥		是否泵送		否	
弹击面	侧面		弹击角		0		率定值		80	
测区 测点	一	二	三	四	五	六	七	八	九	十
1	45	45	42	42	39	38	38	41	45	41
2	45	38	42	40	45	39	41	40	42	45
3	40	42	42	38	43	39	43	39	41	39
4	38	41	42	38	44	39	40	43	42	40
5	45	38	44	41	38	39	45	43	44	41
6	43	45	41	43	38	41	39	38	40	44
7	45	38	43	44	42	44	42	40	45	38
8	44	45	41	45	45	43	38	43	44	44
9	43	40	39	40	43	42	44	40	41	42
10	45	41	43	39	44	40	43	41	42	41
11	42	39	38	39	42	42	43	38	41	42
12	42	41	38	40	43	44	45	42	45	43
13	38	38	42	44	45	38	43	39	39	44
14	44	41	43	43	42	42	44	41	39	44
15	44	44	44	38	42	39	38	42	39	42
16	39	38	41	42	41	44	45	45	43	40
平均回弹值	43.2	40.5	41.9	40.9	42.6	40.6	42.2	40.9	42.0	42.0
检测角度修正										
修正后										
浇筑面修正										
修正后										
碳化深度	6mm									
回弹强度换算值	29.1	25.6	27.4	26.1	28.3	25.7	27.8	26.1	27.5	27.5
泵送修正										
修正后										
回弹统计值	强度平均值	27.1								
	标准差	1.19								
	强度标准值	25.1								
	强度最小值	25.6								
构件推定强度等级	C25									

回弹法检测混凝土抗压强度等级实验报告

构件编号	11#—4		干湿状态		干燥		是否泵送		否	
弹击面	侧面		弹击角		0		率定值		80	
测区 测点	一	二	三	四	五	六	七	八	九	十
1	42	42	42	40	41	38	44	42	43	40
2	44	39	45	43	44	44	38	41	44	39
3	41	44	40	38	43	41	45	40	43	39
4	38	41	38	45	43	45	45	44	38	44
5	41	44	45	39	39	45	40	44	41	40
6	44	40	45	39	41	41	45	43	45	41
7	39	45	42	40	44	42	38	42	39	45
8	39	40	42	44	40	42	43	44	42	41
9	41	44	38	42	44	43	39	42	43	40
10	40	40	40	38	41	44	40	41	40	39
11	38	42	41	39	43	43	38	43	44	43
12	44	41	39	43	39	39	40	44	38	42
13	42	45	38	39	38	44	39	45	39	42
14	39	38	39	39	43	41	42	44	41	43
15	38	42	38	45	40	42	44	40	38	42
16	38	41	40	44	45	43	42	40	40	38
平均回弹值	40.2	41.7	40.3	40.8	41.9	42.5	41.3	42.6	41.1	41.0
检测角度修正										
修正后										
浇筑面修正										
修正后										
碳化深度	6mm									
回弹强度换算值	25.2	27.1	25.3	26.0	27.4	28.2	26.6	28.3	26.4	26.2
泵送修正										
修正后										
回弹统计值	强度平均值		26.7							
	标准差		1.07							
	强度标准值		24.9							
	强度最小值		25.2							
构件推定强度等级	C20									

六、常德立别墅（10号楼）安全鉴定报告

（一）房屋安全鉴定目的

该建筑为文物保护单位，目前拟进行修缮和加固，秦皇岛市文物局委托燕山大学对该建筑进行结构检测鉴定，提出结构加固方案。主要工作内容为：对该建筑进行强度检测和外观评价，根据检测结果，进行结构整体计算分析，评定结构现阶段的承载性能，进行结构的安全鉴定；针对新的使用功能，进行结构加固方案设计，依据加固方案进行结构整体计算分析，在此基础上，提出加固处理建议。

（二）建筑概况

常德立别墅，位于北戴河鹰角路7号，今河北省北戴河管理处院内，西临鹰角路，东临大海，北临来牧师别墅，始建于20世纪初，建筑面积418.79平方米，原图纸资料无存，历年维修改造亦未进行较为全面的勘测。

2011年，对该建筑进行了测绘。该建筑层数为二层，欧式造型，采用毛石基础，墙、门窗过梁大部分为块石砌筑，部分楼板做法为木结构上铺木地板，其余部分为现浇混凝土楼板，屋盖采用硬山搁檩二面坡红色铁皮瓦屋面，楼梯为砌体砌筑。该建筑虽然经历过维修，但仅限于对别墅表面进行美化处理，未对别墅的主要承重结构进行全方面维修。

1. 一层由于历次维修，新增的底层加固柱及梁不合理布置，严重影响该层的建筑使用功能。

2. 部分墙体存在风化碱蚀和剥皮现象，特别是建筑一层内墙体局部墙体灰缝脱落。

3. 部分外墙体砌筑砂浆脱落。

4. 局部墙体表面严重风化脱落。

5. 地下一层吊顶为板条抹灰，普遍存在脱落现象。

6. 维修过的楼板存在露筋现象，降低楼板的承载力。

7. 部分楼板结构形式为木梁支撑烧结砖作为楼板承重结构，结构形式不合理。

（三）结构检测结论

燕山大学对该结构进行了现场检测，提出了检验报告。经现场检查，墙砌体为承重的毛石墙。主要检测结论如下：

1. 经现场全面检查，常德立别墅外观质量主要存在的问题有：该建筑由于历次维修不力，一层新增加固梁、柱布置不合理，严重影响该层的建筑使用功能；由于建筑物的使用年限较长，墙石多处风化、剥蚀，局部比较严重，墙体存在泛碱现象；部分外墙体砌筑砂浆脱落；屋顶局部墙体表面严重风化，墙体出现裂缝；地下一层吊顶为板条抹灰，普遍存在脱落现象；维修过的楼板存在露筋现象，降低楼板的承载力；部分楼板结构形式为木梁支撑烧结砖作为楼板承重结构，结构形式不合理。

2. 根据砖样抗压强度试验结果和回弹法检测结果，建议在结构计算时砖强度等级可采用 MU10，毛石强度采用 MU30，回弹法检测砌体砂浆强度推定值为 0.5MPa。

3. 在结构计算时，木屋架木材强度等级可采用 TC13。

4. 墙基采用毛石基础。

（四）鉴定依据

1.《建筑抗震鉴定标准》（GB 50023-2009，以下简称“抗震鉴定标准”）

2.《建筑抗震设计规范》（GB 50011-2010，以下简称“抗震规范”）

3.《砌体结构设计规范》（GB 50003-2001，以下简称“砌体规范”）

4.《建筑结构荷载规范》（GB 50009-2006，以下简称“荷载规范”）

5.《民用建筑可靠性鉴定标准》（GB 50292-1999，以下简称“可靠性鉴定标准”）

6.《混凝土结构设计规范》（GB 50010-2010，以下简称“混凝土规范”）

7.《木结构设计规范》（GB 50005-2003，以下简称“木结构规范”）

8.《古建筑木结构维护与加固技术规范》（GB 50165-1992，以下简称“维护规范”）

9. 常德立别墅测绘工程图纸。

10. 常德立别墅检测报告。

（五）结构安全性鉴定

1. 地基基础

现场检测结果表明，该房屋上部结构未发现明显的不均匀沉降裂缝和倾斜，其地基基础无明显的静载缺陷，地基基础承载状况基本正常。根据可靠性鉴定标准，地基基础的安全性可评定为 Bu 级。

2. 上部结构

（1）水平结构构件（木屋架檩条）

根据现场实际情况，而对顶层木屋架进行计算。根据现场实际支承情况，计算分析木屋架檩条的承载性能。屋架檩条验算结果满足要求。

按照可靠性鉴定标准，木屋架的安全性可评定为 Cu 级。

（2）竖向结构构件（毛石墙体）

根据砂浆检测结果，不满足抗震设计规范；采用中国建筑科学研究院建筑结构研究所编制的结构平面 CAD 软件（PMCAD）进行毛石墙竖向承载力计算分析，墙体受压承载力验算满足要求。

但检测中发现，部分门窗洞口过梁有损坏，部分墙体有开裂，门窗洞口两侧的墙体有损坏。经综合评定，毛石墙体安全性可评定为 Cu 级。

经综合评定，木柱的安全性可评定为 Cu 级。

主体结构安全性评级表

项次	项目		分项评级	安全性鉴定评级
1	地基基础		B_u	C_{su}
2	上部结构	木屋架	C_u	
		毛石墙	C_u	

（六）结构正常使用性鉴定

检测中发现，该建筑由于维修不当，底层部分屋内加固柱及梁不合理布置，致使该层使用功能受到严重影响，外墙砂浆多处风化、剥蚀，局部比较严重；门窗洞口两侧的墙体有开裂，局部砖风化、剥蚀严重；底层部分楼板结构形式为木梁支撑烧结砖作为楼板承重结构，结构形式不合理；底层吊顶、抹灰等装修层破损较多。

经综合评定，该建筑的正常使用性可评定为 Css 级。

（七）结构可靠性鉴定

根据可靠性鉴定标准，主体结构的可靠性鉴定评级可分项表示为：

结构安全性评级：C_{su} 级。

正常使用性评级：C_{ss} 级。

（八）抗震性能评定

该结构竖向结构构件由毛石墙和石柱（外廊部分）混合承重。

1. 毛石墙抗震承载力

采用 PMCAD 软件计算分析砖墙的抗震承载力，计算取抗震设防烈度为 7 度。大部分墙体抗震承载力满足要求，个别位置不满足要求。

2. 外观质量及抗震构造措施

（1）外观质量

该工程外观质量状况已在结构正常使用性鉴定中说明，外观质量不满足抗震鉴定标准的要求。

（2）抗震横墙的最大间距

该结构抗震横墙的最大间距为 10.3m，未超过抗震鉴定标准规定的限值 15m（地震烈度 7 度）。

（3）圈梁

该结构楼面及屋面处均无圈梁，不满足抗震鉴定标准的要求。

（4）构造柱

该结构无构造柱，不满足抗震规范的要求。

该结构受力体系不合理，个别位置抗震承载力不满足要求，外观质量及部分抗震构造措施不满足规范要求，需要进行结构抗震加固改造。

（九）结构加固建议

考虑到该结构为文物保护单位，加固时应尽可能降低对原建筑的损伤，结构加固改造的建议如下：

1. 保持原结构外立面不变，宜采用压力灌注水泥浆的方法修复墙体灰缝。

2. 拆除影响一层使用功能的加固柱及梁，恢复其建筑使用功能。

3. 对二层木楼板进行承载力评估和加固，拆除不满足承载力设计要求的原木梁，替换成满足强度新的木梁，重建新的木楼板体系，对原木地板重新清洗、刷漆。

4. 对二层楼板结构形式为木梁支撑烧结砖的楼板承重结构体系进行重新改造，拆除烧结砖并替换成木楼板，检查原木梁，将不满足承载能力的木梁替换为满足强度的新木梁，建立新的木楼板体系。

5. 将内墙表面对墙体采用钢筋网水泥砂浆抹面进行加固。

6. 门窗洞口局部缺陷进行局部修补，并采取有效的防潮措施。

7. 该建筑使用期已近百年，加固改造后，建议定期检查与维护。

（十）说明

在施工过程中，若发现结构中还有本报告未提及的问题，请通知检测鉴定单位，检测鉴定单位将负责必要的复查和鉴定。

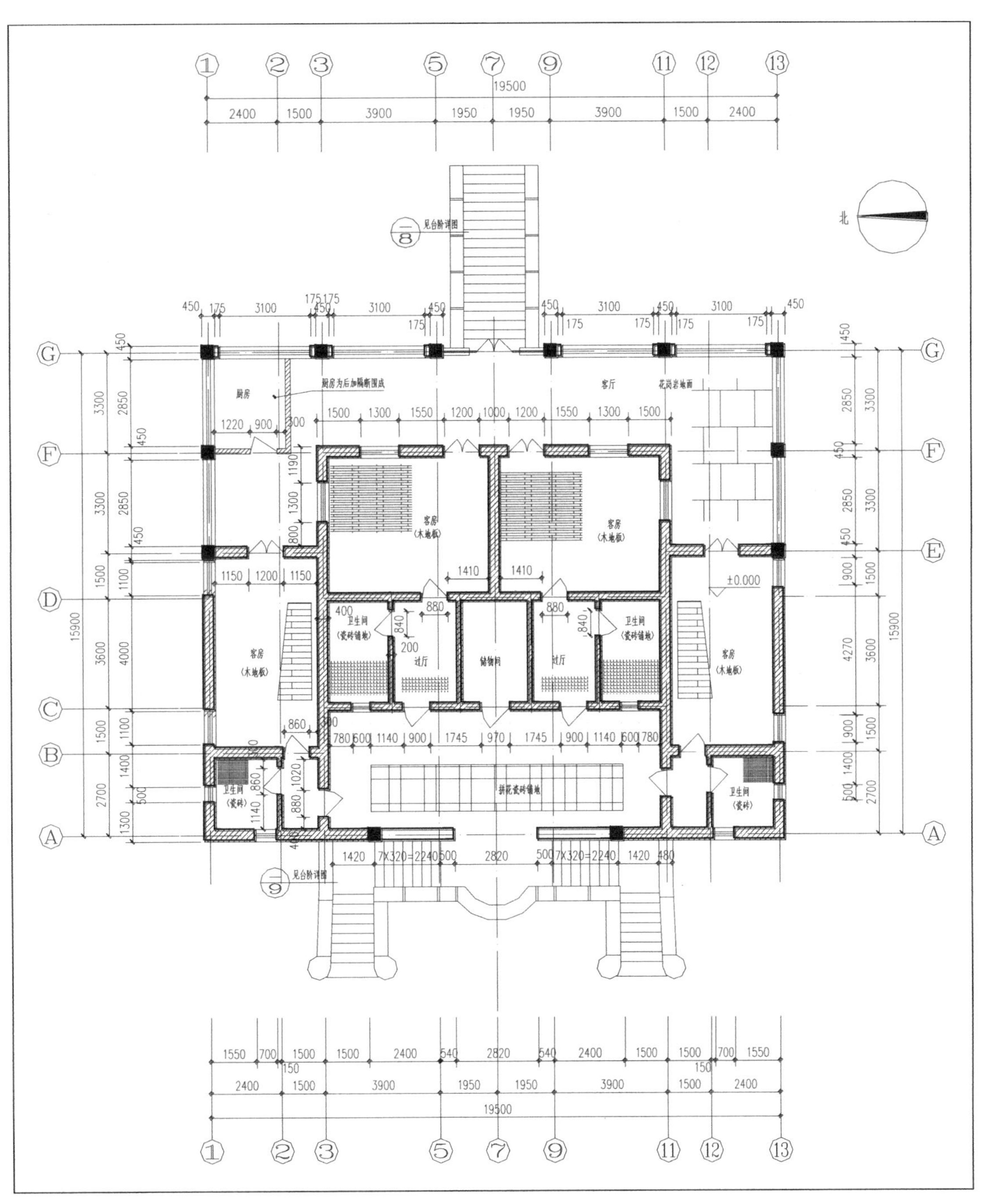

测绘平面图

底层屋内加固柱及梁图

底层屋内加固柱及梁图

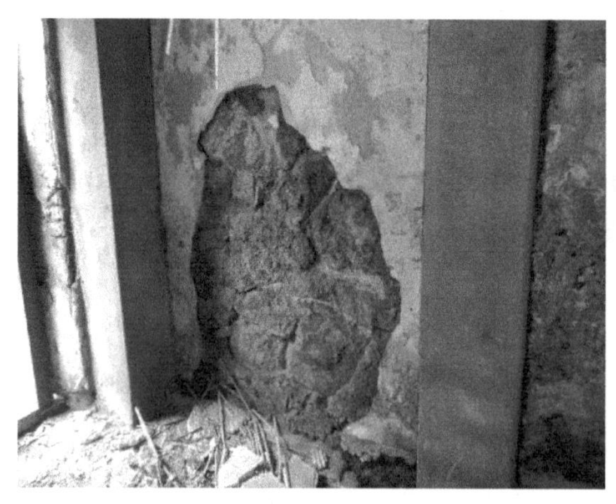

墙体脱落、风化碱蚀

墙体砌筑砂浆严重风化脱落

局部墙体表面严重风化脱落

底层吊顶大面积损坏脱落

楼板露筋现象

木梁支撑烧结砖楼板

由西向东立面图

北立面图

东立面图

南立面图

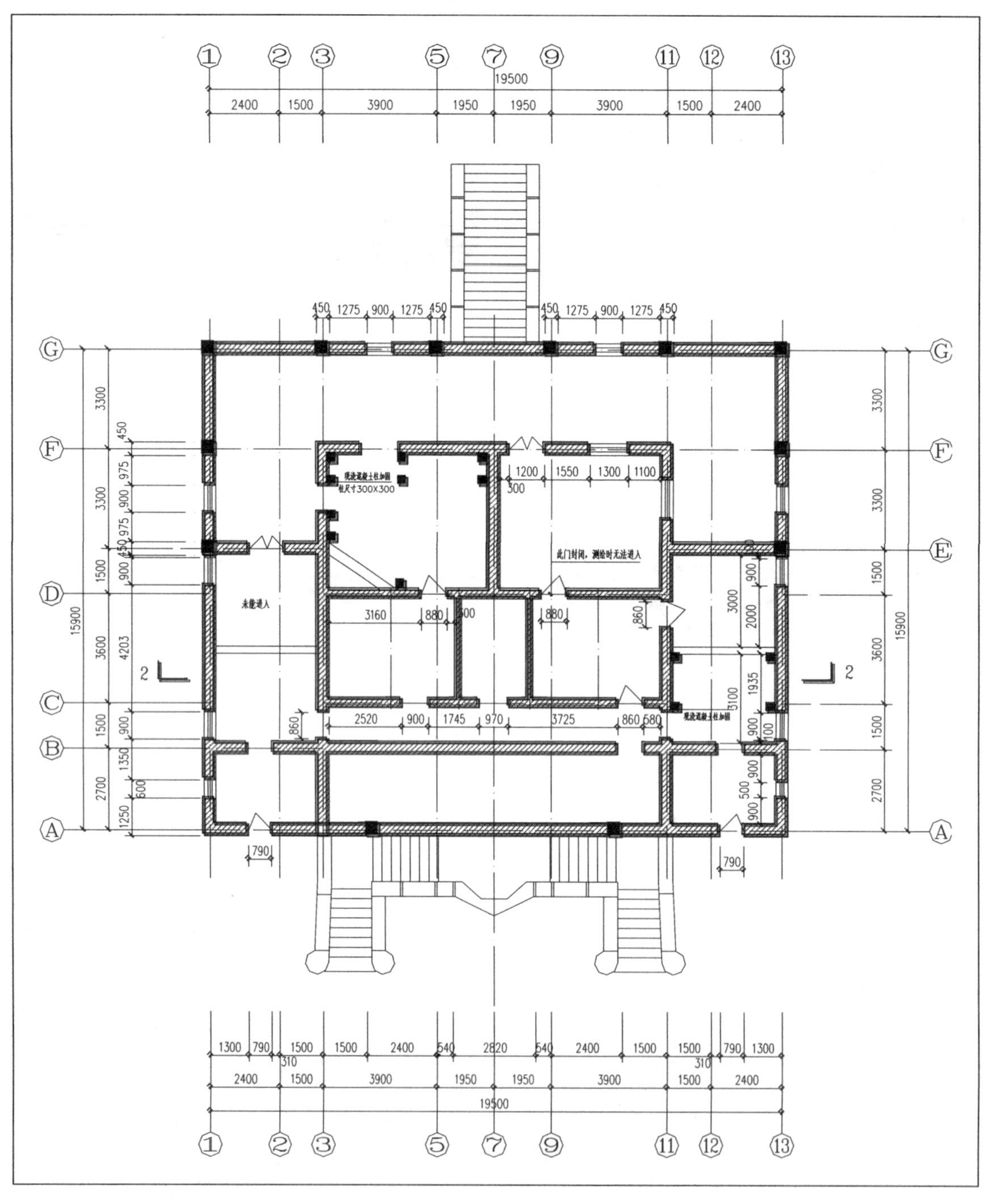
19500
2400 1500 3900 1950 1950 3900 1500 2400
450 1275 900 1275 450
450 1275 900 1275 450
现浇混凝土柱加固
柱尺寸300X300
1200 1550 1300 1100
300
此门封闭，测绘时无法进入
未能进入
3160 880 300
880
860
2520 900 1745 970 3725 860 680
现浇混凝土柱加固
15900
790
790
1300 790 1500 1500 2400 540 2820 540 2400 1500 1500 790 1300
310
310
2400 1500 3900 1950 1950 3900 1500 2400
19500

一层墙布置图

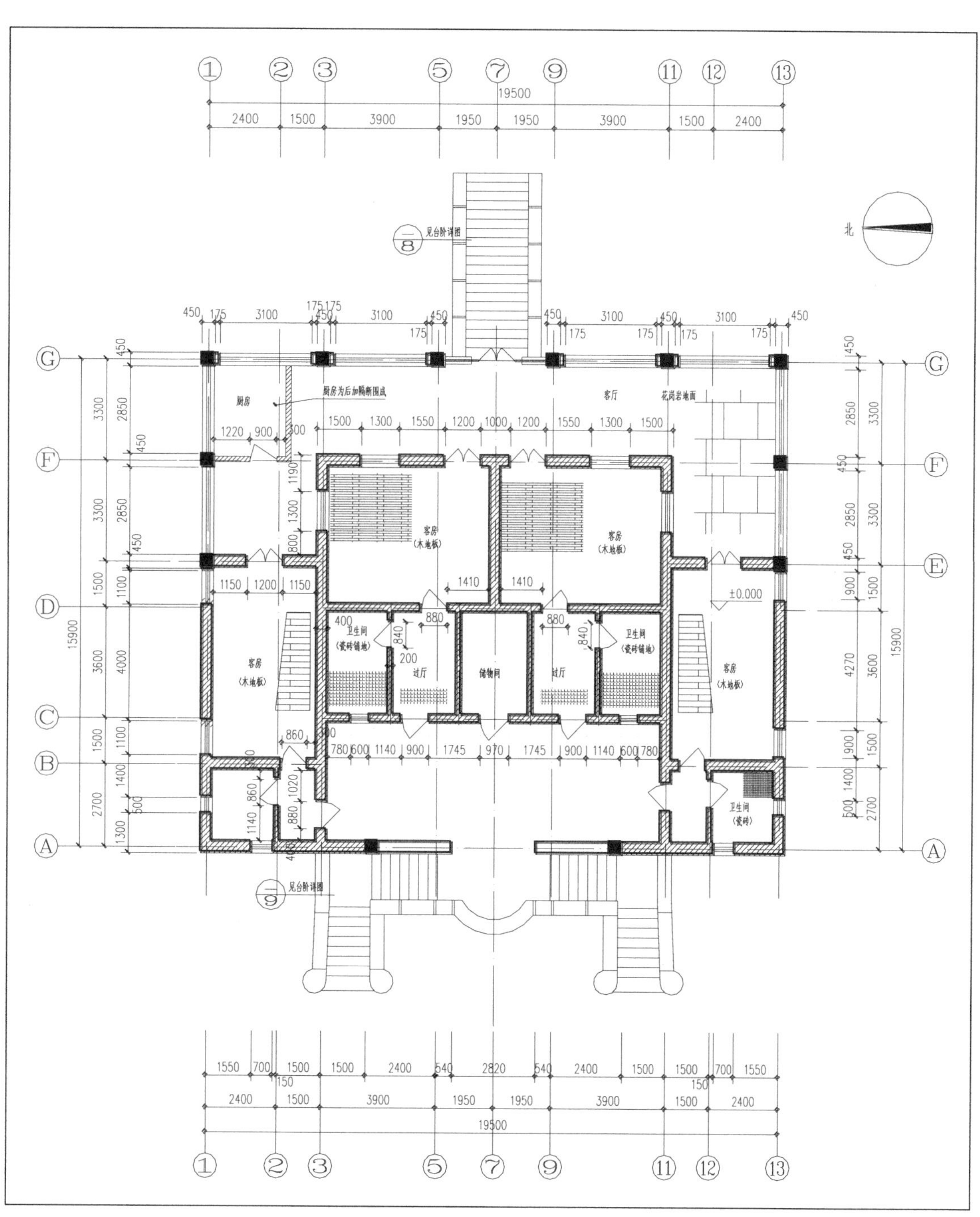

二层墙布置图

（十一）木屋架计算（双坡屋面木檩条强度计算）

1. 结构计算参数

屋盖为硬山搁檩结构，红松，檩条尺寸为 b×h=100mm×200mm，水平间距布置为1.2m。屋面恒载为 $1.0kN/m^2$，活载为 $0.5kN/m^2$，对屋盖的檩条进行简化计算，简化成简支梁，取均布荷载设计值折算为 q=2.6kN/m，计算简图如下：

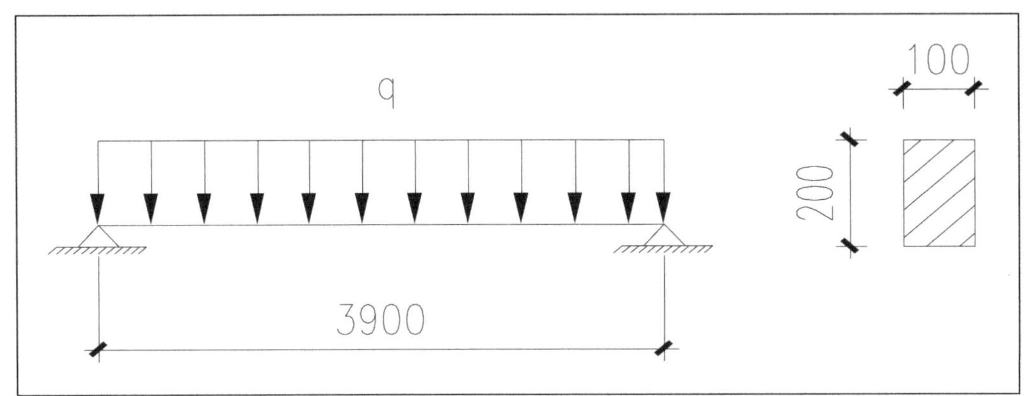

木梁计算简图

2. 结构计算过程及结果

由已知的均布荷载 q=2.6kN/m 可以得出：

$$M=\frac{1}{8}ql^2=\frac{1}{8}\times 2.6\times 3.9^2=4.95\ kN\cdot m$$

由 $\sigma_{\max}=\dfrac{M_{\max}}{W_z}$ 和 $W_z=\dfrac{bh^2}{6}$ 可得

$$\sigma_{\max}=\frac{M_{\max}}{W_z}=\frac{6\times 4.95\times 10^6}{100\times 200^2}=7.4\ \text{MPa}<f_m=13\ \text{MPa}$$

由计算结果可得出相应的结论：屋盖中的木檩条承载力满足要求。

（十二）砌体结构计算

1. 结构计算依据、参数

（1）结构计算依据

见鉴定依据。

（2）结构计算条件

① 结构重要性系数 γ_0=1.0。

② 建筑抗震设防类别：丙类；建筑结构安全等级：二级。

③ 抗震设防烈度：7 度；基本地震加速度 0.1g，地震分组为第三组。

（3）材料强度

见检验报告。计算复核中，黏土砖、砂浆强度根据检验报告提供的结果确定。砖强度等级采用 MU10，回弹法检测砌体砂浆强度推定值为 0.5MPa。

2. 砌体结构计算

（1）计算工具

砌体结构计算工具名称：《砌体结构辅助设计软件》（2008 年 10 月版），编制单位：中国建筑科学研究院 PKPM CAD 工程部。

（2）永久荷载标准值

① 楼面均布永久荷载标准值：4.0kN/m^2。

② 屋面均布永久荷载标准值：2.0kN/m^2（暂估）。

（3）可变荷载标准值

① 楼面均布可变荷载标准值：2.0kN/m^2（含隔墙）。

② 屋面均布可变荷载标准值：0.5kN/m^2。

③ 基本风压：0.45kN/m^2。

④ 基本雪压：0.25kN/m^2。

（4）计算控制数据及总结果

① 计算控制数据

结构类型：砌体结构

结构总层数：2

结构总高度：6.2m

地震烈度：7

楼面结构类型：木楼面或大开洞率钢筋砼楼面（柔性）

墙体材料：毛石

墙体材料的自重：22kN/m^3

施工质量控制等级：B 级

② 结构计算总结果

结构等效总重力荷载代表值：6153.0kN

墙体总自重荷载：6372.2kN

楼面总恒荷载：2189.4kN

楼面总活荷载：1034.8kN

水平地震作用影响系数：0.120

结构总水平地震作用标准值：738.4kN

（5）受压承载力验算结果

第 1、2 层墙体受压承载力满足要求，过程从略。

（6）主要结论

① 墙体受压承载力验算满足要求。

② 墙体高厚比满足要求。

③ 大部分墙体抗震承载力满足要求，个别位置不满足。

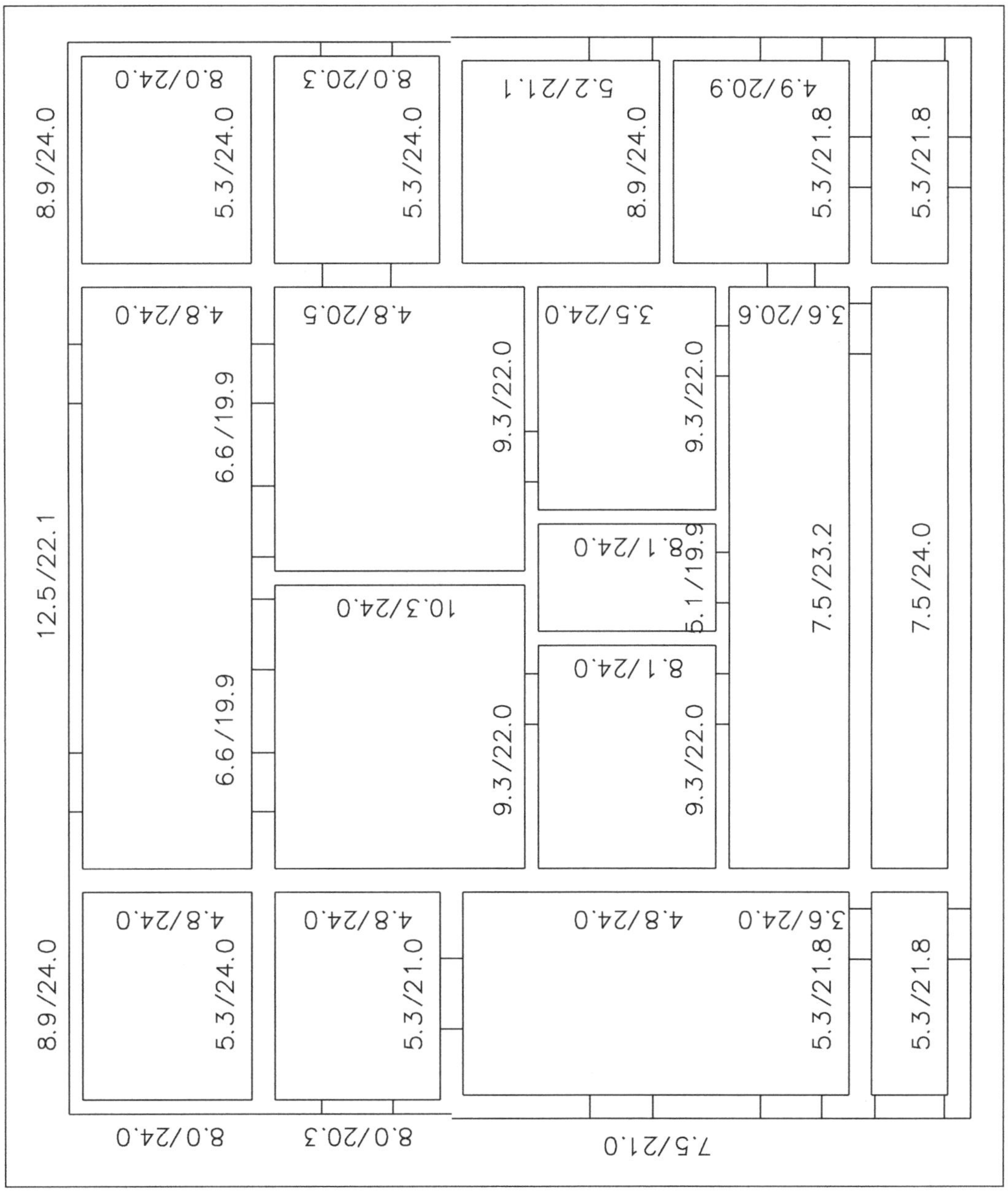

8.9/24.0
12.5/22.1
8.9/24.0
8.0/24.0
8.0/20.3
7.5/21.0
8.0/24.0
8.0/20.3
5.2/21.1
4.9/20.9
5.3/24.0
5.3/24.0
8.9/24.0
5.3/21.8
5.3/21.8
4.8/24.0
4.8/20.5
3.5/24.0
3.6/20.6
6.6/19.9
9.3/22.0
9.3/22.0
8.1/24.0
5.1/19.9
7.5/23.2
7.5/24.0
10.3/24.0
8.1/24.0
6.6/19.9
9.3/22.0
9.3/22.0
4.8/24.0
4.8/24.0
4.8/24.0
3.6/24.0
5.3/24.0
5.3/21.0
5.3/21.8
5.3/21.8

一层墙体高厚比图

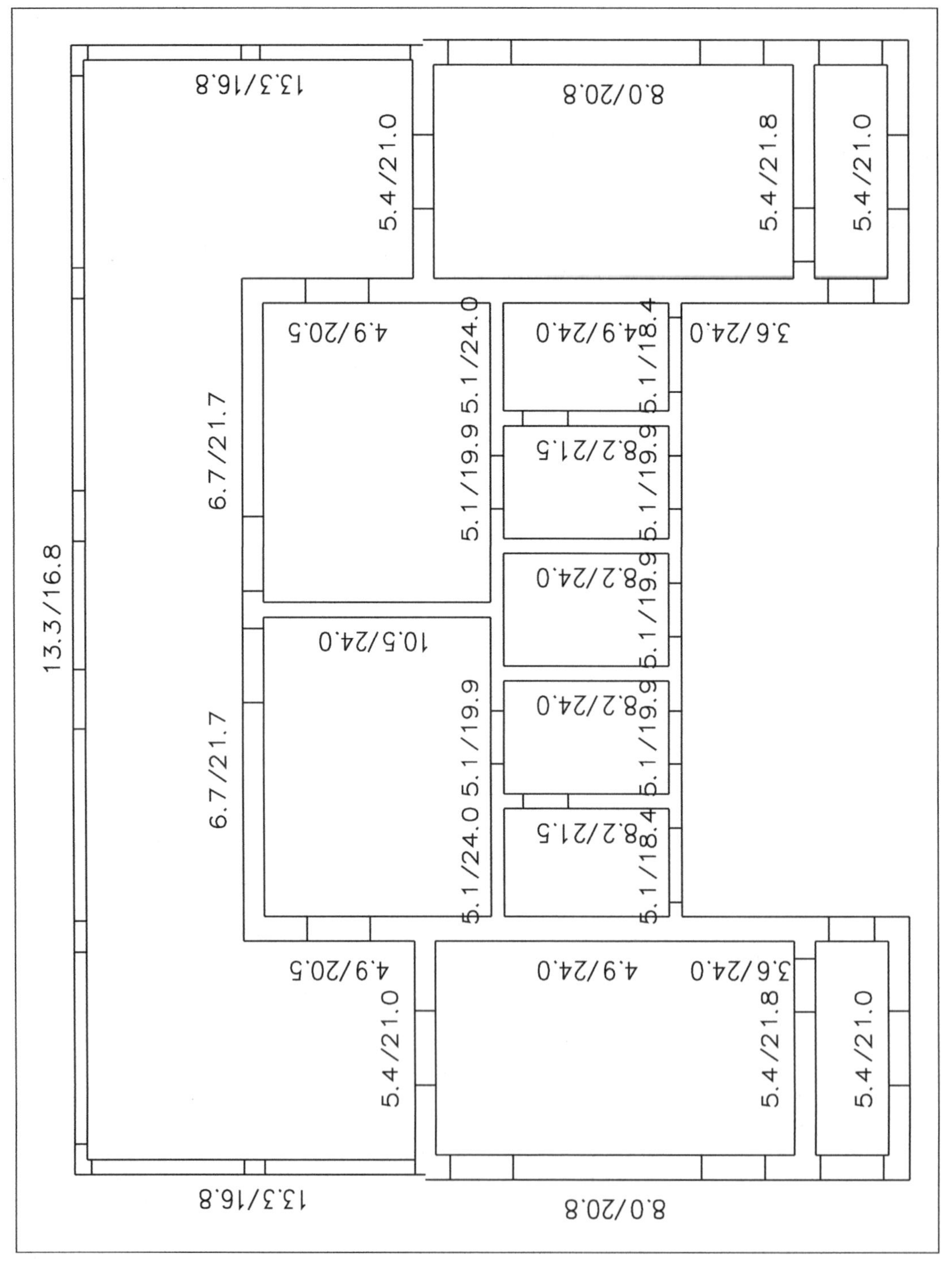
13.3/16.8
8.0/20.8
5.4/21.0
5.4/21.8
5.4/21.0
4.9/20.5
5.1/24.0
4.9/24.0
5.1/18.4
3.6/24.0
6.7/21.7
5.1/19.9
8.2/21.5
5.1/19.9
13.3/16.8
8.2/24.0
5.1/19.9
10.5/24.0
8.2/24.0
5.1/19.9
6.7/21.7
5.1/19.9
5.1/24.0
8.2/21.5
5.1/18.4
4.9/20.5
4.9/24.0
3.6/24.0
5.4/21.0
5.4/21.8
5.4/21.0
13.3/16.8
8.0/20.8

二层墙体高厚比图

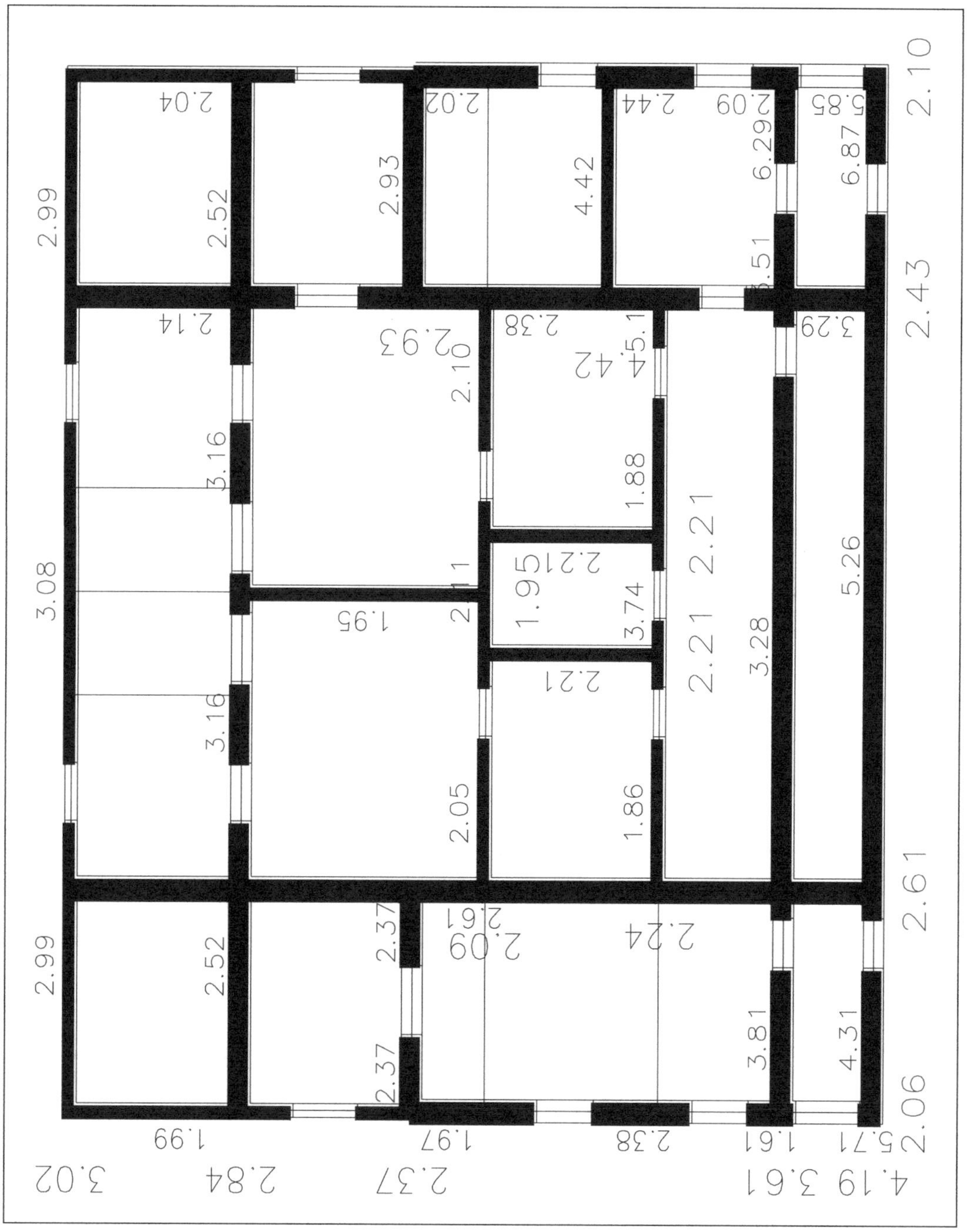

一层抗震简图（抗力与效应之比）

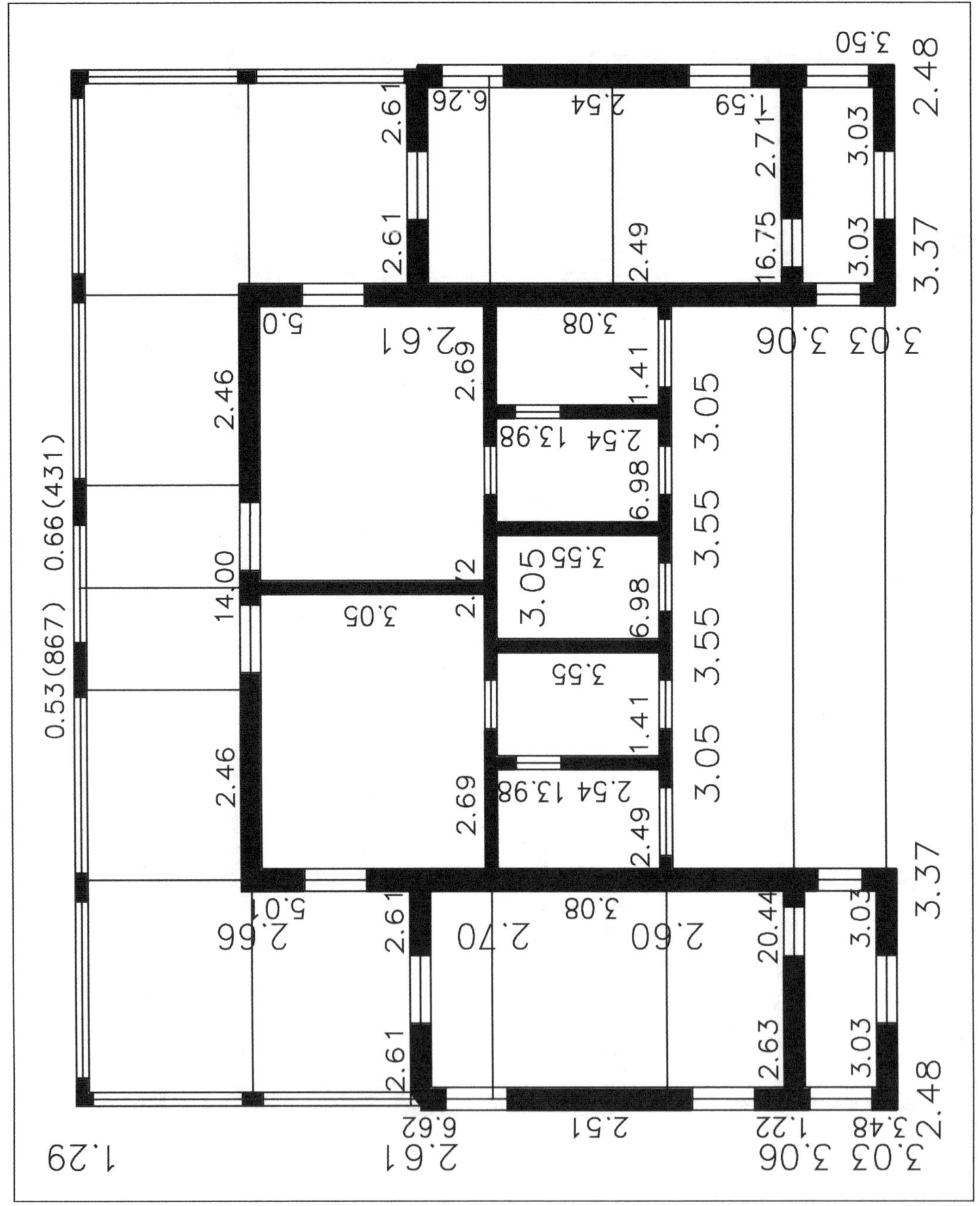

二层抗震简图（抗力与效应之比）

七、来牧师别墅（11 号楼）安全鉴定报告

（一）房屋安全鉴定目的

该建筑为文物保护单位，目前拟进行修缮和加固，秦皇岛市文物局委托燕山大学对该建筑进行结构检测鉴定，提出结构加固方案。主要工作内容为：对该建筑进行强度检测和外观评价，根据检测结果，进行结构整体计算分析，评定结构现阶段的承载性能，进行结构的安全鉴定；针对新的使用功能，进行结构加固方案设计，依据加固方案进行结构整体计算分析，在此基础上，提出加固处理建议。

（二）建筑概况

来牧师别墅（11 号楼），始建于 20 世纪初，位于北戴河鹰角路 7 号，今河北省北戴河管理处院内，西临鹰角路，东临大海，北临院路，坐东向西，毛石基础、墙体，别墅占地 4.9 亩，上下两层，建筑面积 472.98 平方米，平面为不规则长方形，木质梁架，铁瓦屋顶，西侧有高台阶楼梯，该建筑属欧式造型，原图纸资料无存，历年维修改造亦未进行较为全面的勘测。

2011 年，对该建筑进行了测绘，测绘平面图见下图。

1. 该建筑由于维修不当，底层部分屋内加固柱及梁不合理布置，致使该层已失去使用功能。

2. 建筑底层屋内局部墙体存在风化碱蚀和剥皮现象。

3. 首层外墙体局部砌筑砂浆老化脱落。

4. 部分门窗洞口两侧墙体砖有损坏，抹灰脱落。

5. 底层室内抹灰普遍存在陈旧空鼓、裂缝和局部抹灰脱落现象。

6. 楼板结构形式为木梁支撑烧结砖作为楼板承重结构，结构形式不合理。

7. 底层吊顶为板条抹灰，普遍存在损坏及脱落现象。

（三）结构检测结论

燕山大学对该结构进行了现场检测，提出了检验报告。经现场检查，多数内墙体为承重的毛石墙。主要检测结论如下：

1. 经现场全面检查，来牧师别墅外观质量主要存在的问题有：该建筑由于维修不当，底层部分屋内加固柱及梁不合理布置，致使该层已失去使用功能。由于建筑物的使用年限较长，底层室内抹灰普遍存在陈旧空鼓、裂缝和局部抹灰脱落现象，墙体存在泛碱现象；部分门窗洞口两侧墙体砖有损坏，抹灰脱落；首层外墙局部砌筑砂浆老化脱落；底层部分楼板结构形式为木梁支撑烧结砖作为楼板承重结构，结构形式不合理；底层吊顶为板条抹灰，普遍存在损坏及脱落现象。

2. 根据砖样抗压强度试验结果和回弹法检测结果，建议在结构计算时砖强度等级可采用 MU10，毛石强度采用 MU30，回弹法检测砌体砂浆强度推定值为 0.5MPa。

3. 在结构计算时，木屋架木材强度等级可采用 TC13。

4. 木梁截面尺寸平均值为 100mm × 150mm；墙体厚度见后图。

5. 墙基采用毛石基础。

（四）鉴定依据

1.《建筑抗震鉴定标准》（GB 50023-2009，以下简称“抗震鉴定标准”）

2.《建筑抗震设计规范》（GB 50011-2008，以下简称“抗震规范”）

3.《砌体结构设计规范》（GB 50003-2001，以下简称“砌体规范”）

4.《建筑结构荷载规范》（GB 50009-2006，以下简称“荷载规范”）

5.《民用建筑可靠性鉴定标准》（GB 50292-1999，以下简称“可靠性鉴定标准”）

6.《混凝土结构设计规范》（GB 50010-2002，以下简称“混凝土规范”）

7.《木结构设计规范》（GB 50005-2003，以下简称“木结构规范”）

8.《古建筑木结构维护与加固技术规范》（GB 50165-1992，以下简称“维护规范”）

9. 来牧师别墅测绘工程图纸。

10. 来牧师别墅检测报告。

（五）结构安全性鉴定

1. 地基基础

现场检测结果表明，该房屋上部结构未发现明显的不均匀沉降裂缝和倾斜，其地基基础无明显的静载缺陷，地基基础承载状况基本正常。根据可靠性鉴定标准，地基基础的安全性可评定为 B_u 级。

2. 上部结构

（1）水平结构构件

① 木楼盖

二层楼面木梁强度计算满足木结构规范要求，挠度计算不满足木结构规范要求。按照可靠性鉴定标准，木楼盖的安全性可评定为 C_u 级。

② 顶层木屋架

根据现场情况未能进入，根据外观情况完整性较好，进行过维修。

（2）竖向结构构件

① 毛石墙体

根据燕山大学砂浆检测结果，不满足抗震设计规范；采用中国建筑科学研究院建筑结构研究所编制的结构平面 CAD 软件（PMCAD）进行毛石墙竖向承载力计算分析，墙体受压承载力验算满足要求。

经综合评定，毛石墙体安全性可评定为 C_u 级。

经综合评定，木梁的安全性可评定为 C_u 级。

主体结构安全性评级表

项次	项目		分项评级	安全性鉴定评级
1	地基基础		B_u	C_{su}
2	上部结构	木楼盖	C_u	
		木屋架	C_u	
		毛石墙	C_u	

（六）结构正常使用性鉴定

检测中发现，该建筑由于维修不当，底层部分屋内加固柱及梁不合理布置，致使该层使用功能受到严重影响，底层外墙局部处砂浆风化脱落；部分门窗洞口两侧墙体砖有损坏，抹灰脱落；底层部分楼板结构形式为木梁支撑烧结砖作为楼板承重结构，结构形式不合理；底层吊顶、抹灰等装修层破损较多。

经综合评定，该建筑的正常使用性可评定为 C_{ss} 级。

（七）结构可靠性鉴定

根据可靠性鉴定标准，主体结构的可靠性鉴定评级可分项表示为：

结构安全性评级：C_{su} 级。

正常使用性评级：C_{ss} 级。

（八）抗震性能评定

该结构竖向结构构件由毛石墙和石柱（外廊部分）混合承重。

1. 石墙抗震承载力

采用 PMCAD 软件计算分析砖墙的抗震承载力，计算其抗震设防烈度为 7 度。大部分墙体抗震承载力满足要求，个别位置不满足要求。

2. 外观质量及抗震构造措施

（1）外观质量

该工程外观质量状况已在结构正常使用性鉴定中说明，外观质量不满足抗震鉴定标准的要求。

（2）抗震横墙的最大间距

该结构抗震横墙的最大间距为 6.3m，未超过抗震鉴定标准规定的限值 15m（地震烈度 7 度）。

（3）圈梁

该结构楼面及屋面处均无圈梁，不满足抗震鉴定标准的要求。

（4）构造柱

该结构无构造柱，不满足抗震规范的要求。

该结构受力体系不合理，个别位置抗震承载力不满足要求，外观质量及部分抗震构造措施不满足规范要求，需要进行结构抗震加固改造。

（九）结构加固建议

考虑到该结构为文物保护单位，加固时应尽可能降低对原建筑的损伤，结构加固改造的建议如下：

1. 保持原结构外立面不变，采用压力灌注水泥浆的方法修复墙体灰缝。

2. 对以前维修方案进行重新改造，拆除那些影响底层房屋正常使用功能的布置不合理的加固柱及梁，恢复其正常使用功能。

3. 对底层木楼板进行承载力计算和加固，拆除不满足承载力设计要求的原木梁，替换成满足强度新的木梁，重建新的木楼板体系，对原木地板重新清洗、刷漆，对空鼓处进行修复。

4. 对底层楼板结构形式为木梁支撑烧结砖的楼板承重结构体系进行重新改造，拆除烧结砖并替换成木板楼面，检查原木梁，将不满足承载能力的木梁替换为满足强度的新的木梁，建立新的木楼板体系。

5. 将内墙表面对墙体采用钢筋网水泥砂浆抹面进行加固。

6. 门窗洞口局部缺陷进行局部修补，并采取有效的防潮措施。

7. 该建筑使用期已近百年，加固改造后，建议定期检查与维护。

（十）说明

在施工过程中，若发现结构中还有本报告未提及的问题，请通知检测鉴定单位，检测鉴定单位将负责必要的复查和鉴定。

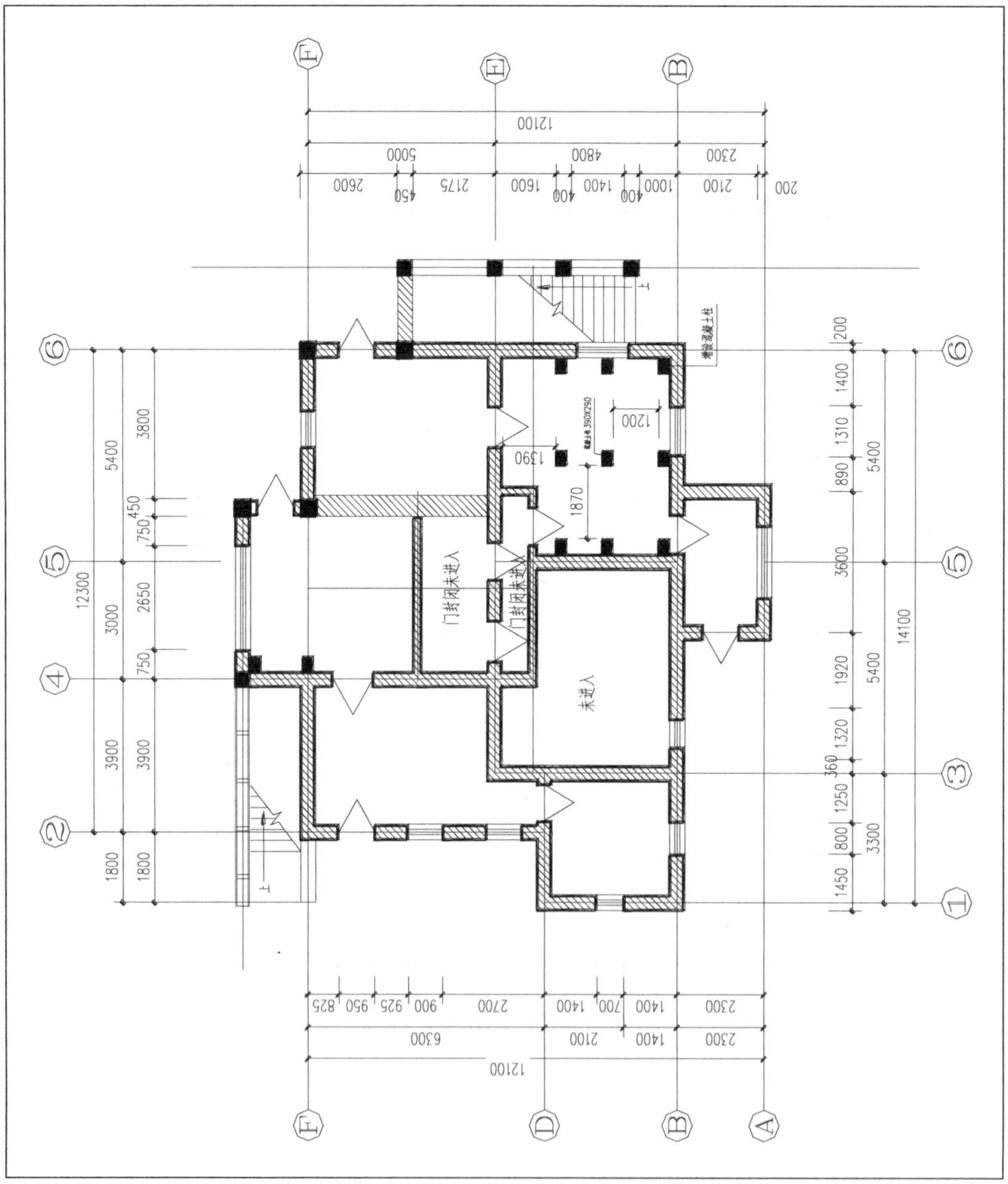

测绘平面图

底层屋内加固柱及梁图（一）

底层屋内加固柱及梁图（二）

由西向东立面图

南立面图

北立面图

东立面图

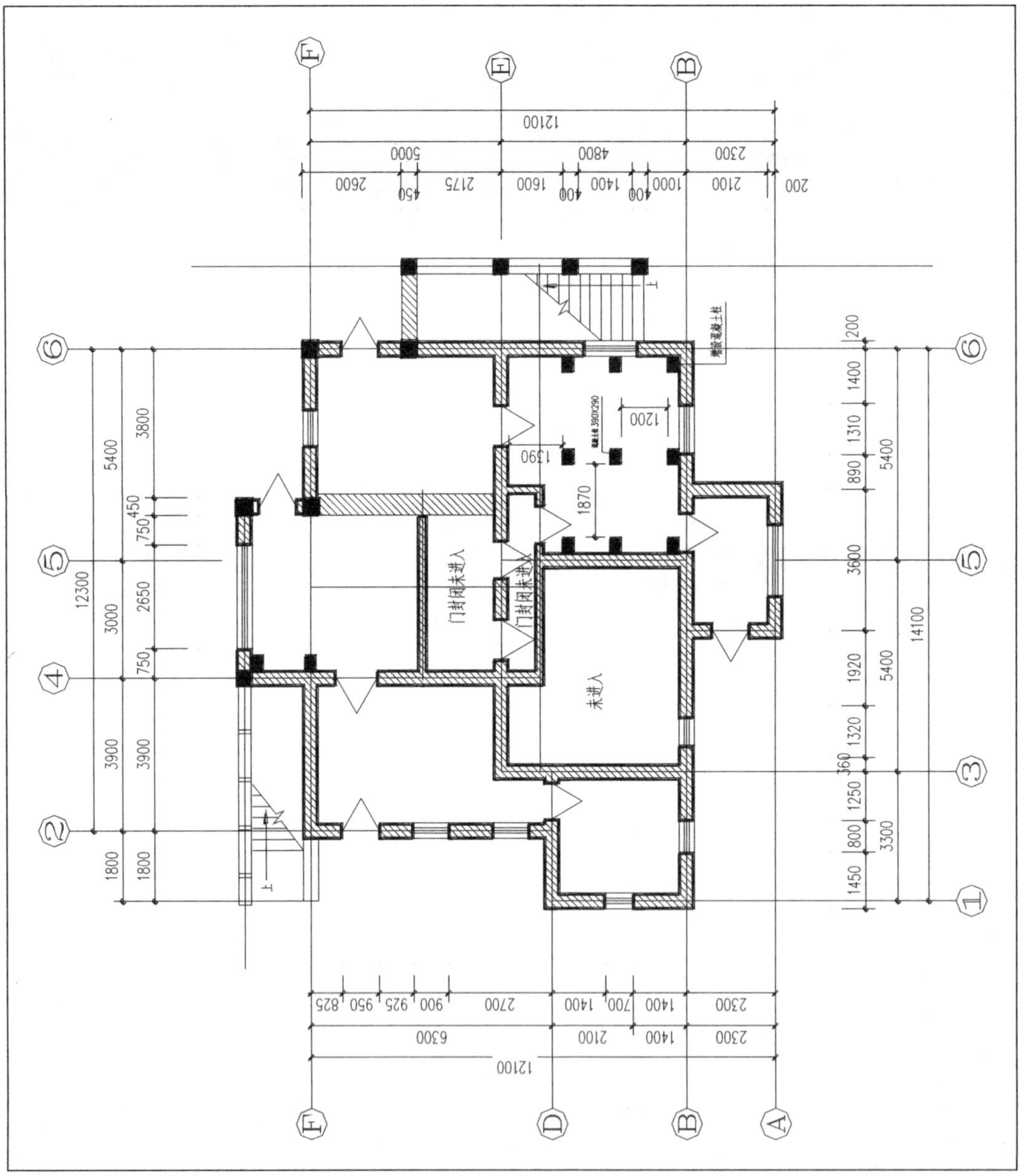

一层毛石墙布置平面图

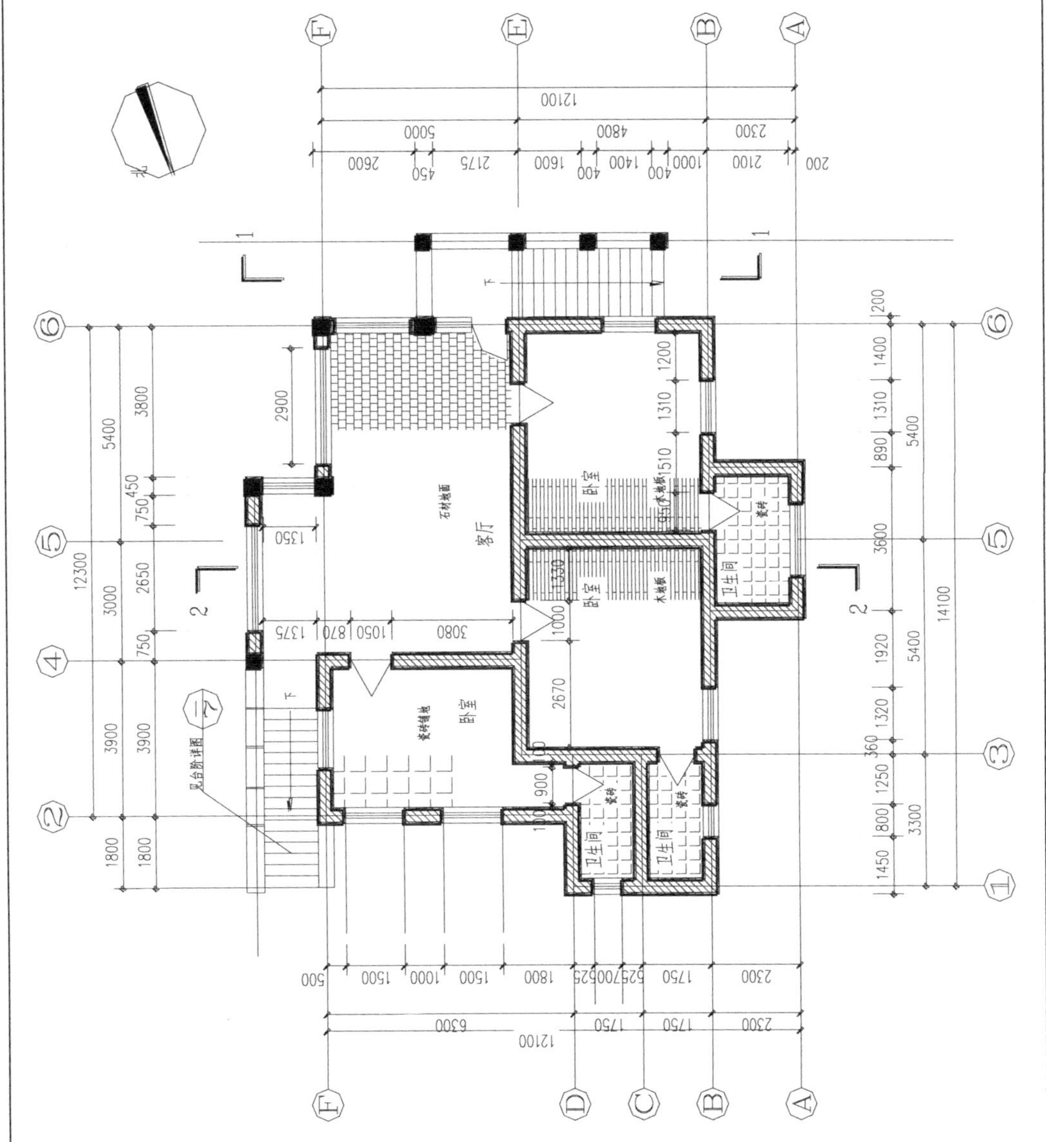

二层毛石墙布置平面图

墙体脱落、风化碱蚀（一）

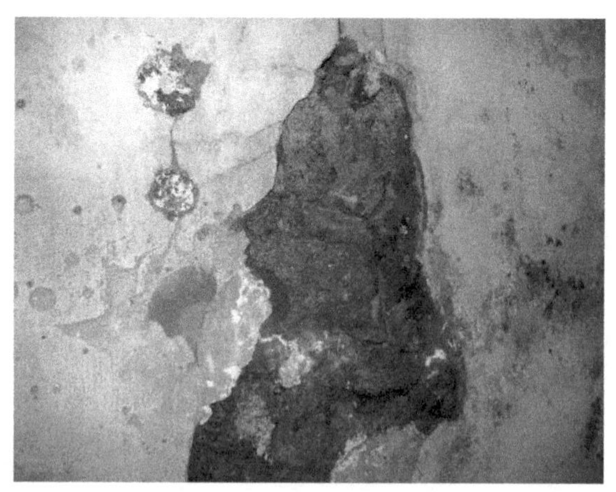

墙体脱落、风化碱蚀（二）

门窗洞口两侧墙体有损坏、抹灰脱落

底层外墙体砌筑砂浆风化脱落

木梁支撑烧结砖做为楼板

底层吊顶大面积损坏脱落图

（十一）楼盖木梁强度计算（双坡屋面木檩条、第二层楼面木梁强度计算）

1. 结构计算参数

本楼面恒载为 1.5kN/m^2，活载为 2.0kN/m^2，对楼盖的木梁进行简化计算，木梁间距为 0.4 米，将木梁简化成简支梁，取均布荷载设计值为 q=1.85kN/m，计算简图如下：

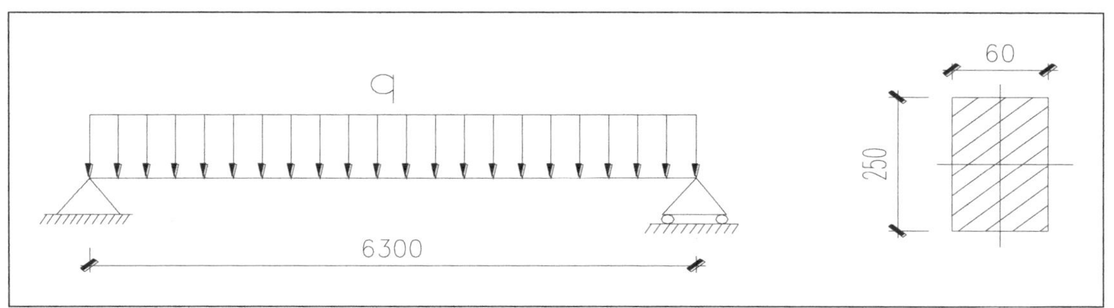

木梁计算简图

2. 结构计算过程及结果

（1）强度计算

由已知的均布荷载 q=1.85kN/m 可以得出：

$$M_{\max}=\frac{1}{8}ql^2=\frac{1}{8}\times1.85\times6.3^2=9.2kN\cdot m$$

由 $\sigma_{\max}=\frac{M_{\max}}{W_z}$ 和 $W_z=\frac{bh^2}{6}$ 可得

$$\sigma_{\max}=\frac{M_{\max}}{W_z}=\frac{6M_{\max}}{bh^2}=\frac{6\times9.2\times10^6}{60\times250^2}=16.78MPa\ \ >f_m=13MPa$$

由计算结果可得出相应的结论：第二层楼面木梁承载力不满足要求。

（2）挠度计算

取荷载标准值：木梁上线荷载标准值为：qk=（1.5+2.0）×0.4=1.40Kn/m

$$f=\frac{5.q_k l^4}{384EI}=\frac{5\times1.75\times6000^4}{384\times9000\times\frac{1}{12}\times60\times250^3}=33.6mm>[f]=\frac{1}{250}l=24mm$$

挠度计算不满足要求。

（十二）毛石砌体结构计算

1. 结构计算依据、参数

（1）结构计算依据

见鉴定依据。

（2）结构计算条件

① 结构重要性系数 γ_0=1.0。

② 建筑抗震设防类别：丙类；建筑结构安全等级：二级。

③ 抗震设防烈度：7 度；基本地震加速度 0.1g，地震分组为第三组。

（3）材料强度

见检验报告。计算复核中，黏土砖、砂浆、混凝土的抗压强度根据检验报告提供的结果确定。毛石强度等级采用 MU30，回弹法检测砌体砂浆强度推定值为 0.5MPa。

2. 砌体结构计算

（1）计算工具

砌体结构计算工具名称：《砌体结构辅助设计软件》（2005 年 10 月版），编制单位：中国建筑科学研究院 PKPM CAD 工程部。

（2）平面简图

结构平面简图见下图。

（3）永久荷载标准值

① 楼面均布永久荷载标准值：4.0KN/m^2。

② 屋面均布永久荷载标准值：4.0KN/m^2（暂估）。

（4）可变荷载标准值

① 楼面均布可变荷载标准值：2.0KN/m^2（含隔墙）。

② 屋面均布可变荷载标准值：0.5KN/m^2。

③ 基本风压：0.45KN/m^2。

④ 基本雪压：0.25KN/m^2。

（5）砌体结构计算控制数据及总结果

① 计算控制数据

结构类型：砌体结构

结构总层数：2

结构总高度：6.2m

地震烈度：7.0

楼面结构类型：木楼面或大开洞率钢筋砼楼面（柔性）

墙体材料：毛石砌体

墙体材料的自重：25kN/m3

地下室结构嵌固高度：0mm

砼墙与砌体弹塑性模量比：3.

施工质量控制等级：B 级

② 结构计算总结果

结构等效总重力荷载代表值：4464.8kN

墙体总自重荷载：5071.1kN

楼面总恒荷载：1142.9kN

楼面总活荷载：570.7kN

水平地震作用影响系数：0.080

结构总水平地震作用标准值（kN）：357.2

③ 第 1 层计算结果

本层层高：2600.0mm

本层重力荷载代表值：3249.5kN

本层墙体自重荷载标准值：2493.3kN

本层楼面恒荷载标准值：571.3kN

本层楼面活荷载标准值：285.3kN

本层水平地震作用标准值：144.6kN

本层地震剪力标准值：357.2kN

本层块体强度等级 MU：30.0

本层砂浆强度等级 M　0.5

④ 第 2 层计算结果

本层层高：3600.0mm

本层重力荷载代表值：2003.1kN

本层墙体自重荷载标准值：2577.8kN

本层楼面恒荷载标准值：571.5kN

本层楼面活荷载标准值：285.4kN

本层水平地震作用标准值：212.6kN

本层地震剪力标准值：212.6kN

本层块体强度等级 MU：30.0

本层砂浆强度等级 M　0.5

（6）受压承载力验算结果

第 1、2 层墙体受压承载力满足要求。

（7）主要结论

① 墙体受压承载力验算满足要求。

② 墙体高厚比满足要求。

③ 墙体抗震承载力满足要求，但结构设计不满足抗震规范要求。

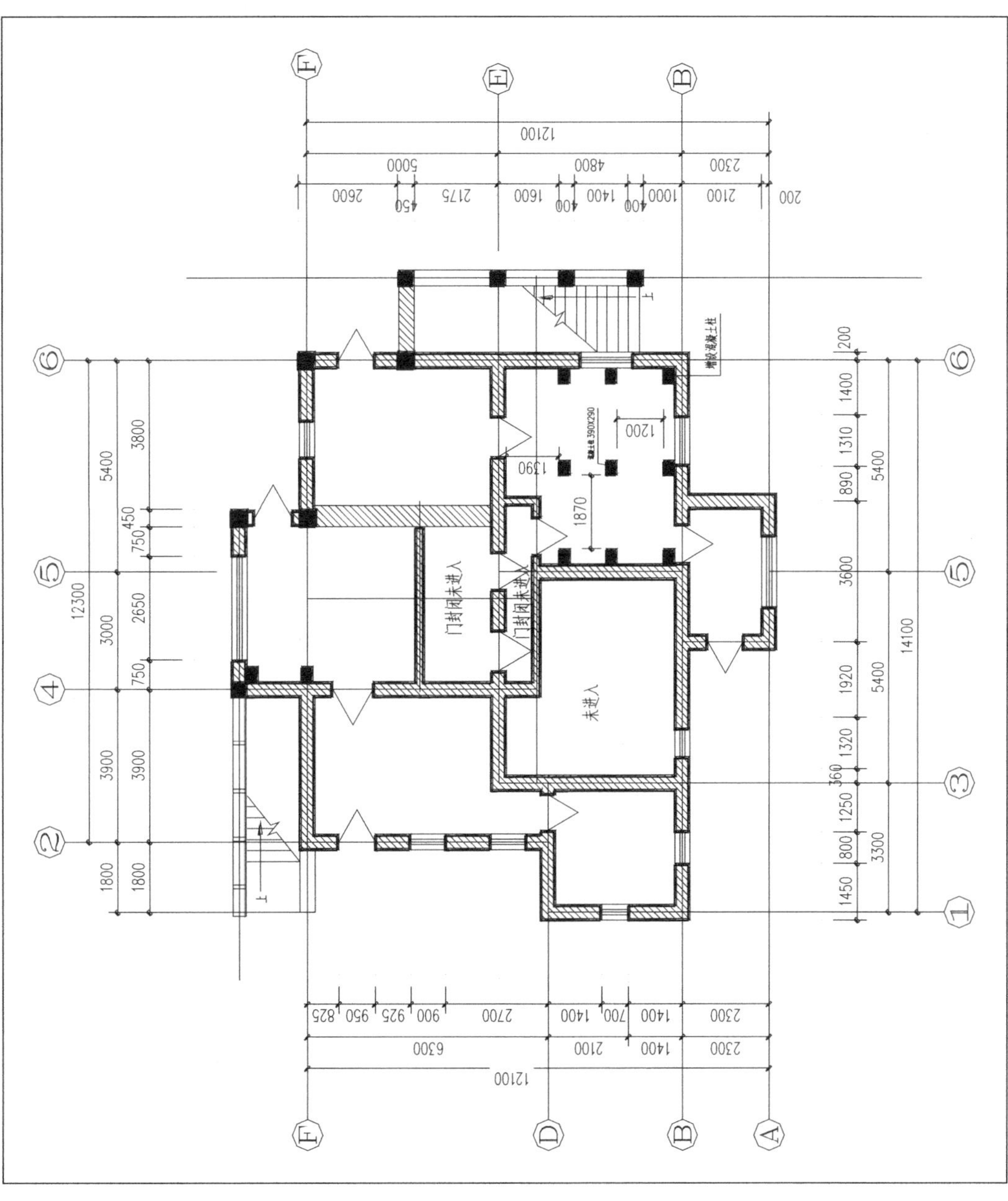

一层结构平面图

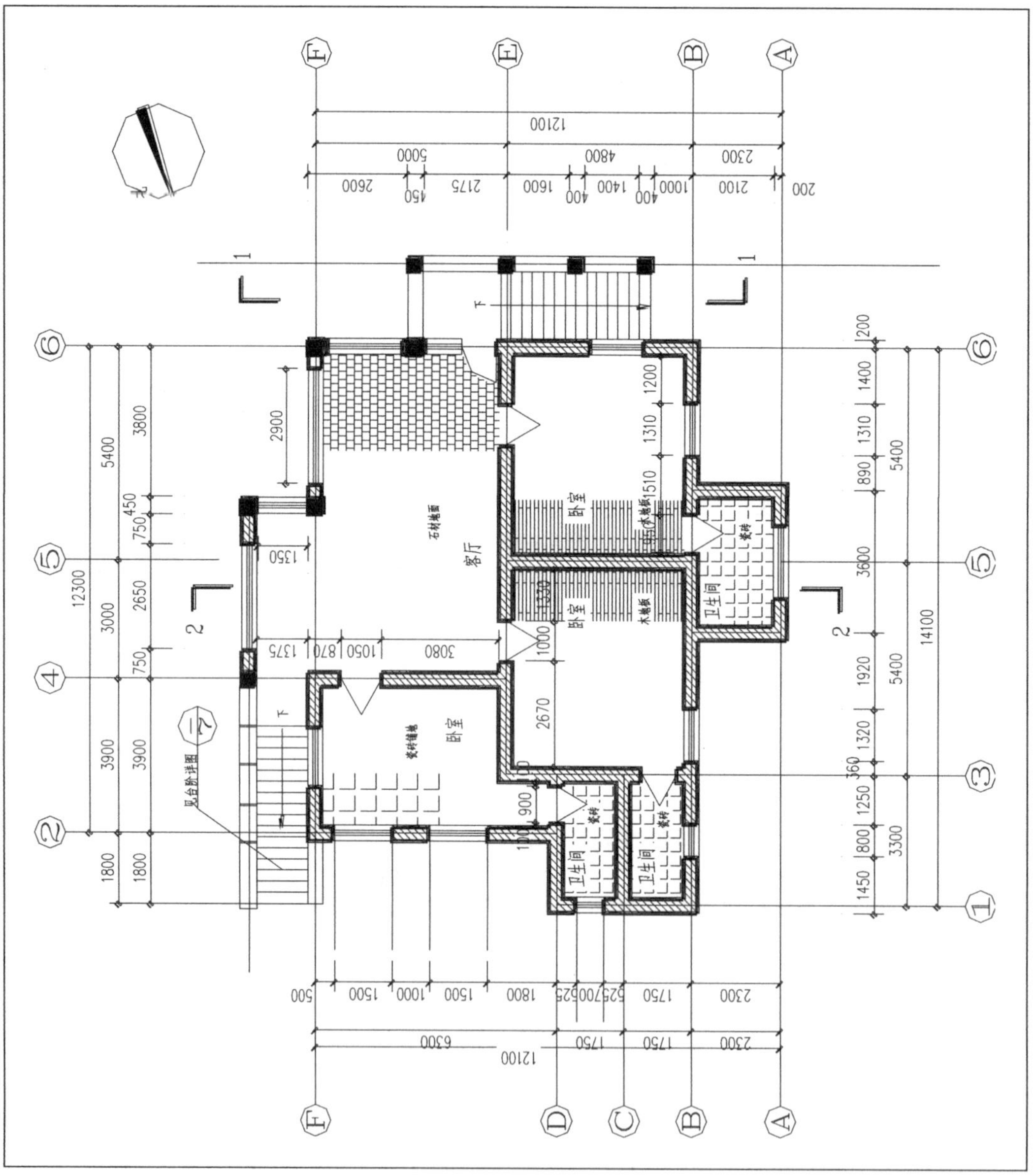

二层结构平面图

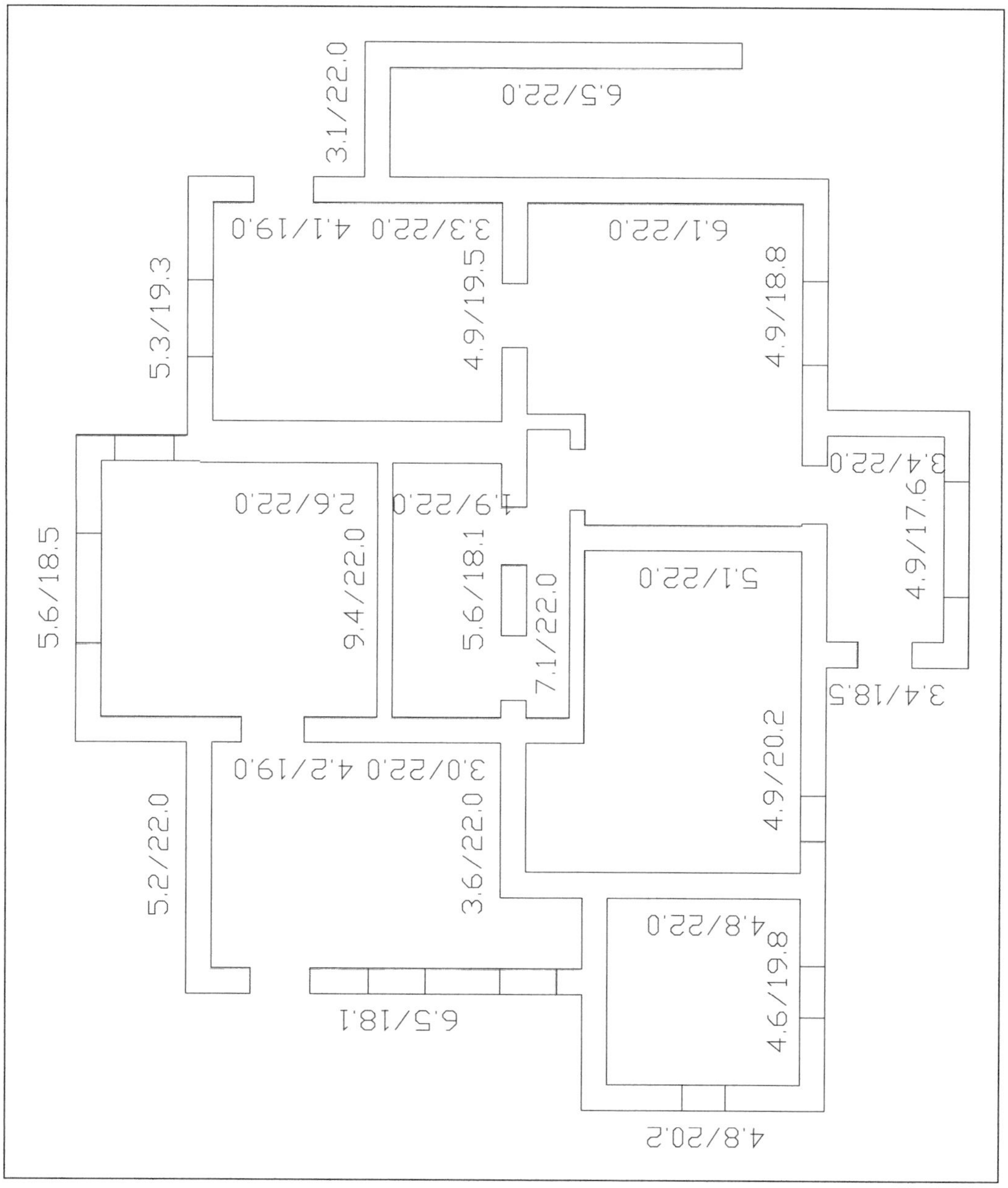

6.5/22.0
3.1/22.0
3.3/22.0
4.1/19.0
6.1/22.0
5.3/19.3
4.9/19.5
4.9/18.8
3.4/22.0
4.9/17.6
5.6/18.5
2.6/22.0
9.4/22.0
1.9/22.0
5.6/18.1
7.1/22.0
5.1/22.0
3.4/18.5
4.9/20.2
3.0/22.0
4.2/19.0
5.2/22.0
3.6/22.0
4.8/22.0
4.6/19.8
6.5/18.1
4.8/20.2

一层墙体高厚比图

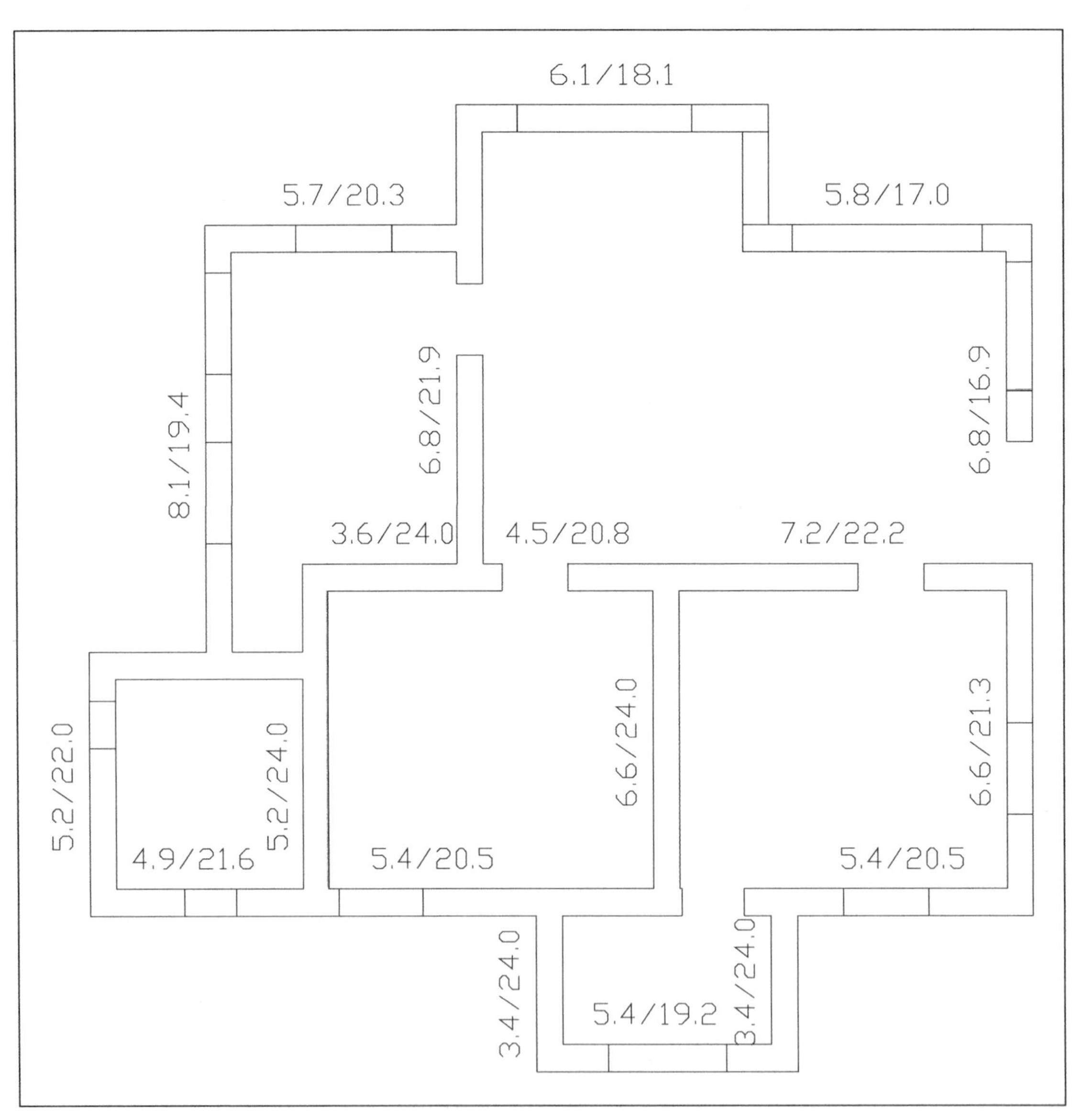
6.1/18.1
5.7/20.3
5.8/17.0
6.8/21.9
8.1/19.4
6.8/16.9
3.6/24.0
4.5/20.8
7.2/22.2
5.2/22.0
5.2/24.0
6.6/24.0
6.6/21.3
4.9/21.6
5.4/20.5
5.4/20.5
3.4/24.0
5.4/19.2
3.4/24.0

二层墙体高厚比图

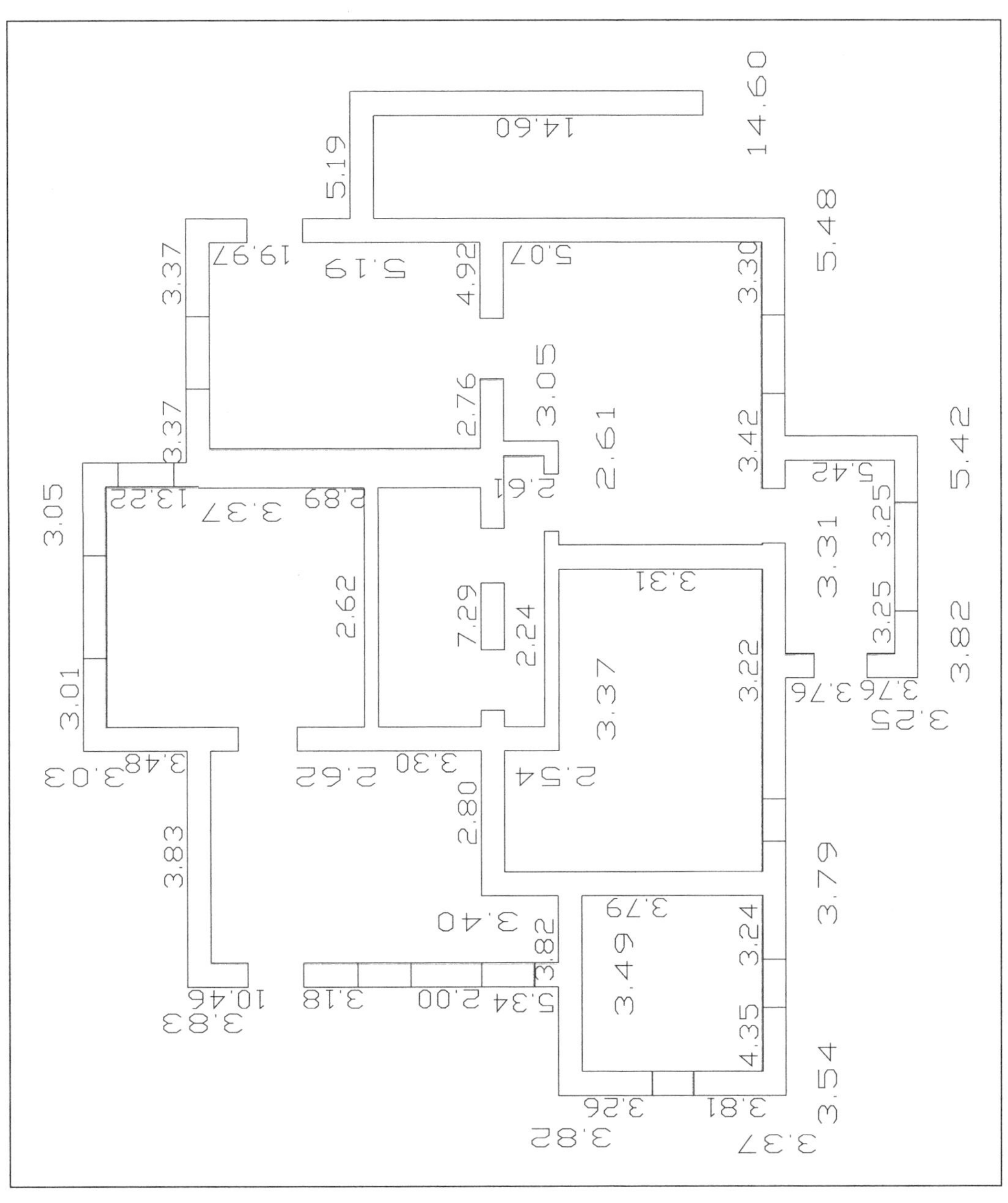

一层抗震简图

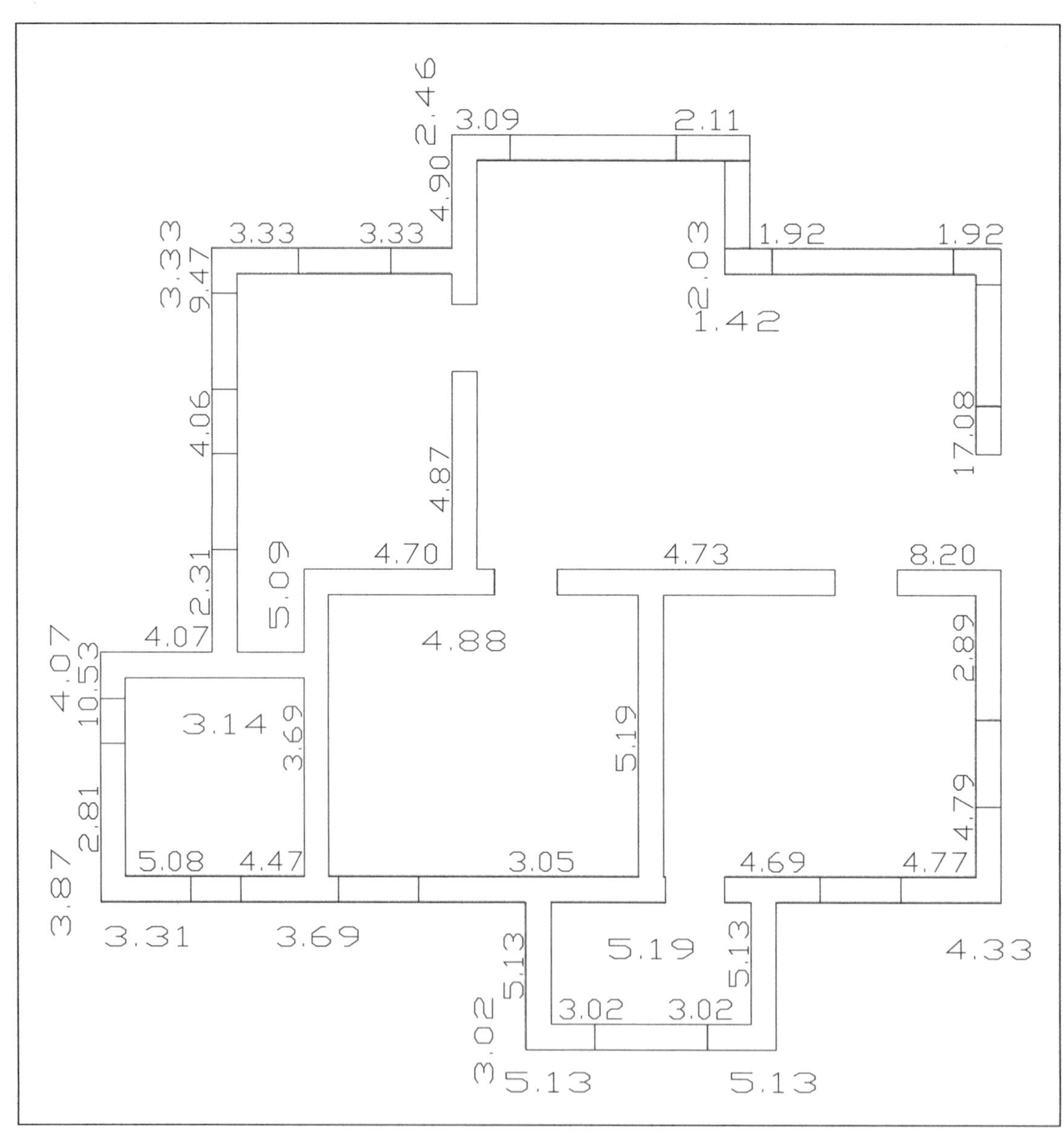
2.46
3.09
2.11
4.90
3.33
3.33
3.33
9.47
1.92
1.92
2.03
1.42
4.06
17.08
4.87
5.09
4.70
4.73
8.20
2.31
4.07
4.88
2.89
4.07
10.53
3.14
3.69
5.19
4.79
2.81
5.08
4.47
3.05
4.69
4.77
3.87
3.31
3.69
5.19
4.33
5.13
5.13
3.02
3.02
3.02
5.13
5.13

二层抗震简图

设计篇

第一章　设计原则与范围

2009 年至 2011 年，对班地聂别墅（6 号楼）、白兰士别墅（8 号楼）、常德立别墅（10 号楼）、来牧师别墅（11 号楼）现存状况进行了勘测调查，详细记录了建筑外立面、屋顶、各层房间的残损现状，通过对建筑残损现状的评估分析，制订了修缮设计方案，以下就其修缮原则、修缮依据、修缮性质、工程范围、修缮工程项目和做法，各类残损及病害的针对性处理措施等分别说明如下：

一、修缮设计原则

本修缮设计遵循下列原则：

1. 坚持“保护为主、抢救第一、合理利用、加强管理”的工作方针，并突出重点修缮工作重点。最大程度保护文物建筑安全，尽可能多地保存各种文物价值的载体。

2. 修缮工作应以科学的分析评估为基础和受损状态和可能发生的危害因素有清晰的判断和应对措施。特别需要加强环境危险因素的治理，防止灾害的进一步影响。

3. 加固修缮中应以结构安全鉴定为基础，以真实完整保护文物价值为原则，对建筑及环境要素进行甄别，在保护修缮过程中对遗产及其环境进行适当的整理工作。

4. 坚持修缮过程中保护措施的可逆性原则，保证修缮后的可再处理性，选择使用与原构相同、相近或兼容的材料，使用传统工艺技法，为后人的研究、识别、处理、修缮留有更准确地判定，提供最准确的变化信息。

5. 在修缮过程中要尊重传统，对建筑风格加以识别。承认建筑风格的多样性、传统工艺的地域性和营造手法的独特性，特别注重保留与继承。

6. 坚持“不改变文物原状”的原则，坚持使用原来的传统材料和传统工艺，保存和恢复其原有形制结构特点、构造材料特色和制作工艺水平。

二、修缮设计依据

1.《中华人民共和国文物保护法》

2.《中华人民共和国文物保护法实施细则》

3.《中国文物古迹保护准则》

4.《文物保护工程管理办法》

5. 有关文物建筑保护的其他法律、条例、规定及相关文件。

6.《秦皇岛北戴河区近代建筑群保护规定》

7. 建筑相关设计规范。

8. 建筑相关历史材料和调查资料。

9. 近代别墅建筑相关历史资料和调查资料。

10. 结构检测报告。

三、修缮性质和工程范围

根据《文物保护工程管理办法》第五条，此次修缮工程属于对班地聂别墅（6 号楼）、白兰士别墅（8 号楼）、常德立别墅（10 号楼）、来牧师别墅（11 号楼）的重点修缮工程。

本次班地聂别墅（6 号楼）、白兰士别墅（8 号楼）、常德立别墅（10 号楼）、来牧师别墅（11 号楼）重点加固和修缮的范围是文物建筑保护范围内的两处别墅建筑。

工程修缮的内容为：

1. 建筑环境的整修。

2. 建筑的外立修缮。

3. 室内空间布局和特色装修的修缮。

4. 建筑结构的加固。

5. 建筑设备的增设。

第二章　修缮措施

一、总体处理措施

针对这四处别墅的现状，根据确定的修缮依据和工程性质，对各种病害类型的处理措施进行统一综述。

（一）重点加固修缮

根据现场勘查情况及质检报告结论确定重点修缮内容包括以下几个方面：

1. 按结构加固修缮要求，对不能满足抗震荷载及渗漏的墙体屋面进行加固处理。

2. 维修更换损毁铁瓦，将来牧师别墅的红色机砖瓦更换成原有的铁瓦，加固松动毛石基础、墙体，更换严重腐朽的木质梁架，恢复建筑原有特色装修，门窗维修油饰。

3. 建筑细部“其用料、材质、规格、色彩，应按原样修复，保持建筑的原有风格”。

（二）保护与恢复

本工程为国家级文物保护单位，因此修缮要求以“最小干预”和“最大限度地保留历史信息”为原则，遵循文物建筑修复原则，基本做到无损、无害施工，保护原有的体貌和机理感。

1. 外墙维修及养护工程。

2. 毛石墙体、木窗及毛石围廊是整个建筑的主要特征，其修复保护措施尤为重要。

3. 拆除不合理的搭建，去除后期加建且没有文物价值的部位，恢复建筑原貌和建筑物原有的色调。

（三）提高安全性和延长使用寿命

为了提高建筑使用安全性，延长建筑使用寿命。在设计时应对建筑有缺陷的部位，如近代建筑普遍出现的墙体屋面防潮层损坏，采取相应的修补更换措施。以及墙体受树根的侵害情况，应采取修剪加固保护措施。

（四）改善设施延续利用

在修缮过程中应该尽最大的可能使现代设施设备与民国时期建筑风格协调一致。完善机电、弱电、消防、泛光照明、空调、安防等设施。为不影响室内外的整体效果，所有的管线都采用明管敷设。

二、班地聂别墅（6 号楼）主要问题修缮措施

（一）现场整体清理

对班地聂别墅及院内各处的建筑进行系统的整体清理。此项工作包含场地垃圾清理、房间内部清理、现存建筑的排险加固等几方面。

进行清理时应做好安全防范工作，特别是在建筑围廊檐口易滑落部位构件，应采取临时保护措施。进行现场清理的人员要落实好安全措施（如安全帽、安全网、安全带、脚手架牢固）。另外，还需派专职安全员看管工地，保证文物安全和人身安全。

（二）台基、台阶

1. 对台基边墙及铺装进行整体清理和归安。更换破损严重的铺装方砖及花岗岩石材，按原做法进行复原。

2. 对入口台阶磨损局部破损严重的花岗岩条石进行逐一进行清理，更换严重受损

与水泥浇注的条石，更换的条石按传统做法进行复原。

（三）外墙面、外立面

1. 根据结构加固要求对墙体加固后，按原墙面材质、工艺，统一新作墙体抹灰层。

2. 墙面涂料层应为淡黄色，颜色具体色泽应对照现有墙面叠加中的淡黄色涂料一致。

（四）室内外地面修复

1. 围廊水泥地面考虑整体协调性，统一剔除水泥面层，重新作水泥砂浆面层。

2. 清理室内木地板地面，去除木地板上灰尘及杂物，根据木地板损毁程度采取针对性修缮措施。

（五）室内壁柜、壁炉

1. 室内木壁柜、壁炉等是民国时期特有的建筑装饰风格，在修缮加固中，必须恢复保护其历史时期的物件。

2. 对于破损缺失的予以补配，补配构件应与原构件的材质、质量、纹理一致。

（六）围廊石柱及木花格的修缮加固

1. 对无光彩、脱落、起皮、开裂的漆面进行退漆。退漆后再进行油漆。

2. 被配缺石块，归安加固构件。

（七）建筑屋面修缮加固

1. 平屋面上的增搭建，应作清除处理，增添或改善隔热层、防水层。

2. 修复损坏的屋面结构层，应有足够的泛水坡度，应有隔气层。

（八）整体结构加固

根据结构检验报告及建筑结构加固设计要求，对墙体进行加固处理。

（九）残损构件修复

对受损的各建筑构件应仔细检查受损程度，详细记录其残损情况，然后由相关专业人员确定维修方案，由设计方确认后进行系统维修。受损严重的构件予以更换。更换的建筑构件均按照历史时代原有材料、原有式样、原有工艺进行复原。

（十）安全疏散与无障碍设施的建设

1. 在不影响结构安全和建筑风貌的前提下，建筑北侧可增设坡道和无障碍等方便老人和残疾人使用的设备。

2. 由于建筑体量较小，目前能满足安全疏散要求。

（十一）基础设施改善

针对该建筑现有电力、给排水、消防和安防监控等基础设施设备已陈旧、老化、破坏严重，满足不了现代功能的需要的问题。

1. 应根据功能需要与文物保护单位的安全防护要求统一进行设计与施工，改善更新基础设施，使其满足日常使用要求。

2. 破损的防雷设施，及时予以重新安装。基础设施的布置与安装建议另行委托专业部门实施。

3. 修缮后，应加强对基础设施的日常检查和管理。

（十二）重点保护内容

1. 室外环境

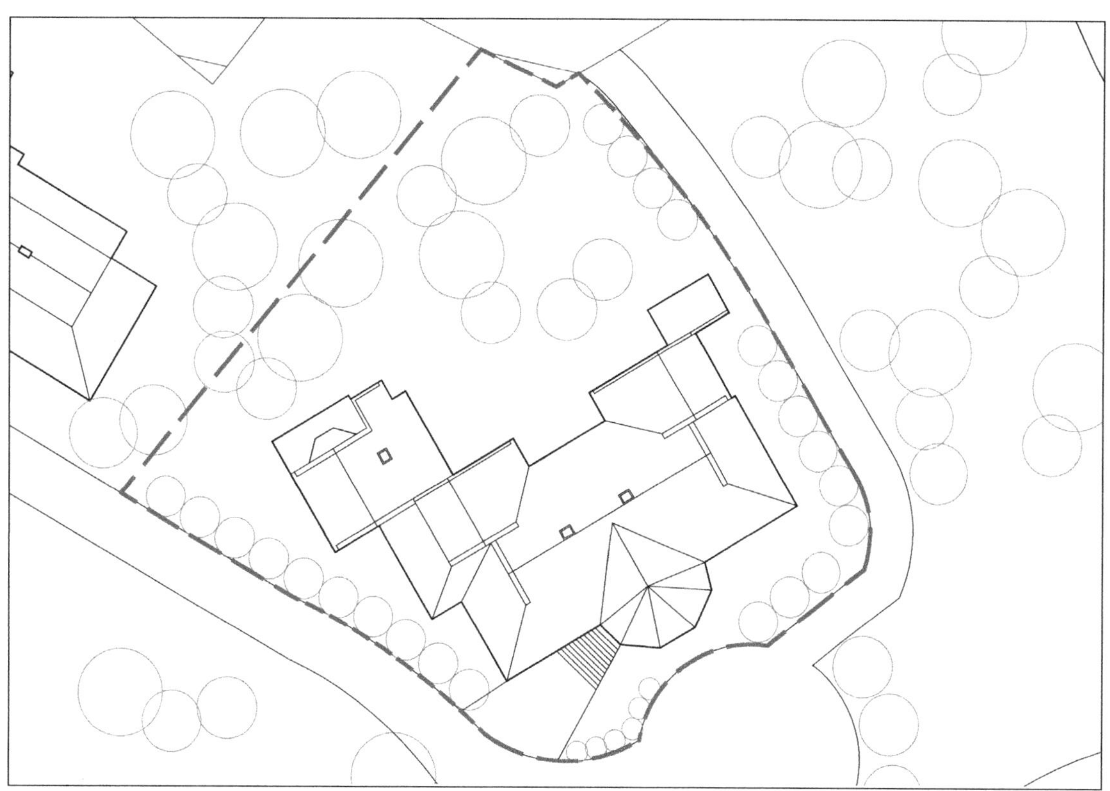

保护内容：建筑建设控制地带范围内的油松、国槐等古树及花花草树木等景观资源。

2. 外立面

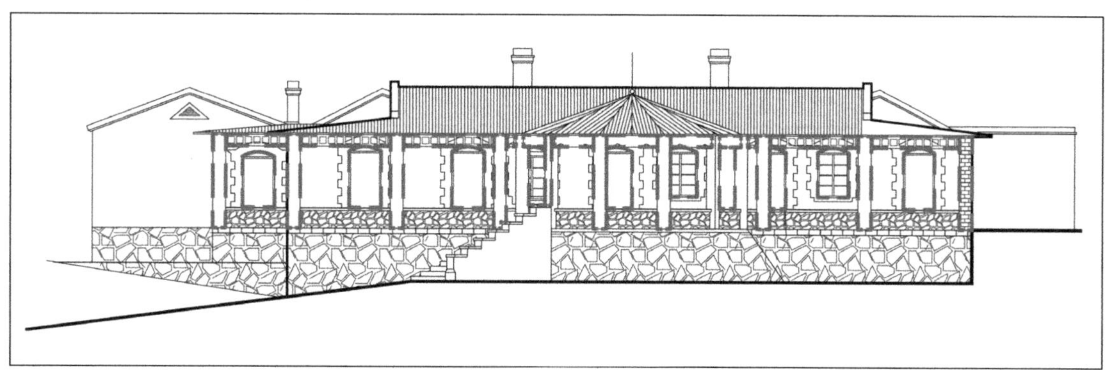

保护内容：外立面保护内容包括石廊柱、廊柱间木花格、百叶门窗、百叶窗间墙面凹凸纹理装饰造型。

3. 历史空间格局

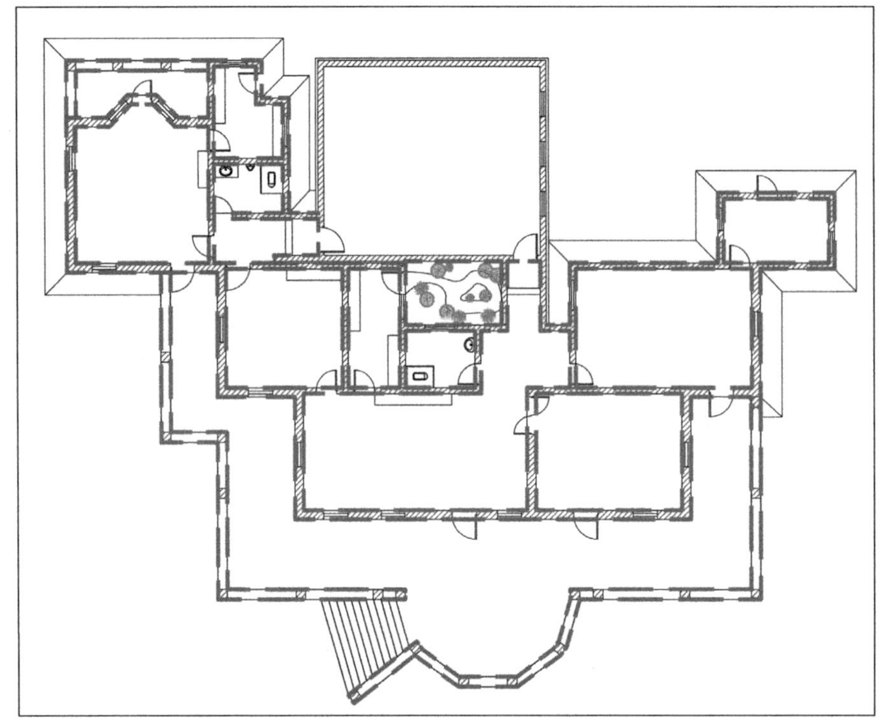

保护内容：墙体、地面、吊顶围合的历史空间格局。

4. 青砖阁楼及烟囱

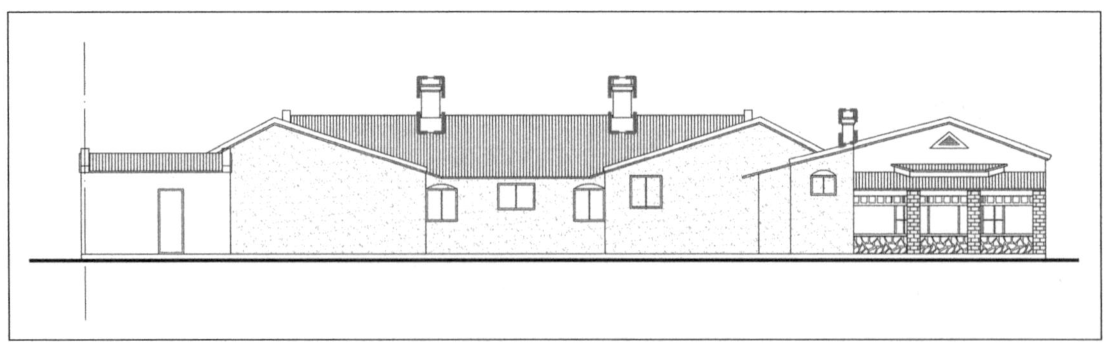

保护内容：青砖砌筑的欧式阁楼及烟囱。

5. 木梁架、木地板、木楼梯、壁柜、壁炉

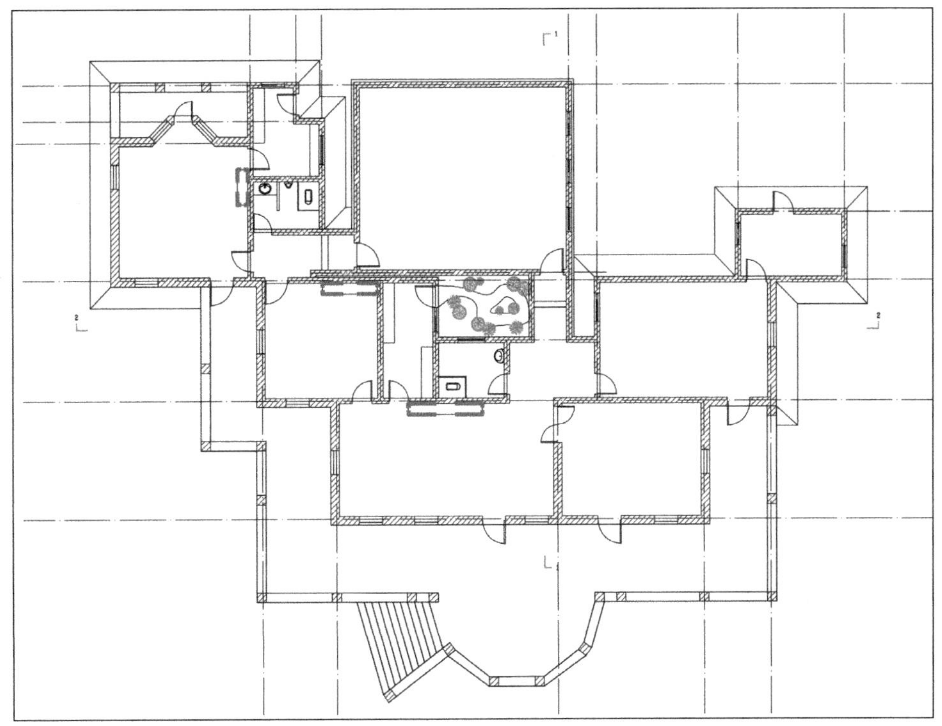

保护内容：吊顶内部的木梁架结构；室内的木地板地面、木楼梯、壁柜、壁炉。

6. 铁瓦屋面、铁质雨水管

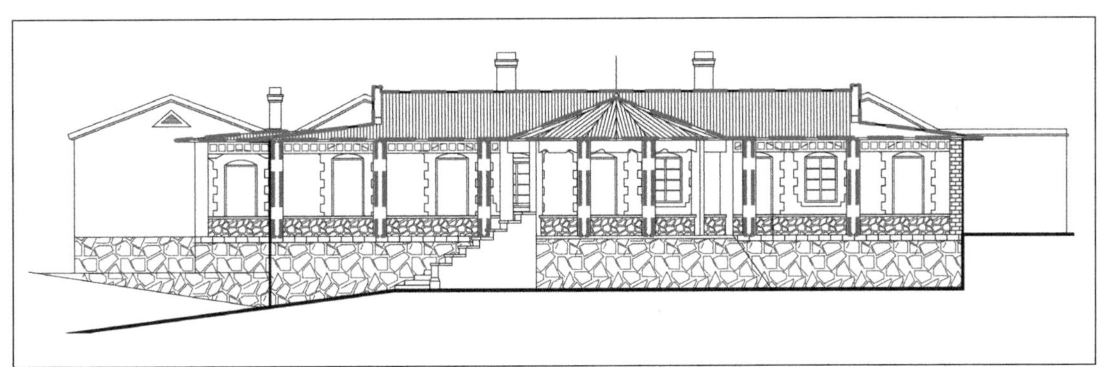

保护内容：铁瓦屋面、铁质雨水管。

三、白兰士别墅（8 号楼）主要问题修缮措施

（一）现场整体清理

对白兰士别墅及院内各处的建筑进行系统的整体清理。此项工作包含场地垃圾清理、房间内部清理、现存建筑的排险加固等几方面。

进行清理时应做好安全防范工作，特别是在建筑围廊檐口易滑落部位构件，应采取临时保护措施。进行现场清理的人员要落实好安全措施（如安全帽、安全网、安全带、脚手架牢固）。另外，还需派专职安全员看管工地，保证文物安全和人身安全。

（二）台基、台阶

1. 对台基边墙及铺装进行整体清理和归安。更换破损严重的铺装方砖及花岗岩石材，按原做法进行复原。

2. 对入口台阶磨损局部破损严重的花岗岩条石进行逐一进行清理，更换严重受损与水泥浇注的条石，更换的条石按传统做法进行复原。

（三）外墙面、外立面

1. 根据结构加固要求对墙体加固后，按原墙面材质、工艺，统一新作墙体抹灰层。

2. 墙面涂料层应为淡黄色，颜色具体色泽应对照现有墙面叠加中的淡黄色涂料一致。

（四）室内外地面修复

1. 围廊水泥地面考虑整体协调性，统一剔除水泥面层，重新作水泥砂浆面层。

2. 清理室内木地板地面，去除木地板上灰尘及杂物，根据木地板损毁程度采取针对性修缮措施。

（五）室内壁柜、壁炉

1. 室内木壁柜、壁炉等是民国时期特有的建筑装饰风格，在修缮加固中，必须恢复保护其历史时期的物件。

2. 对于破损缺失的予以补配，补配构件应与原构件的材质、质量、纹理一致。

（六）围廊木柱、木雀替及木花格的修缮加固

1. 对无光彩、脱落、起皮、开裂的漆面进行退漆。退漆后再进行油漆。

2. 被配缺失木雀替，归安加固木构件。

（七）建筑屋面修缮加固

1. 平屋面上的增搭建，应作清除处理，增添或改善隔热层、防水层。平屋面。

2. 修复损坏的屋面结构层，应有足够的泛水坡度，应有隔气层。

（八）整体结构加固

根据 2009 年 12 月秦皇岛工程质量监督检查中心检查报告及建筑结构加固设计要求，对楼面墙体进行加固处理。

（九）残损构件修复

对受损的各建筑构件应仔细检查受损程度，详细记录其残损情况，然后由相关专业人员确定维修方案，由设计方确认后进行系统维修。受损严重的构件予以更换。更换的建筑构件均按照历史时代原有材料、原有式样、原有工艺进行复原。

（十）安全疏散与无障碍设施的建设

1. 在不影响结构安全和建筑风貌的前提下，建筑北侧可增设坡道和无障碍等方便老人和残疾人使用的设备。

2. 由于建筑体量较小，目前能满足安全疏散要求。

（十一）基础设施改善

针对该建筑现有电力、给排水、消防和安防监控等基础设施设备已陈旧、老化、破坏严重，满足不了现代功能的需要的问题：

1. 应根据功能需要与文物保护单位的安全防护要求统一进行设计与施工，改善更新基础设施，使其满足日常使用要求。破损的防雷设施及时予以重新安装。基础设施的布置与安装建议另行委托专业部门实施。

2. 修缮后，应加强对基础设施的日常检查和管理。

（十二）重点保护内容

1. 室外环境

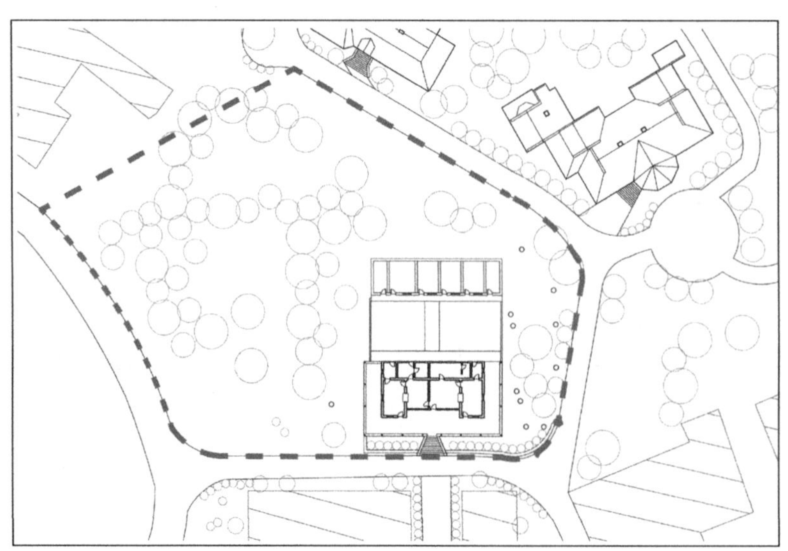

保护内容：建筑建设控制地带范围内的油松、国槐等古树及花花草树木等景观资源。

2. 外立面

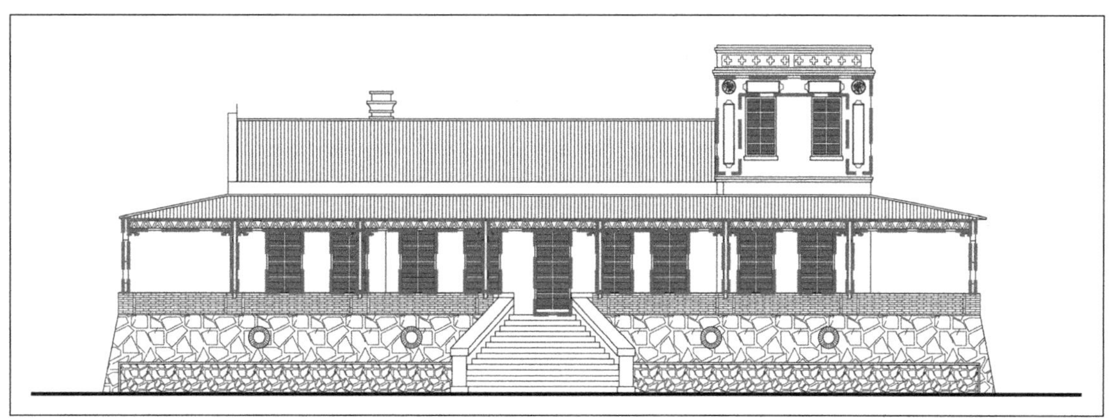

保护内容：外立面保护内容包括木廊柱、木雀替、廊柱间木花格、百叶门窗、百叶窗间墙面凹凸纹理装饰造型。

3. 历史空间格局

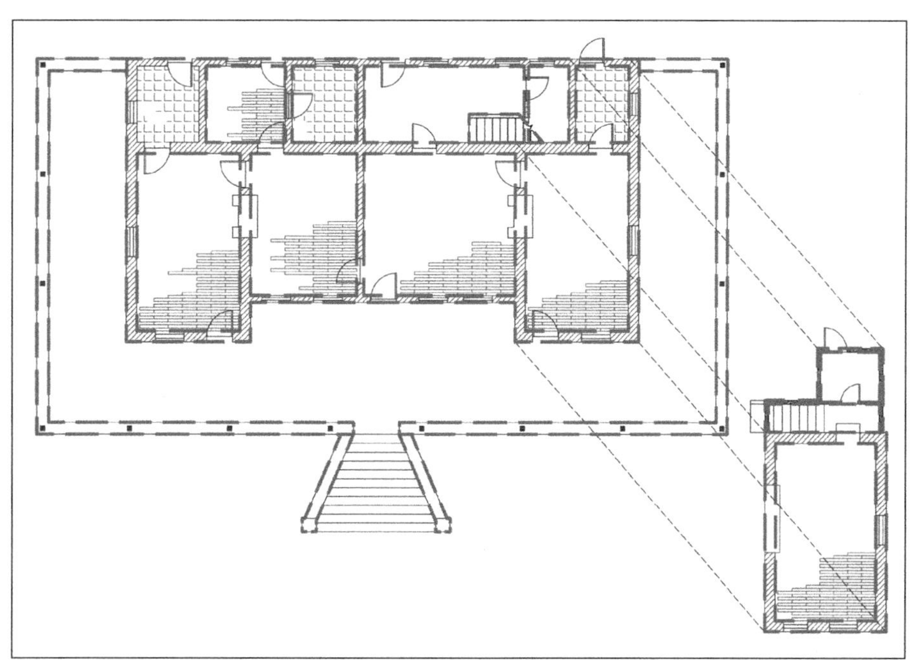

保护内容：墙体、地面、吊顶围合的历史空间格局

4. 青砖阁楼及烟囱

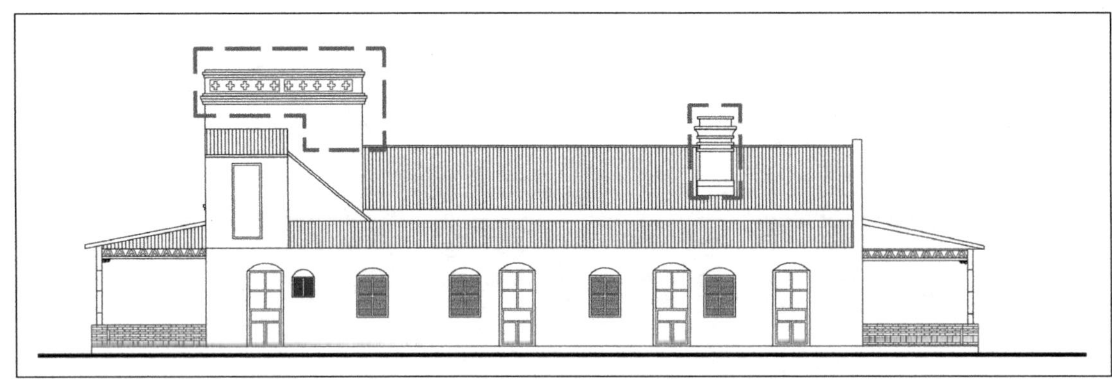

保护内容：青砖砌筑的欧式阁楼及烟囱。

5. 木梁架、木地板、木楼梯、壁柜、壁炉

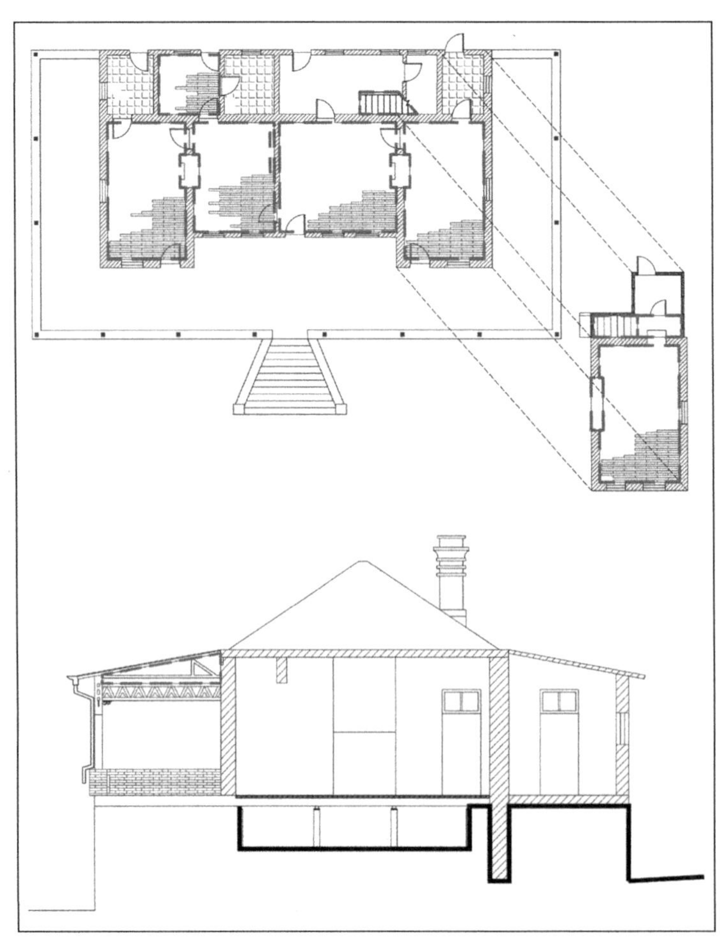

保护内容：吊顶内部的木梁架结构；室内的木地板地面、木楼梯、壁柜、壁炉。

6. 铁瓦屋面、铁质雨水管

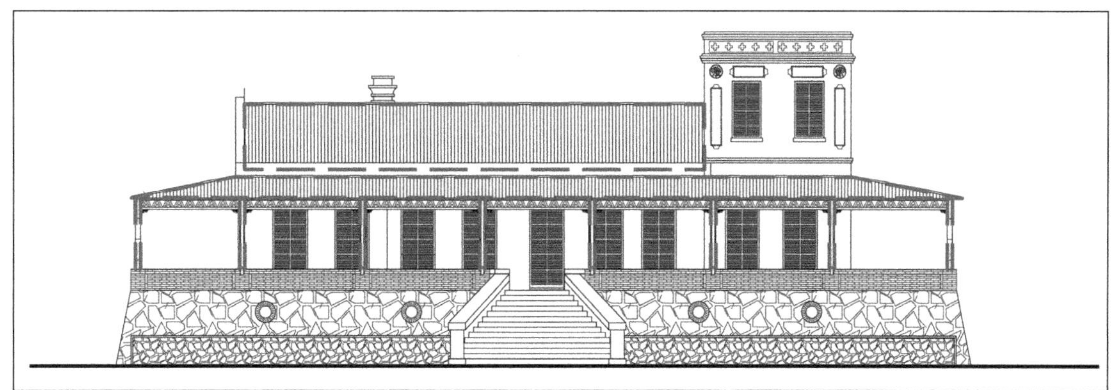

保护内容：铁瓦屋面、铁质雨水管。

四、常德立别墅（10 号楼）主要问题修缮措施

（一）现场整体清理

对常德立别墅及一层闲置空间各处的建筑进行系统的整体清理。此项工作包含场地垃圾清理、房间内部清理、现存建筑的排险加固等几方面。

进行清理时应做好安全防范工作，特别是在建筑围廊檐口易滑落部位构件，应采取临时保护措施。进行现场清理的人员要落实好安全措施（如安全帽、安全网、安全带、脚手架牢固）。另外，还需派专职安全员看管工地，保证文物安全和人身安全。

（二）台基、台阶

1. 对台基边墙及铺装进行整体清理和归安。更换破损严重的及花岗岩毛石石材，按原做法进行复原。

2. 对入口台阶的光面花岗条石及护墙的铺装材料，更换成与建筑整体风格一致的毛石面层，按传统做法进行复原。

（三）外墙面、外立面

1. 根据结构加固要求对墙体加固后，按原墙面材质、工艺，统一新做墙体勾缝。

2. 墙面涂料层应为淡黄色，颜色具体色泽应与现有墙面叠加中的淡黄色涂料一致。

（四）室内外地面修复

1. 围廊现代瓷砖地面考虑整体协调性，统一剔除现代瓷砖面层，重新做水泥地面。

2. 清理室内木地板地面，去除木地板上灰尘及杂物，根据木地板损毁程度采取针对性修缮措施。

（五）围廊毛石柱的修缮加固

柱子局部毛石松动的进行归安及勾缝。

（六）建筑屋面修缮加固

坡屋面增添或改善隔热层、防水层。

修复损坏的屋面结构层，应有足够的泛水坡度，应有隔气层。

（七）整体结构加固

根据秦皇岛市燕山大学检查报告及建筑结构加固设计要求，对楼面墙体进行加固处理。

（八）残损构件修复

对受损的各建筑构件应仔细检查受损程度，详细记录其残损情况，然后由相关专业人员确定维修方案，由设计方确认后进行系统维修。受损严重的构件予以更换。更换的建筑构件均按照历史时代原有材料、原有式样、原有工艺进行复原。

（九）安全疏散与无障碍设施的建设

在不影响结构安全和建筑风貌的前提下，建筑北侧可增设坡道和无障碍等方便老人和残疾人使用的设备。

由于建筑体量较小，目前能满足安全疏散要求。

（十）基础设施改善

针对该建筑现有电力、给排水、消防和安防监控等基础设施设备已陈旧、老化、破坏严重，满足不了现代功能的需要的问题。应根据功能需要与文物保护单位的安全防护要求统一进行设计与施工，改善更新基础设施，使其满足日常使用要求。破损的防雷设施，及时予以重新安装。基础设施的布置与安装建议另行委托专业部门实施。

修缮后，应加强对基础设施的日常检查和管理。

（十一）重点保护内容

1. 室外环境

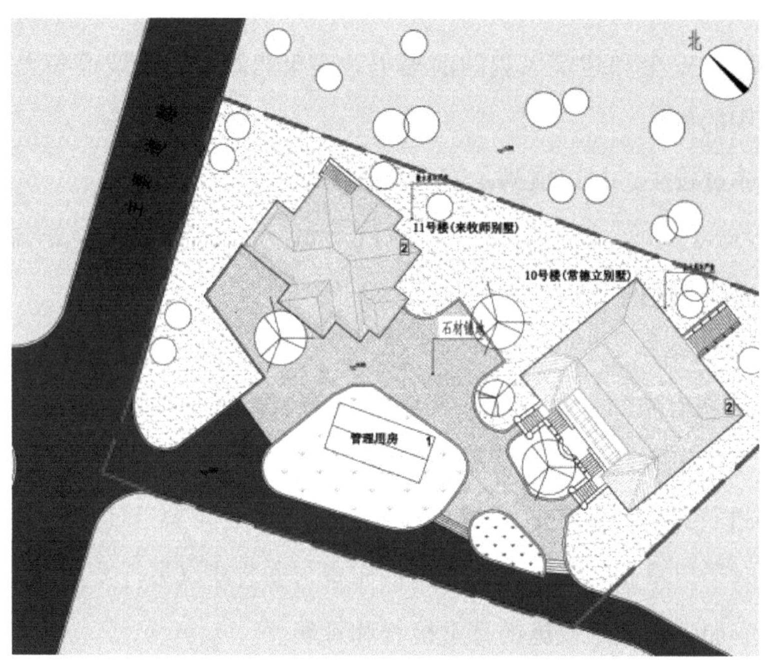

保护内容：建筑建设控制地带范围内的油松、过榭等古树及花花草树木等景观资源。

2. 外立面

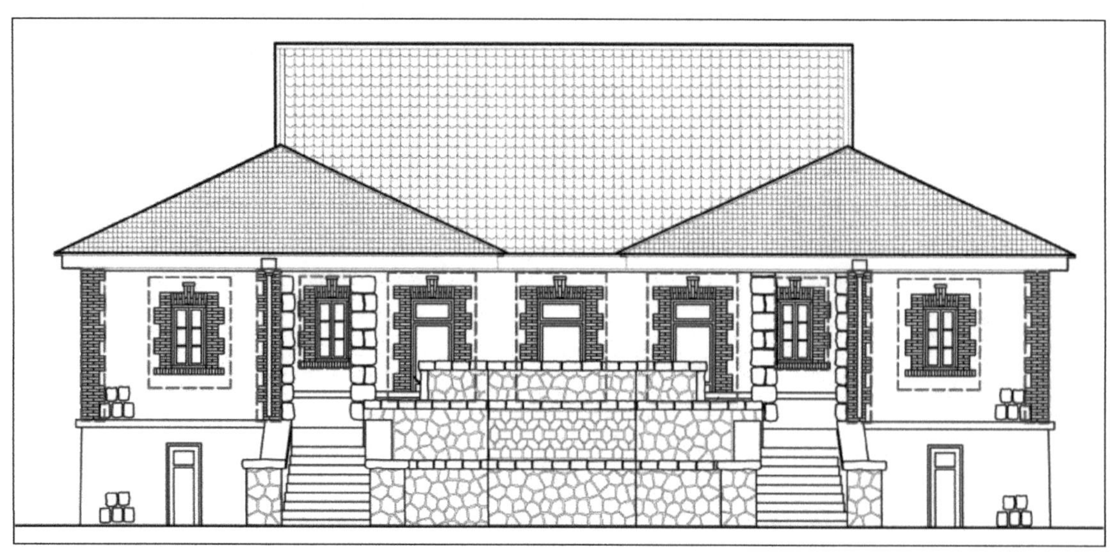

保护内容：外立面保护内容包括石廊柱、百叶门窗、百叶窗间墙面凹凸纹理装饰造型。

3. 历史空间格局

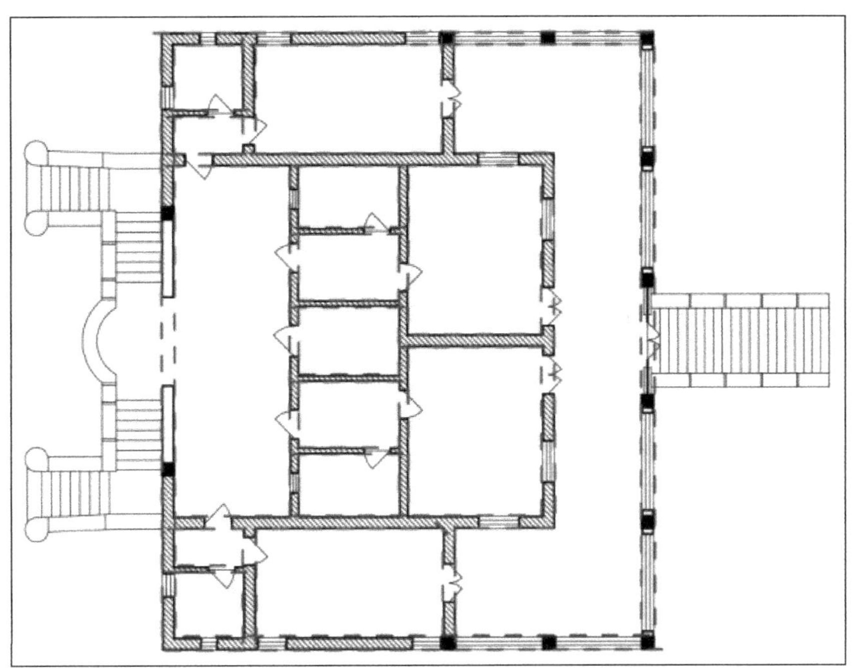

保护内容：墙体、地面、吊顶围合的历史空间格局

4. 木梁架、木地板

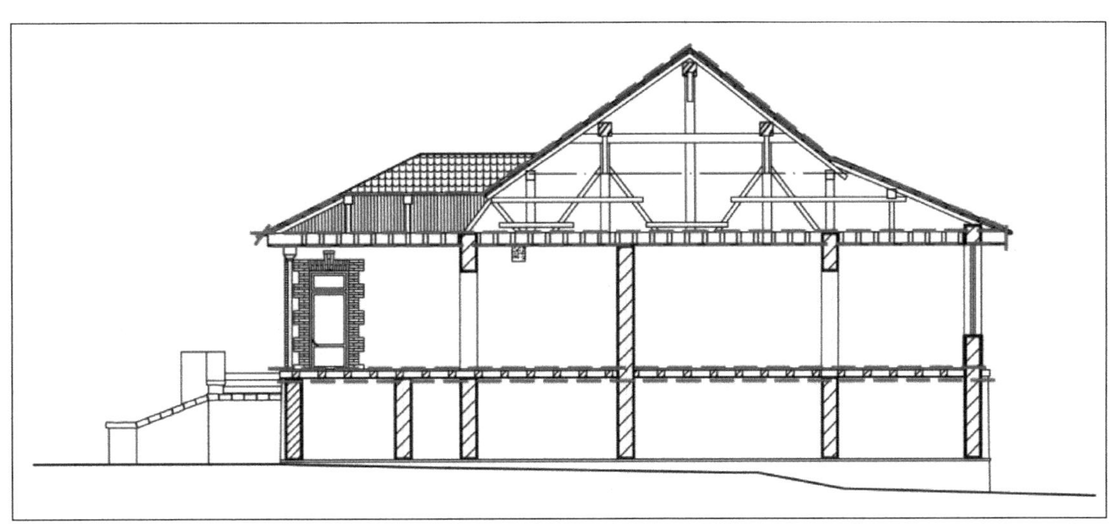

保护内容：木梁架结构。

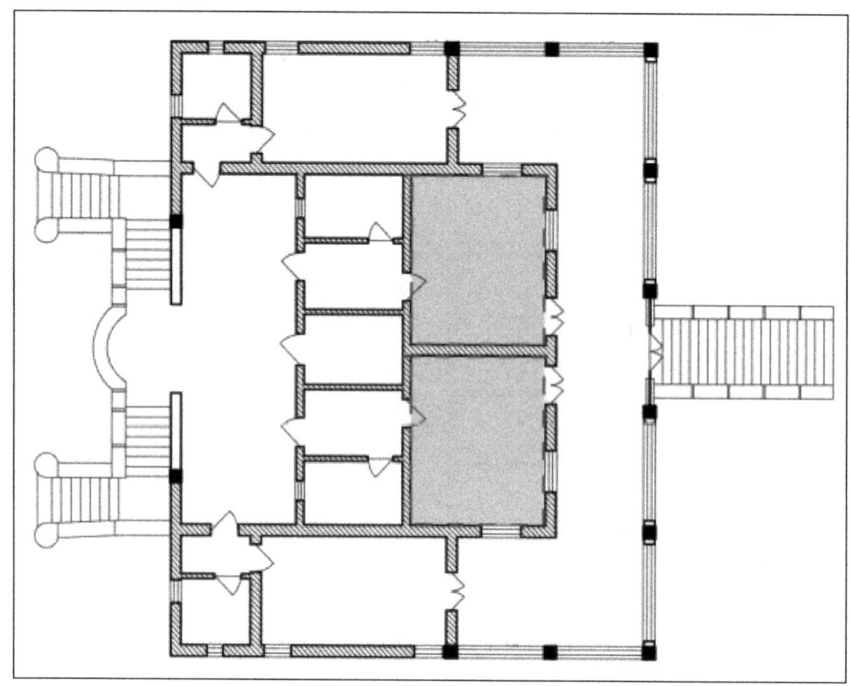

保护内容：室内的木地板地面。

5. 铁瓦屋面、铁制雨水管

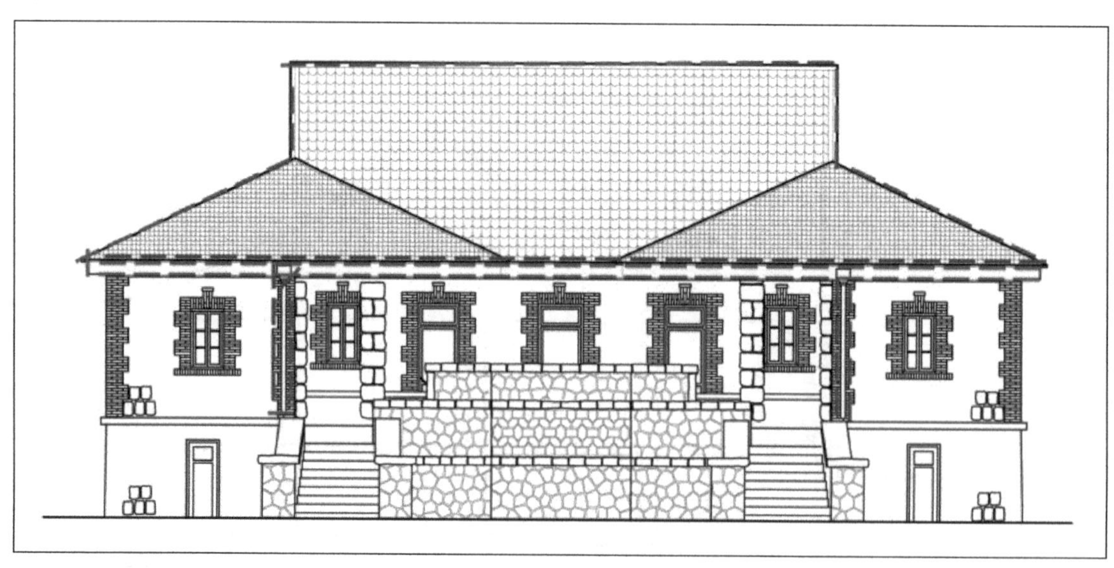

保护内容：铁瓦屋面、铁制雨水管

五、来牧师别墅（11 号楼）主要修缮措施

（一）现场整体清理

对来牧师别墅及院内各处的建筑进行系统的整体清理。此项工作包含场地垃圾清理、房间内部清理、现存建筑的排险加固等几方面。

进行清理时应做好安全防范工作，特别是在建筑围廊檐口易滑落部位构件，应采取临时保护措施。进行现场清理的人员要落实好安全措施（如安全帽、安全网、安全带、脚手架牢固）。另外，还需派专职安全员看管工地，保证文物安全和人身安全。

（二）台阶

1. 对东侧台阶进行重新铺装，使用花岗岩条石，采用白灰砂浆勾缝，做法与风格参照西北角台阶。

2. 对西北角台阶有裂缝的花岗岩条石进行清理归安，统一剔除原有砂浆勾缝，重新使用白灰砂浆统一勾缝。

（三）外墙面、外立面

1. 根据结构加固要求对墙体加固后，按原墙面材质、工艺，统一新作墙体勾缝。

2. 墙面涂料层应为淡黄色，颜色具体色泽应对照现有墙面叠加中的淡黄色涂料一致。

（四）地面修复

清理室内木地板地面，去除木地板上灰尘及杂物，根据木地板损毁程度采取针对性修缮措施。

卫生间地面，有较为严重的锈蚀，瓷砖应进行更换，宜使用白色或浅灰色铺装，与建筑整体风格协调。

一层地面需进行彻底清理，统一剔除面层，重做水泥砂浆面层。

（五）门窗的修复

对于缺失的百叶窗，依照统一风格进行增补。

对于油漆统一清除后，重新油漆。

（六）围廊石柱修缮

统一剔除水泥勾缝，统一使用白灰砂浆重新进行勾缝。

（七）建筑屋面修缮加固

屋顶统一更换为铁瓦，施工中增添或改善隔热层、防水层。

（八）整体结构加固

根据结构检验报告及建筑结构加固设计要求，对墙体进行加固处理。

（九）重点保护内容

1. 室外环境

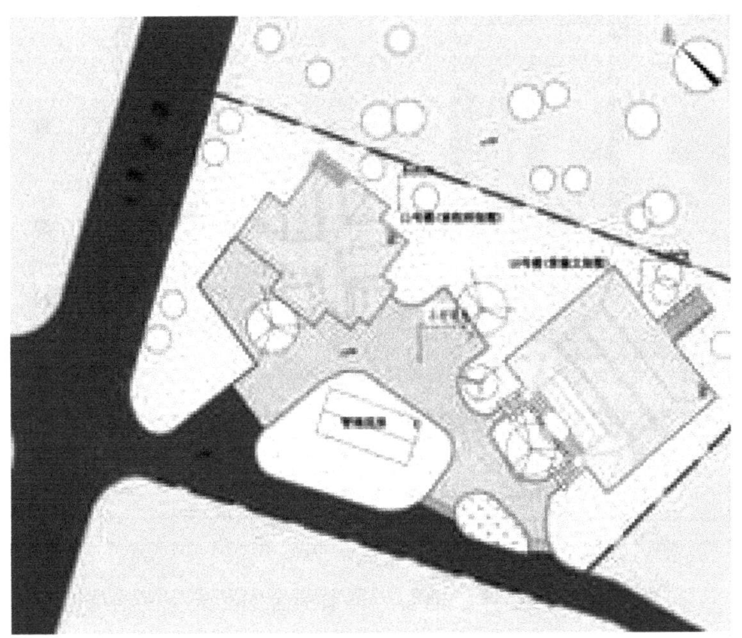

保护内容：建筑建设控制地带范围内的油松、过槐等古树及花花草树木等景观资源。

2. 外立面

保护内容：外立面保护内容包括石廊柱、百叶门窗、百叶窗间墙面凹凸纹理装饰造型。

3. 历史空间格局

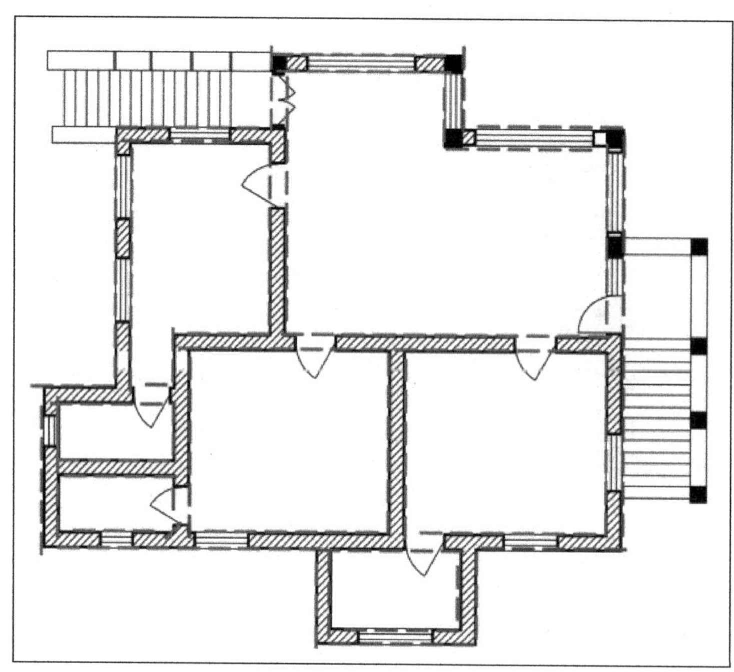

保护内容：墙体、地面、吊顶围合的历史空间格局

4. 木梁架、木地板

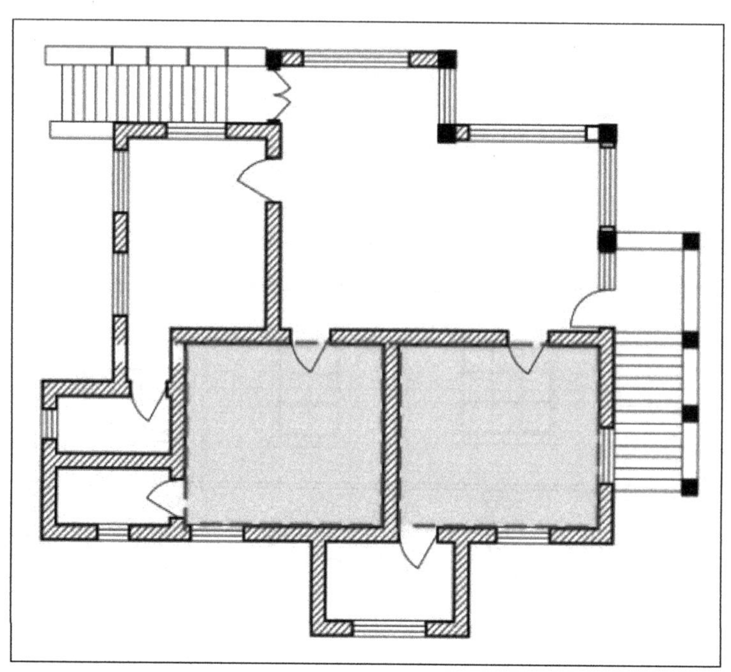

保护内容：吊顶内部的木梁架结构；室内的木地板地面、木楼梯、壁柜、壁炉。

5. 铁瓦屋面、铁质雨水管

保护内容：铁质雨水管。

六、基础设施措施

（一）消防系统

1. 应设有室外消火栓给水系统，火灾监测系统和建筑灭火器配置组成。

2. 室外消火栓系统，室外消防水源采用城市给排水管网。室外采用生活用水与消防用水合用管道系统。室外消防采用低压制给水系统，由城市自来水直接供水，发生火灾时，由城市消防车从现场室外灭火。

3. 建筑灭火器系统，按 A 类火灾轻危险级设计，采用手提式干粉灭火器。

4. 管线穿墙不应破坏墙体承重结构，尽量采用明线，明管安装。

（二）监控系统

1. 建筑围廊、室内房间等重要场所设监视摄像机，在消防控制室内实现对现场监控。

2. 负荷级别：应急照明、消防控制室用电为一级负荷。

3. 除原有暗线敷设管路的继续沿用外，原则上不得重新设计凿墙挖地等暗敷管线。

（三）防雷系统

1. 首先对本建筑落雷和雷电路径、本建筑易遭雷击的部位进行详细的勘察，按《建筑物防雷设计规范》GB 50057–94 进行建筑防雷设计。

2. 聘请具有防雷工程专业设计和施工资质的单位进行本建筑防雷的设计和施工。

第三章　修缮方案

一、班地聂别墅（6 号楼）修缮方案

（一）建筑修缮方案

1. 台基及入口台阶

（1）台基

残损现状：毛石墙基础，水泥砂浆勾缝。局部墙面有后加固的水泥勾缝痕迹。

修缮方法：根据结构质量检测报告及毛石墙台基结构加固措施对毛石墙加固后，统一对毛石墙基进行白灰砂浆勾缝，要求勾缝整洁、平整统一，白灰砂浆尽量为灰白色。

（2）入口台阶

残损现状：台阶为黄白色花岗岩条石铺墁，水泥勾缝。台阶两侧护墙为红砖砌筑，红砖后刷仿灰砖涂料墙帽。台阶条石普遍磨损、污染严重，原花岗岩条石墙帽缺失，现为仿灰砖涂料墙帽。

修缮方法：清理台阶条石污染物，使台阶表面整洁统一。剔除仿灰砖涂料墙帽，参考备注照片材料做法新作花岗岩条石墙帽。新作的墙冒与台阶统一协调，牢固完整。

2. 廊柱（花岗岩石材廊柱）

残损现状：灰白色花岗岩块石砌筑的廊柱。廊柱整体完好，勾缝普遍被改造为水泥勾缝。

修缮方法：去除现有水泥勾缝表层，恢复为白水砂浆勾缝。

备注：石廊柱为本建筑的重点保护对象，对其修缮时应谨慎处理，修缮时应保证石廊柱的结构安全。

3. 梁架

残损现状：白灰吊顶封护，内部木梁架残损情况不详。

修缮方法：根据木梁架结构残损程度采取相应的加固措施，具体加固措施详见结构加固措施。

4. 墙体

（1）建筑墙体

残损现状：370 毫米厚青砖砌筑，白灰砂浆勾缝，麻刀灰找平，白灰抹面。经勘察，未见明显的墙体裂缝，墙体白灰抹面层普遍干裂，污染变暗。

修缮方法：根据结构加固要求对墙体加固后，按原墙面材质、工艺，统一新作墙体抹灰层；材料的配合比应试配，面层抹灰应试样，达到设计效果后再全面施工；有特殊效果的饰面，材料的粒径、质感、色泽应与原墙面基本一致，接缝紧密，表面层的工艺及纹样应与原墙面一致。

备注：墙面涂料层应为淡黄色，颜色具体色泽应对照现有墙面叠加中的淡黄色涂料一致。

（2）围廊墙体

残损现状：花岗岩块石砌筑墙体，水泥勾缝；墙帽为水泥浇筑外抹淡黄色防水漆。原为白灰砂浆勾缝破损后改用水泥勾缝；花岗岩条石墙帽缺失，现为水泥刷漆。

修缮方法：剔除围廊矮墙水泥抹面，统一重新作花岗岩条石台面，去除水泥勾缝，统一使用白灰砂浆勾缝。墙面严重损坏风化，要用挖补、镶补，或用黏土面砖嵌补等方法。灰缝的修补，应剔除损坏的灰缝，出清浮灰，宜按原材料和嵌缝形式修补，修复后，灰缝应平直、密实、无松动、断裂、漏嵌。修补后墙面应色泽协调表面平整、头角方正、无空鼓。

5. 门窗

（1）室外百叶门窗

残损现状：百叶木门窗基本完好，局部门窗扇位移、歪闪磨损严重；木饰油漆普遍干裂褪色，门窗铁连接件把手缺失等。

修缮方法：对移位受损的所有门窗进行归位和维修，对榫卯松脱、框边变形、扭闪的隔扇门窗，采取整扇拆卸，重新归安；边挺和抹头劈裂糟朽时应钉补牢固，严重者应予以更换；糟朽、蛀蚀严重的门窗按原式样、材质重新复原，作防腐、防虫处理后归安。

（2）室内百叶门窗

残损现状：木格玻璃窗基本完好，局部门窗扇位移、歪闪磨损严重；木饰油漆普遍干裂褪色，部分门窗铁连接件、玻璃、把手缺失等。

修缮方法：木门窗及五金件的修缮以按原样的修复原则进行修缮，施工单位必须事先对历史建筑的木门窗进行统计及调查，取得现场的相关历史图纸的实样，进行厂方的深化设计图后，方仿制的木门窗实样。设计要求实样木门窗材质应与保留木门窗材质一致，木材基层应先刷底子油漆，再刷新油漆：木门窗必须进行门窗开启核正，使门窗关闭严密，开启灵活，方可安装五金零件；所安装的五金零件位置应正确，使用应灵活，松紧适宜，安装螺钉不应有松动现象：应检查原有执手、撑杆、合叶等五金件，尽量去锈，并尽量恢复原有五金件。

6. 装修装饰

（1）围廊前檐装饰

残损现状：围廊前檐下装饰为檐下木廊柱之间连接的高 390 毫米、厚 50 毫米的木花格。木花格为当地松木；木花格边框油饰绿色油漆。现存木花格基本完好，局部连接松动，油漆普遍干裂褪色严重。

修缮方法：对木花格进行归位和维修，扭闪的应钉补牢固，严重的应予以更换；对脱落、起皮、开裂的漆面进行退漆，退漆后再进行油漆。

（2）室内家具、壁炉等装饰

残损现状：目前，室内为废弃空房间，大部分历史时期的家具装饰无存；现室内有大理石汉白玉壁炉两处。现存壁柜多为壁柜的背板、隔板等，主要壁柜件缺失；现存壁炉磨损严重。

修缮方法：按民国早期风格补配家具及壁柜缺失构件；维修现存壁炉，清理修补欧式木壁炉构件，统一油饰。

7. 楼板吊顶

（1）室内吊顶

残损现状：普遍房间白灰吊顶无明显沉降裂缝痕迹。N1 室内局部吊顶受潮发霉。

修缮方法：屋面增设防水层，去除吊顶抹灰层，重新作吊顶面层。

（2）围廊吊顶

残损现状：围廊吊顶白灰层普遍起壳开裂，局部吊顶轻微下沉。

修缮方法：去除现有吊顶白灰层，维修吊顶木板条，补配破损严重及缺失的木板条，钉牢吊顶木条，使其平整，统一新作白灰面层。

8. 屋面

（1）铁瓦坡顶屋面

残损状况：铁瓦屋面基本完好，普遍油漆剥落褪色，局部锈蚀严重。

修缮方法：由于屋面铁瓦年久失修，因此，需要局部揭瓦维修；拆卸瓦件前，应详细记录拆卸的构件的规格、位置、有无防水处理；拆卸后对铁瓦进行清理，更换锈蚀渗漏严重的铁瓦片，统一刷防锈蚀及防水油漆两至三道；安装时严格按拆卸记录予以修复及复原，安装时应注意与基座的连接应安全、牢固、可靠。配件要根据构件部位的材质、规格及尺寸进行选择，既要保证质量又要尽量考虑构件统一。

（2）雨水管

残损状况：铁质排水管件基本完好，局部管件，生锈松动；前檐北侧排水槽锈蚀漏雨严重。

修缮方法：更换锈蚀严重的排水管件，加固管件连接，统一刷防锈蚀及防水油漆两至三道。

（二）修缮设计图纸

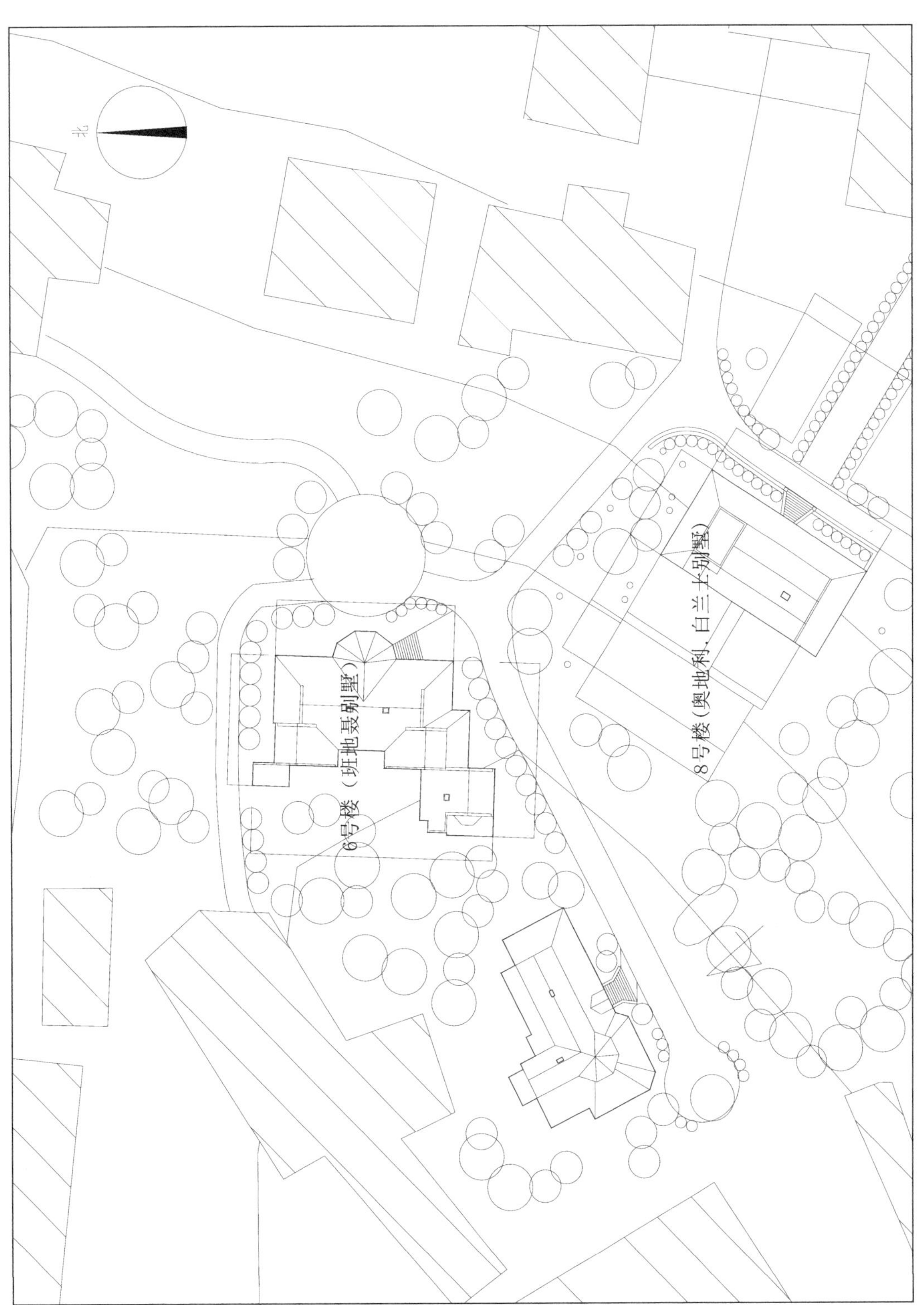

6号楼、8号楼总平面图

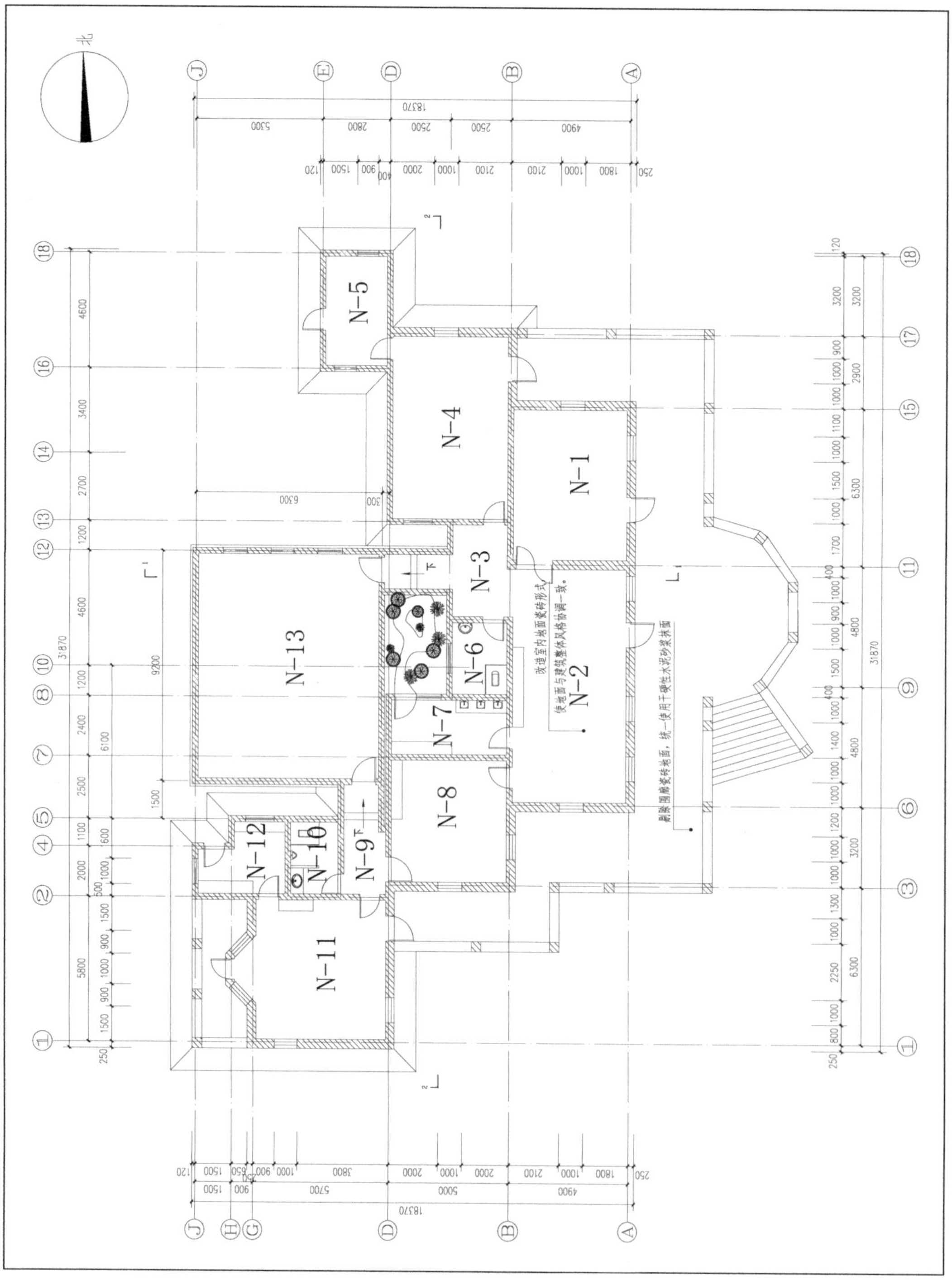

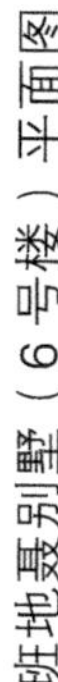

班地聂别墅（6号楼）平面图

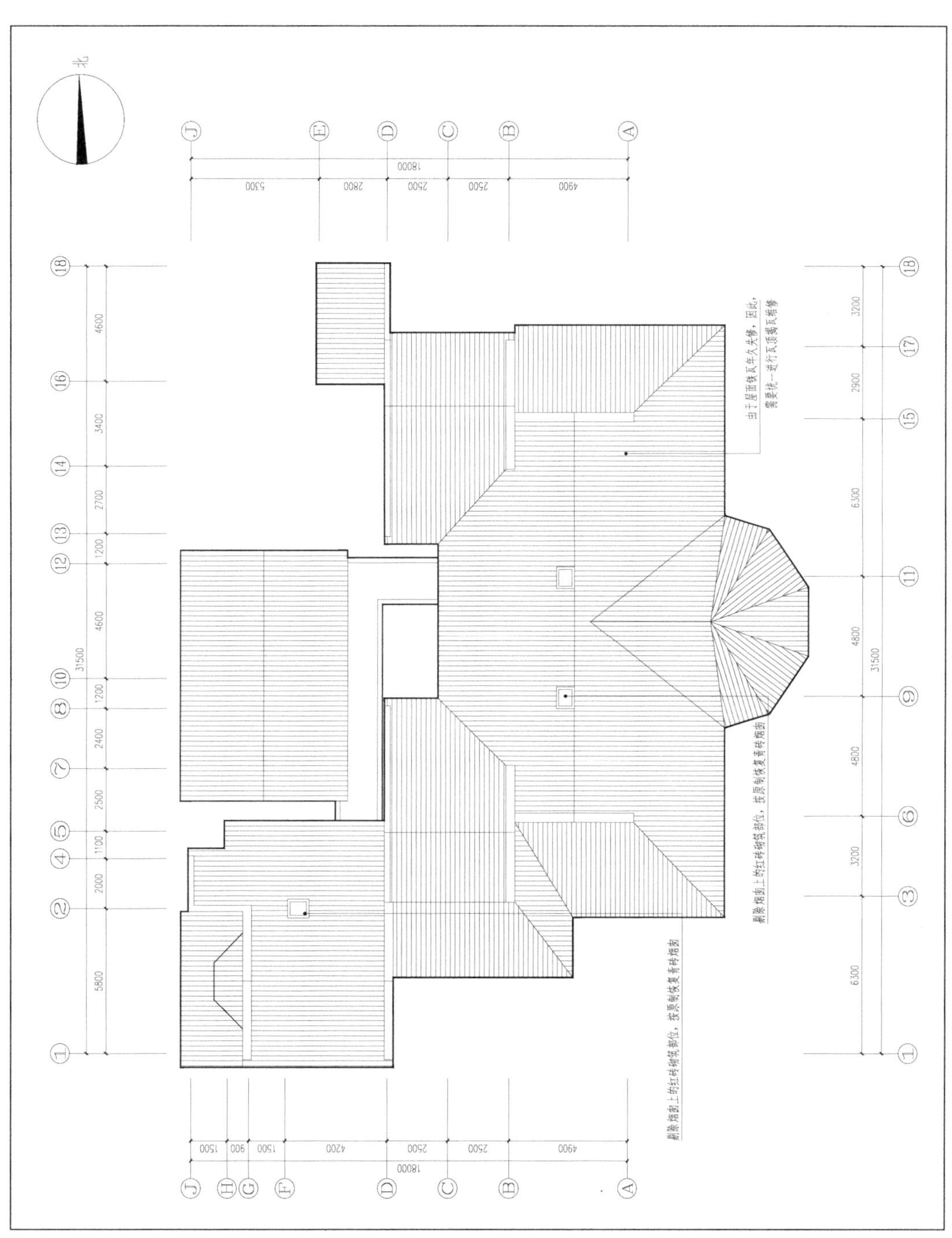

班地聂别墅（6号楼）屋顶平面图

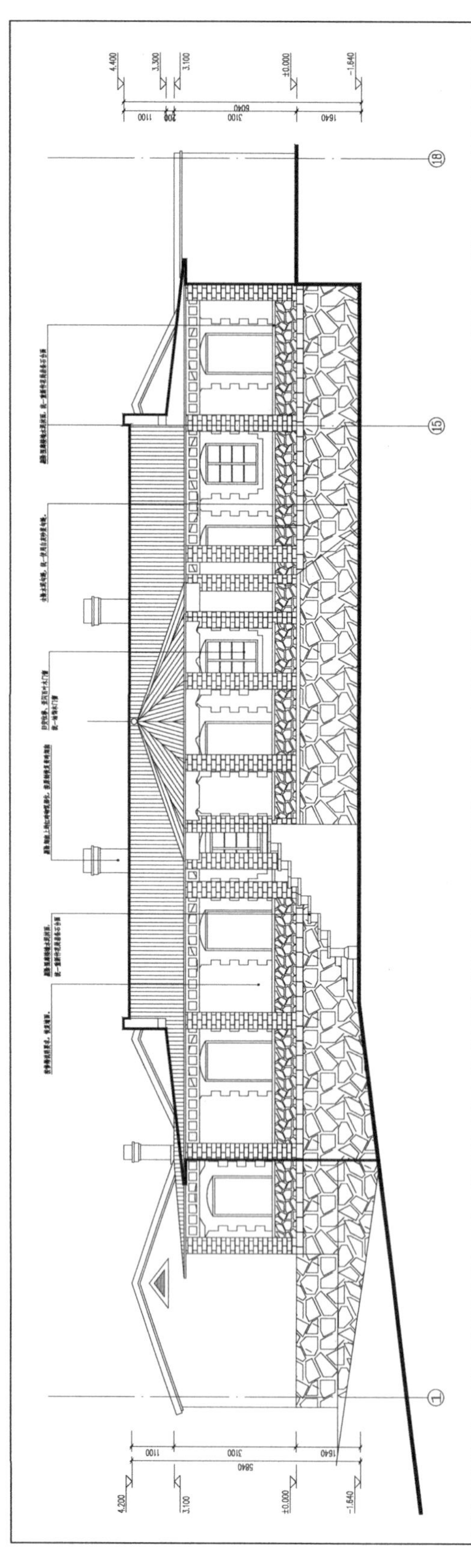

班地聂别墅（6号楼）1-18轴立面图

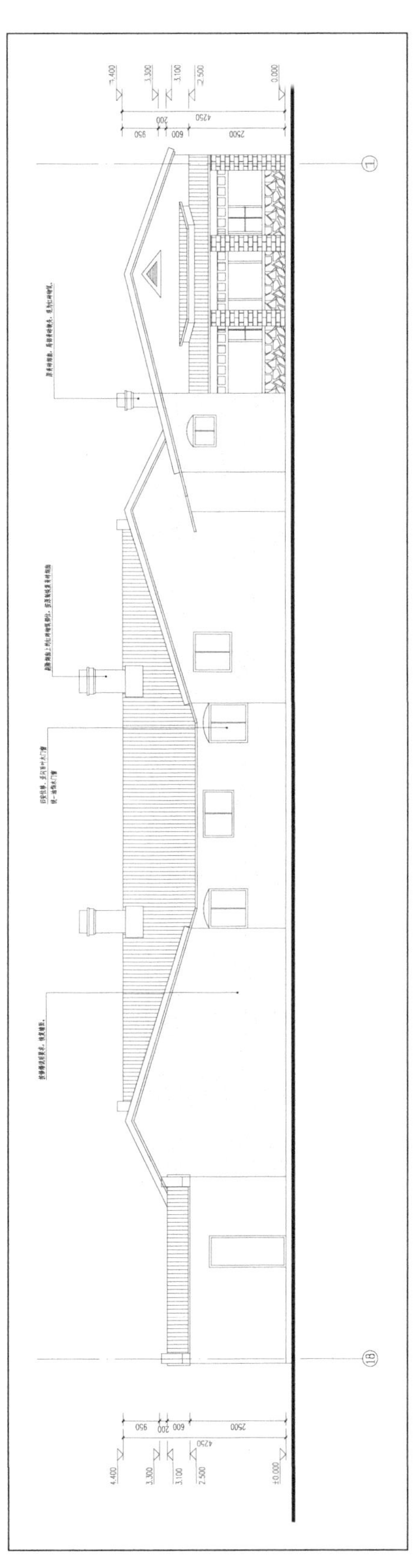

班地聂别墅（6号楼）18-1轴立面图

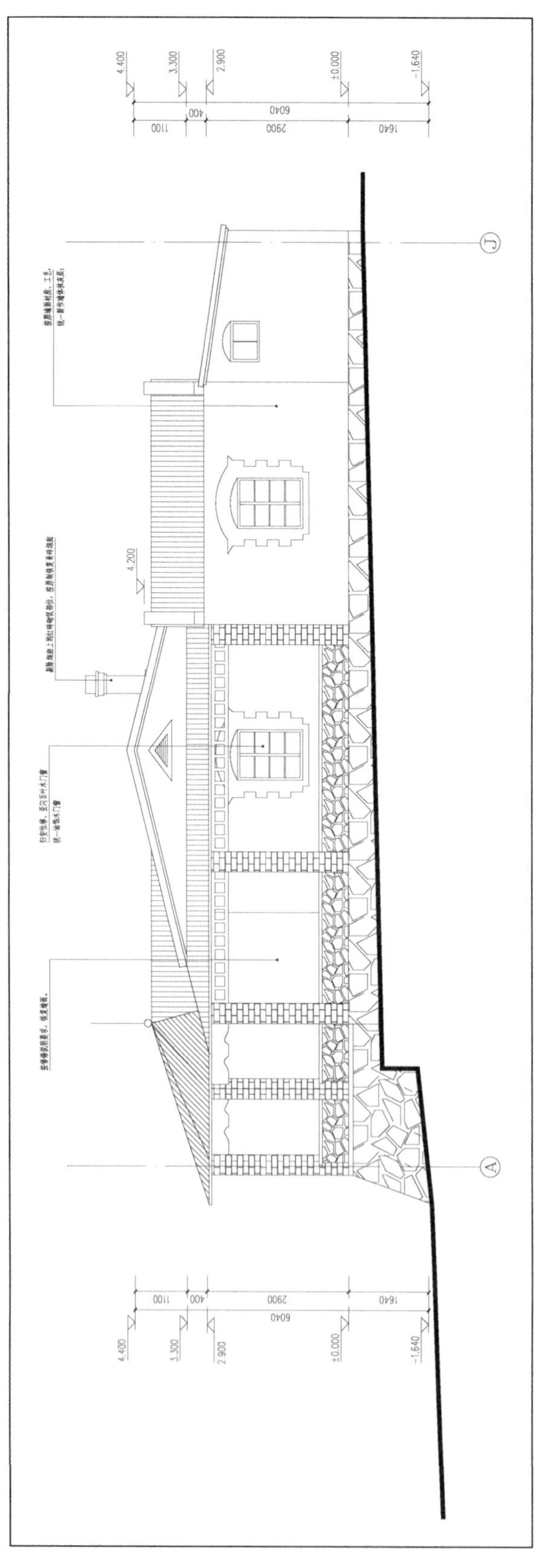

班地聂别墅（6号楼）A–J轴立面图

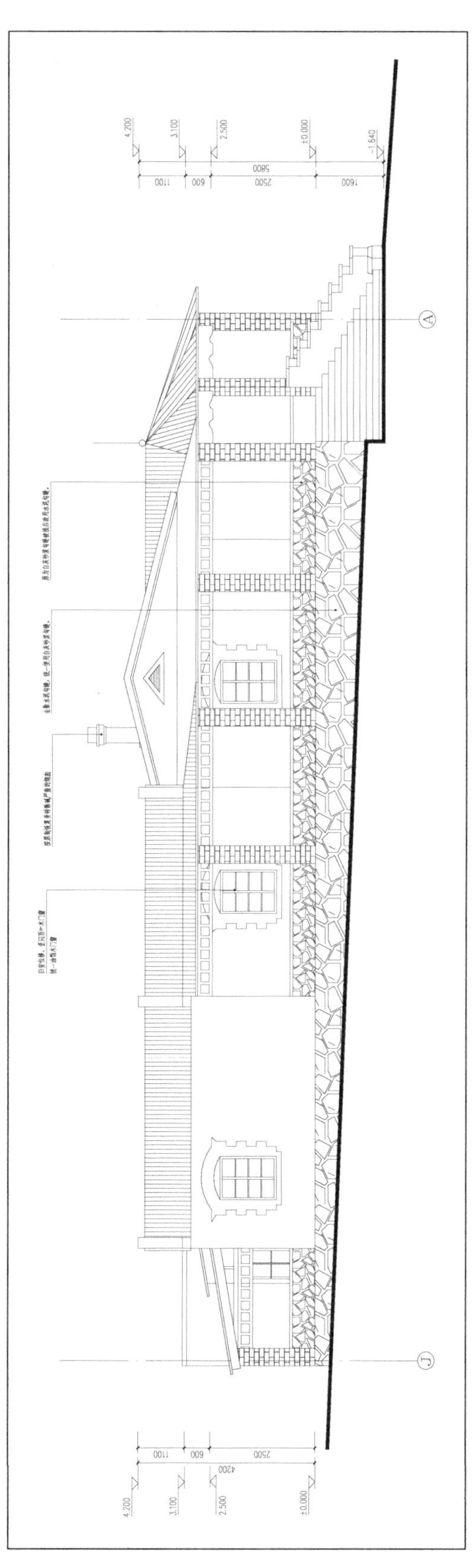

班地聂别墅（6号楼）J–A 轴立面图

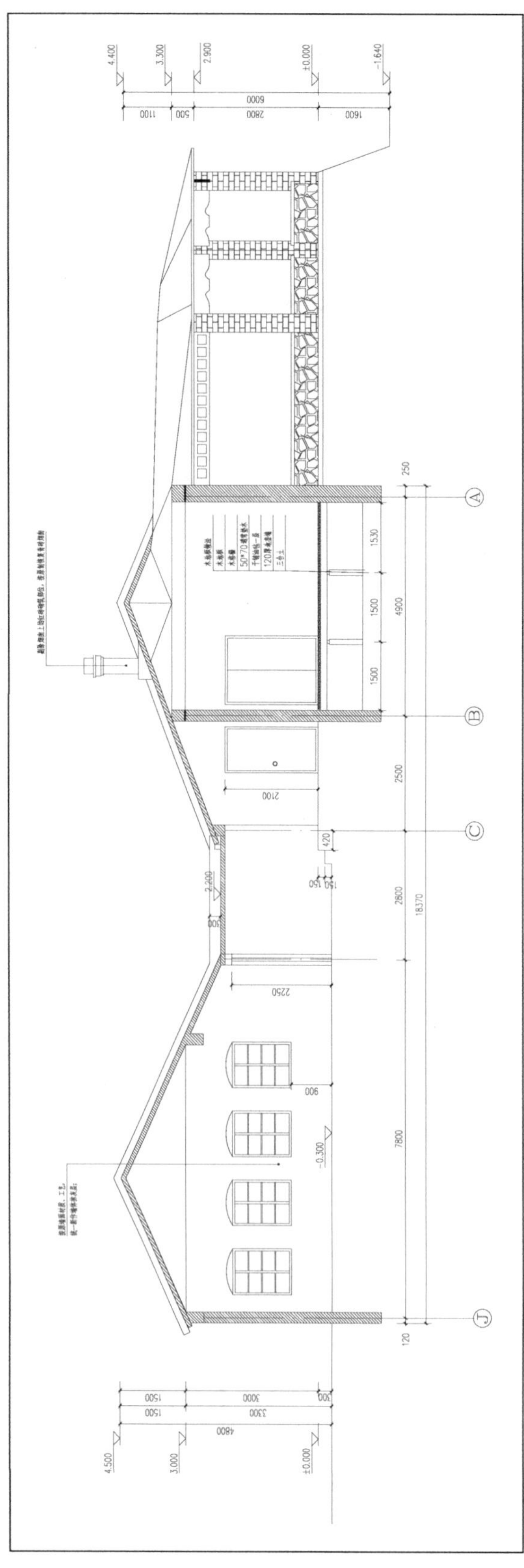

班地聂别墅（6号楼）1-1剖面图

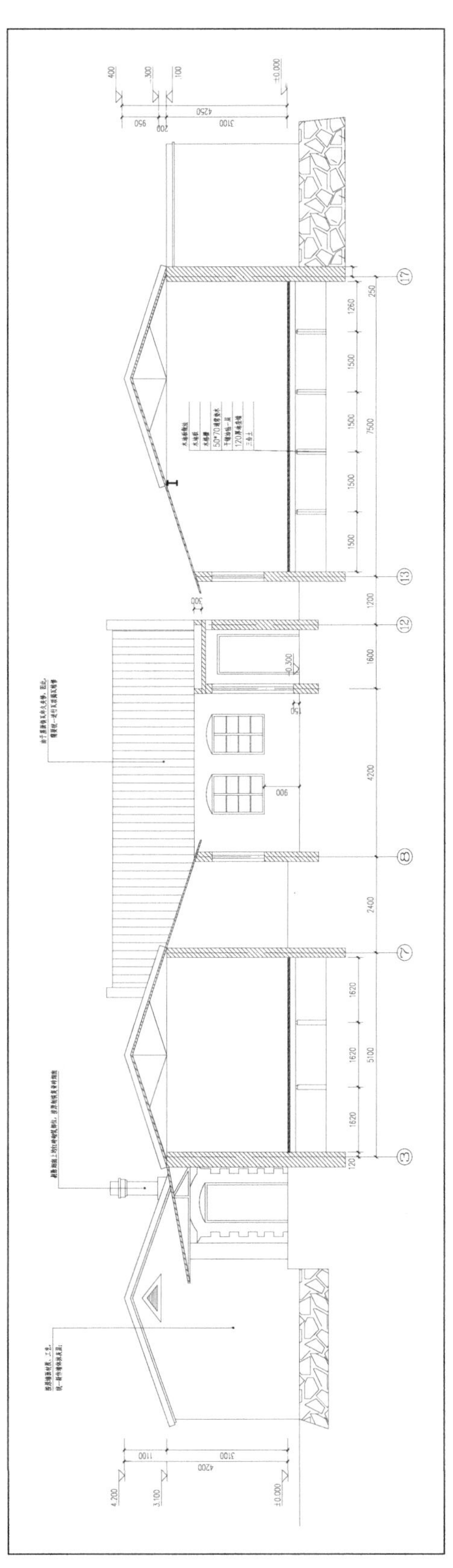

班地聂别墅（6号楼）2-2剖面图

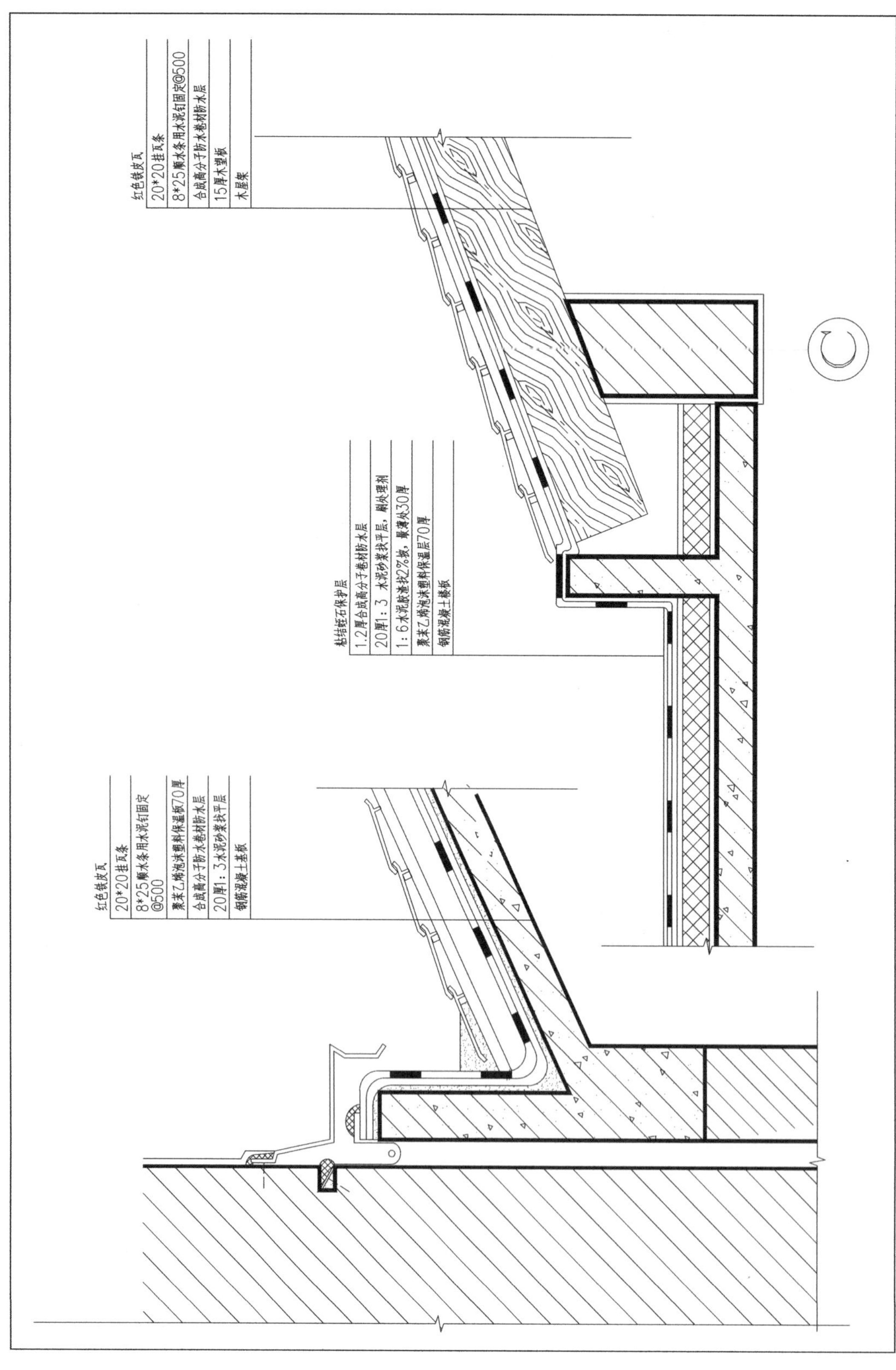

班地聂别墅（6号楼）屋顶做法

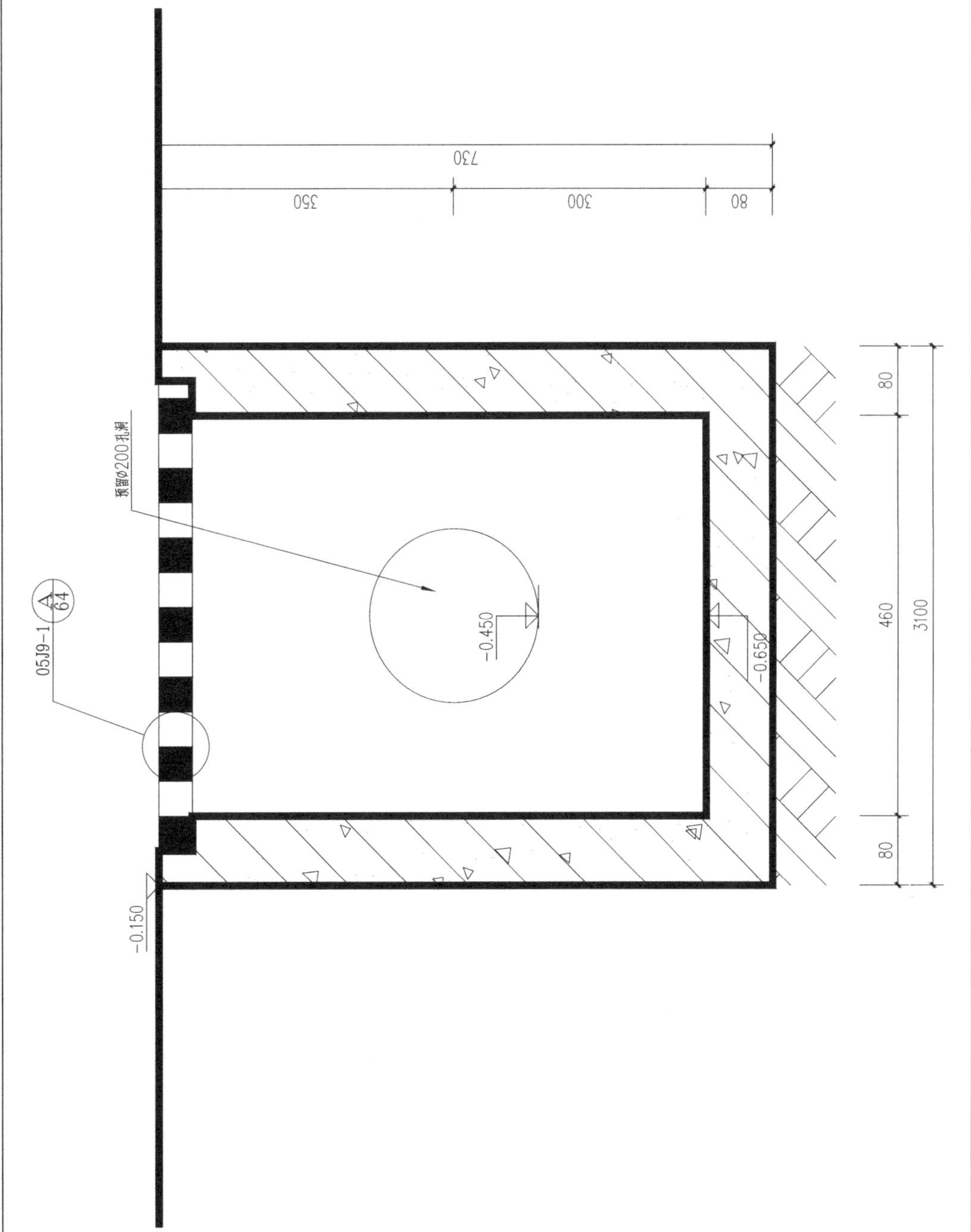

班地聂别墅（6号楼）集水井大样

二、白兰士别墅（8 号楼）修缮方案

（一）建筑修缮方案

1. 台基及入口台阶

（1）台基

残损现状：毛石墙基础，水泥砂浆勾缝。局部墙面有后加固的水泥勾缝痕迹。

修缮方法：根据结构质量检测报告及毛石墙台基结构加固措施对毛石墙加固后，统一对毛石墙基进行白灰砂浆勾缝，要求勾缝整洁、平整统一，白灰砂浆尽量为灰白色。

（2）入口台阶

残损现状：台阶为红砖砌筑，水泥砂浆抹面；台阶两侧为红砖水泥砂浆抹面护墙。台阶水泥抹面损毁严重，局部裸露红砖；台阶两侧护墙局部破损严重。

修缮方法：剔除现台阶水泥面层，统一使用干硬性水泥砂浆抹面，其重量配合比为 1∶2 ～ 1∶3（水泥∶粗砂），砂子应为均匀粗砂，擀压密实、平整、光滑；地面的打毛，需用无尘打磨机来完成，并用吸尘器彻底清洁。

备注：水泥砂浆抹面的整体效果应近似三合土地面。

2. 地面

（1）水泥、瓷砖地面

残损现状：水泥地面主要分布在围廊地面与后檐 N5、N8 房间；N7、N10 房间为瓷砖地面。围廊水泥地面普遍污染严重，局部地面出现裂缝；瓷砖地面表面灰尘杂物污染严重。

修缮方法：剔除围廊水泥面层，统一使用干硬性水泥砂浆抹面，其重量配合比为 1∶2 ～ 1∶3（水泥：粗砂），砂子应为均匀粗砂，擀压密实、平整、光滑；地面的打毛，需用无尘打磨机来完成，并用吸尘器彻底清洁。瓷砖地面为后期改造产物，不属于保护对象，根据以后使用要求另作修整，要求应体现民国风格，与整个别墅风格相近。

备注：水泥砂浆抹面的整体效果应近似三合土地面。

（2）木地板

残损现状：室内房间大部分为栗红色木地板。木地板内部龙骨情况不详。木地板基本完整，无明显沉降迹象；房间长期闲置，室内堆积大量生活杂物，木地板普遍被灰尘杂物污染、褪色磨损严重。木地板房间地板残损比例为60%。

修缮方法：木地板基层损坏，有地垄的木地板。如面层完好或损坏不是很严重的应尽量不拆或少拆面层，可以在地垄内加固搁栅和沿椽木。修缮前必须把房间内的荷载卸去，并在地垄墙上铺好防潮层，如沿椽木腐烂应更换。木地板面层损坏，面层小条地板局部松动或磨损，可采用挖补法修缮。新地板板材宽度、纹理等应与原有地板一致，厚度一般上要比原有地板厚1毫米～1.5毫米，把新地板磨平至原有地板平。针对木地板腐烂的情况，应拆除面层地板。有几何图案应事先做好记录。检查搁栅，如有损坏必须修复后再铺面层。铺设完成后就可以打磨、刨平，把相邻的板缝高差刨平即可。

备注：尽量使用原地板材料进行维修。

3. 廊柱

残损现状：14根红色围廊木柱，柱子腰部外侧刻有花饰。油漆起壳干裂，局部剥落。

修缮方法：对干裂破损的木饰油漆应清除干净，不得损伤原有结构层；应使用脱漆剂。先清除木质基层上的污垢钉眼缝隙、毛刺，脂囊用泥子填补磨光。清水漆施涂，在刮泥子、上色前，应涂刷一度封闭底漆，然后反复进行刮泥子、磨光、刷清漆、拼色和修色，直至色调均匀、平面光洁、线脚清晰后，再做饰面漆、打蜡、上光。

备注：木廊柱为本建筑的重点保护对象，对其修缮时应谨慎处理，修缮时应先进行测试，再全面修缮。

4. 梁架

残损现状：白灰吊顶封护，勘测不及。内部木梁架残损情况不详。

修缮方法：根据木梁架结构残损程度采取相应的加固措施，具体加固措施详见结构加固措施。

5. 墙体

（1）建筑墙体

残损现状：370毫米厚青砖砌筑，白灰砂浆勾缝，麻刀灰找平，白灰抹面。经勘察，未见明显的墙体裂缝，墙体白灰抹面层普遍干裂，污染变暗。

修缮方法：根据结构加固要求对墙体加固后，按原墙面材质、工艺，统一新作墙体抹灰层。材料的配合比应试配，面层抹灰应试样，达到设计效果后再全面施工。有特殊效果的饰面，材料的粒径、质感、色泽应与原墙面基本一致，接缝紧密，表面层的工艺及纹样应与原墙面一致。

备注：墙面涂料层应为淡黄色，颜色具体色泽应对照现有墙面叠加中的淡黄色涂料一致。

（2）围廊墙体

残损现状：青砖砌筑，白灰砂浆勾缝，上部水泥抹面。水泥抹面局部有裂缝；青砖墙面后刷涂料一层，现留有剥落后痕迹。

修缮方法：剔除围廊矮墙水泥抹面，统一重新作水泥砂浆抹面。矮墙青砖墙基本保留清水砖墙面，去除青砖墙面后刷涂料，统一使用白灰砂浆勾缝。墙面严重损坏风化，要用挖补、镶补，或用黏土面砖嵌补等方法。灰缝的修补，应剔除损坏的灰缝，出清浮灰，宜按原材料和嵌缝形式修补，修复后，灰缝应平直、密实、无松动、断裂、漏嵌。修补后墙面应色泽协调表面平整、头角方正、无空鼓。

6. 门窗

（1）室外百叶门窗

残损现状：建筑外墙门窗均为双层门窗，室外侧为百叶木门窗，室内侧为木格玻璃窗；百叶木门窗木料多为松木，木框饰绿漆，百叶格栅饰白色油漆。连接件为铁合页及铁把手。百叶木门窗基本完好，局部门窗扇位移、歪闪磨损严重；木饰油漆普遍干裂褪色，门窗铁连接件、把手缺失等。

修缮方法：对移位受损的所有门窗进行归位和维修，对榫卯松脱、框边变形、扭闪的隔扇门窗，采取整扇拆卸，重新归安；边梃和抹头劈裂糟朽时应钉补牢固，严重者应予以更换；糟朽、蛀蚀严重的门窗按原式样、材质重新复原，作防腐、防虫处理后归安。

（2）室内门窗

残损现状：室内门窗均为木格玻璃窗；木格玻璃窗木料多为松木，外饰白色油漆，内镶嵌透明玻璃。连接件为铁合页及铁把手。百叶木门窗基本完好，局部门窗扇位移、歪闪磨损严重；木饰油漆普遍干裂褪色，部分门窗铁连接件、玻璃、把手缺失等。

修缮方法：木门窗及五金件的修缮以按原样的修复原则进行修缮，施工单位必须事先对历史建筑的木门窗进行统计及调查，取得现场的相关历史图纸的实样，进行厂方的深化设计图后，方仿制的木门窗实样。设计要求实样木门窗材质应与保留木门窗材质一致，木材基层应先刷底子油漆，再刷新油漆；木门窗必须进行门窗开启校正，使门窗关闭严密，开启灵活，方可安装五金零件；所安装的五金零件位置应正确，使用应灵活，松紧适宜，安装螺钉不应有松动现象；应检查原有执手、撑杆、合叶等五金件，尽量去锈，并尽量恢复原有五金件。

7. 装修装饰

（1）围廊前檐装饰

残损现状：围廊前檐下装饰为檐下木廊柱之间连接的高 390 毫米、厚 50 毫米的木花格与廊柱上长 230 毫米、高 130 毫米、厚 13 毫米的木雀替；木花格与木雀替多为当地松木；木花格边框油饰绿色油漆，花格芯油饰白色油漆，木雀替油饰白色油漆。现存木花格与木雀替基本完好，局部连接松动，油漆普遍干裂褪色严重；北立面廊柱上的木雀替缺失 6 个。

修缮方法：对木花格与木雀替进行归位和维修，扭闪的应钉补牢固，严重的应予以更换；对脱落、起皮、开裂的漆面进行退漆，退漆后再进行油漆。参照南立面廊柱上木雀替形制，使用相同木料补配缺失木雀替。

（2）室内家具、壁炉等装饰

残损现状：目前，室内为废弃空房间，大部分历史时期的家具装饰无存；现室内残存部分栗红色木质壁柜与壁炉。现存壁柜多为壁柜的背板、隔板等，主要壁柜件缺失；现存壁炉磨损严重。

修缮方法：按民国早期风格补配家具及壁柜缺失构件；维修现存壁炉，清理修补欧式木壁炉构件，统一油饰。

8. 楼板吊顶

（1）室内吊顶

残损现状：普遍房间白灰吊顶无明显沉降裂缝痕迹；N13 房间为木板条吊顶，从材料、式样上分析应为近期改造。N4、N11 室内局部吊顶受潮发霉。

修缮方法：阁楼屋面增设防水层，去除吊顶抹灰层，重新作吊顶面层。

（2）围廊吊顶

残损现状：围廊吊顶由木梁架间搭接木板条，木板条下抹麻刀白灰，白灰浆找平抹面。围廊吊顶白灰层普遍起壳开裂，局部吊顶裸露木板条，吊顶下沉严重。

修缮方法：去除现有吊顶白灰层，维修吊顶木板条，补配破损严重及缺失的木板条，钉牢吊顶木条，使其平整，统一新作白灰面层。

9. 屋面

（1）阁楼平顶屋面

残损现状：青砖砌筑的阁楼墙体及女儿墙；整个建筑只有阁楼部分为平顶。经现场勘察，阁楼室内局部吊顶受潮发霉，应为楼顶渗雨所致；阁楼青砖墙面酥碱严重。

修缮方法：阁楼屋面增设防水层后，去除吊顶抹灰层，重新作吊顶面层。

（2）铁瓦坡顶屋面

残损现状：双坡铁瓦顶屋面，从材料形式与结构上分析，围廊后檐部分为后加屋顶。铁瓦屋面基本完好，普遍油漆剥落褪色，局部锈蚀严重；青砖烟囱表面酥碱严重；屋顶残损为60%。

修缮方法：由于屋面铁瓦年久失修，因此，需要统一进行瓦顶揭瓦维修；拆卸瓦件前，应详细记录拆卸的构件的规格、位置、有无防水处理；拆卸后对铁瓦进行清理，更换锈蚀渗漏严重的铁瓦片，统一刷防锈蚀及防水油漆两至三道；安装时严格按拆卸记录予以修复及复原，安装时应注意与基座的连接应安全、牢固、可靠。配件要根据构件部位的材质、规格及尺寸进行选择，既要保证质量又要尽量考虑构件统一。

（3）雨水管、雨水槽

残损现状：雨水槽、水管及固定件均为铁质，表面饰绿色油漆；除后檐均有雨水管，共7根。铁质排水管件基本完好，局部管件，生锈松动；前檐北侧排水槽锈蚀漏雨严重。

修缮方法：更换锈蚀严重的排水管件，加固管件连接；统一刷防锈蚀及防水油漆两至三道。

（二）修缮设计图纸

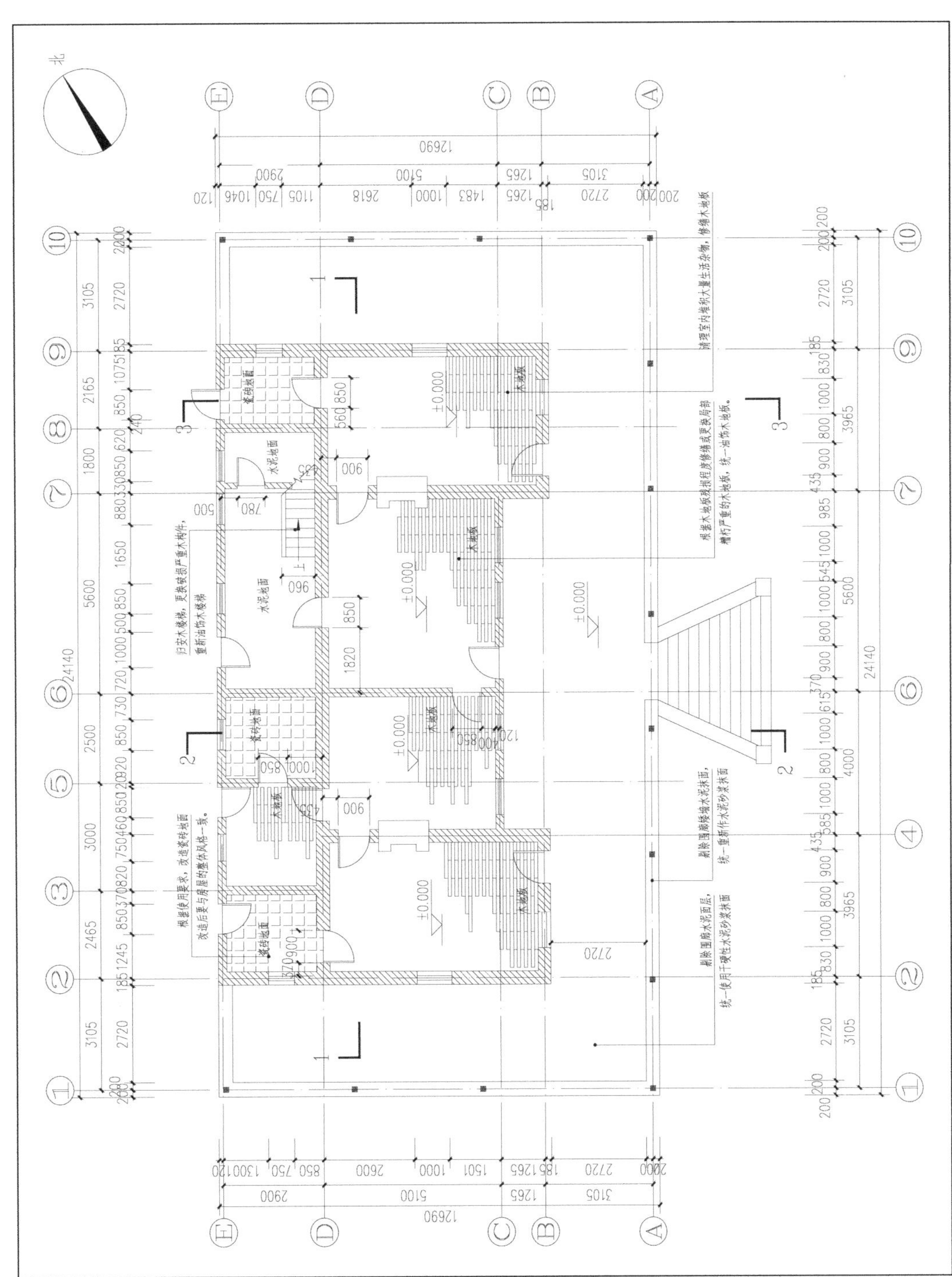

白兰士别墅（8号楼）一层平面图

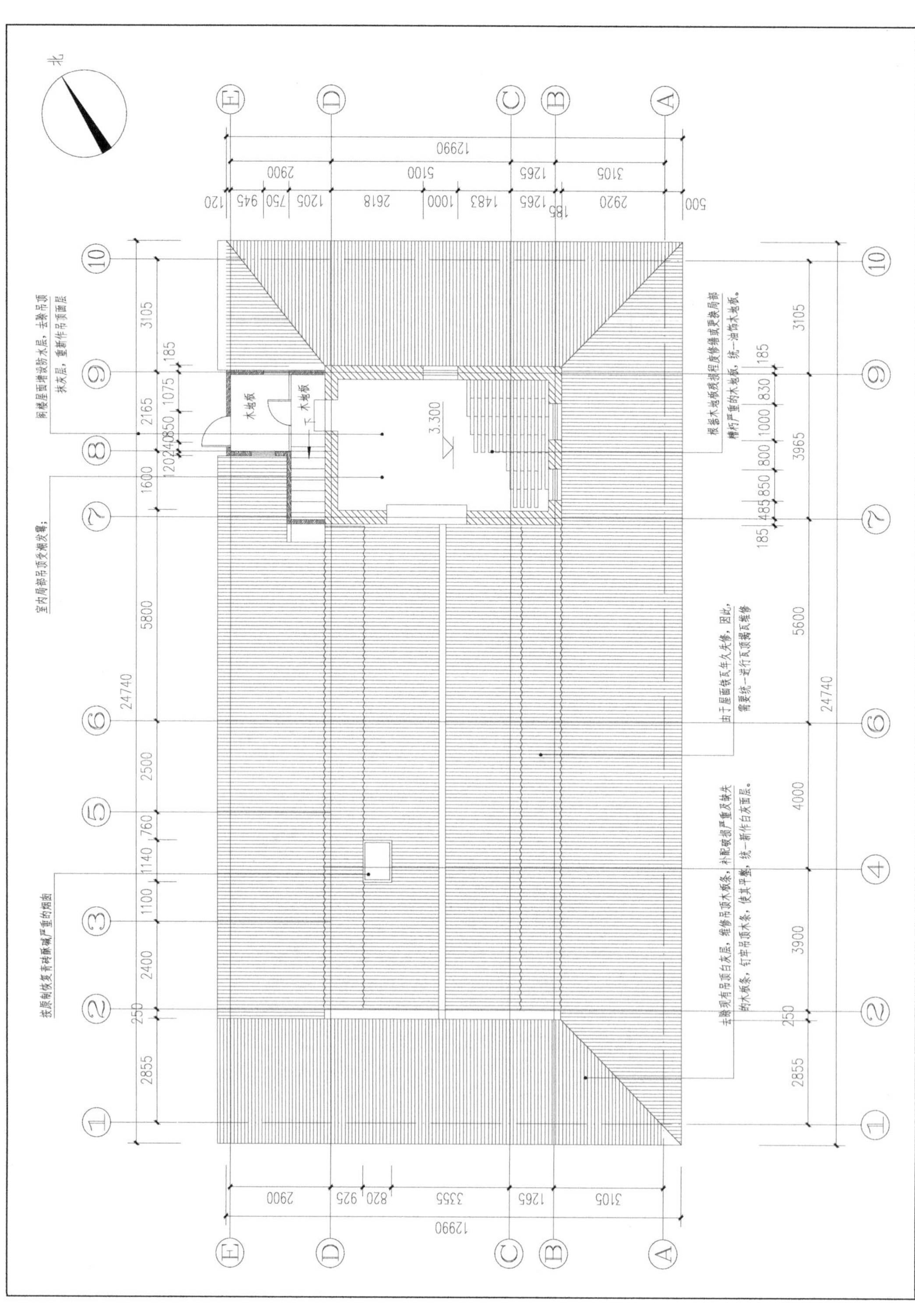

白兰士别墅（8号楼）二层平面图

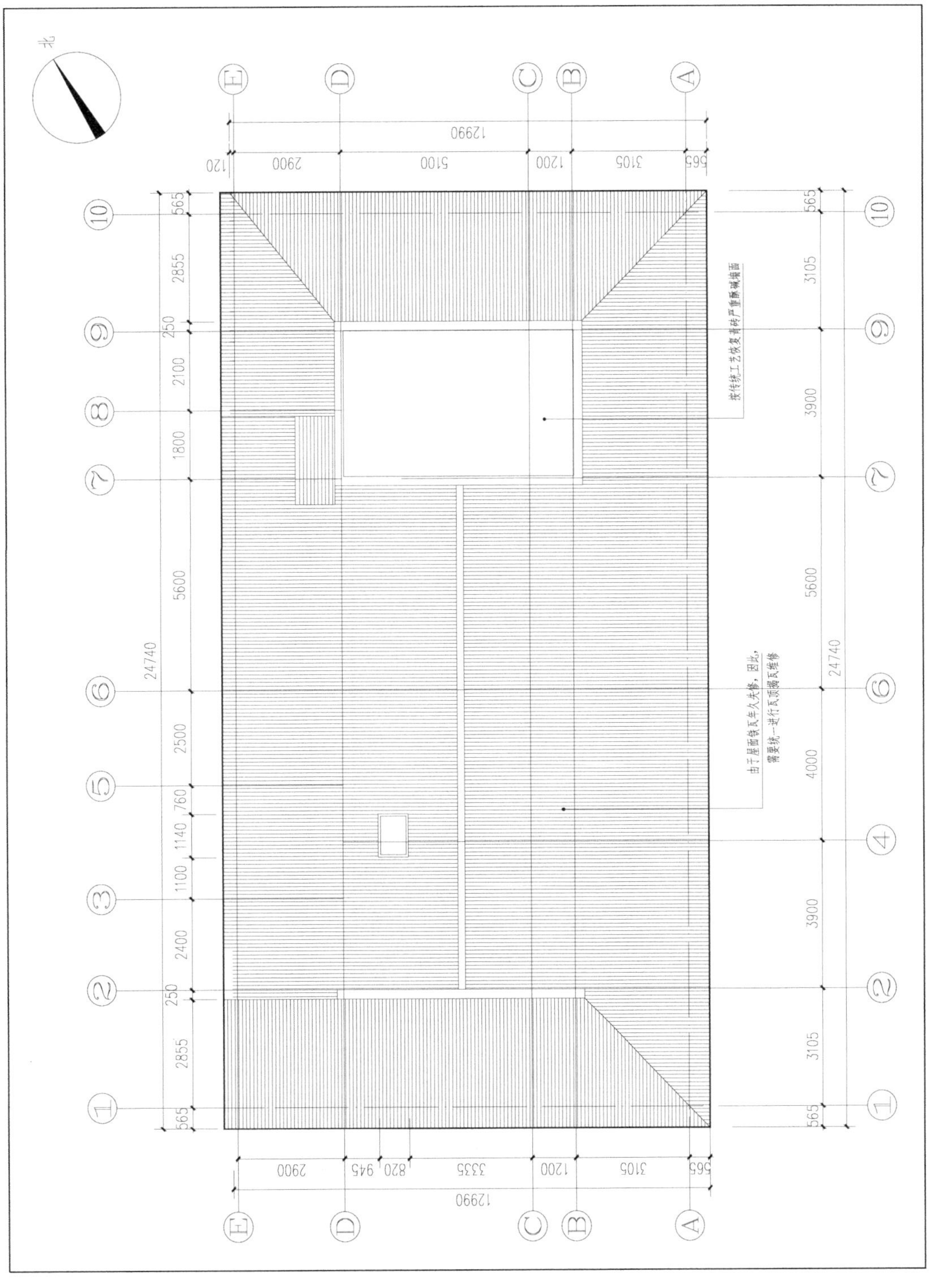

白兰士别墅（8号楼）屋顶平面图

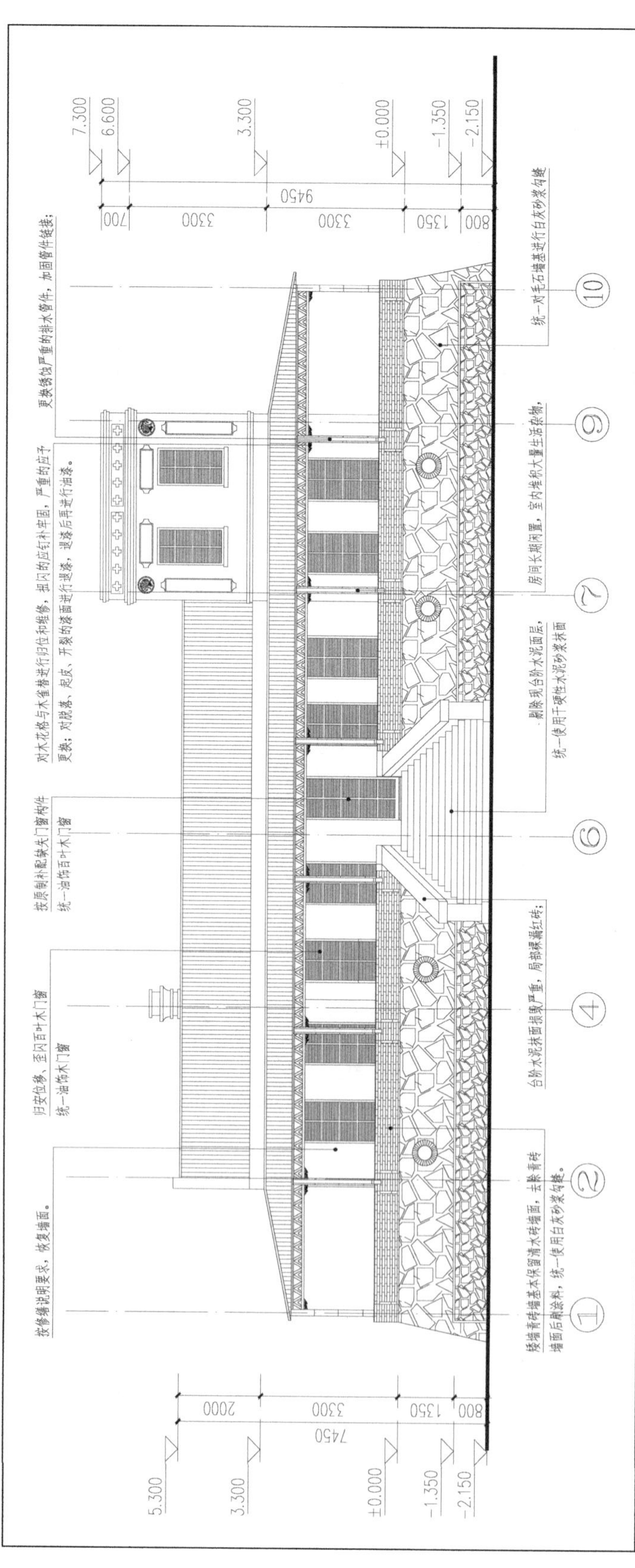

白兰士别墅（8号楼）正立面图

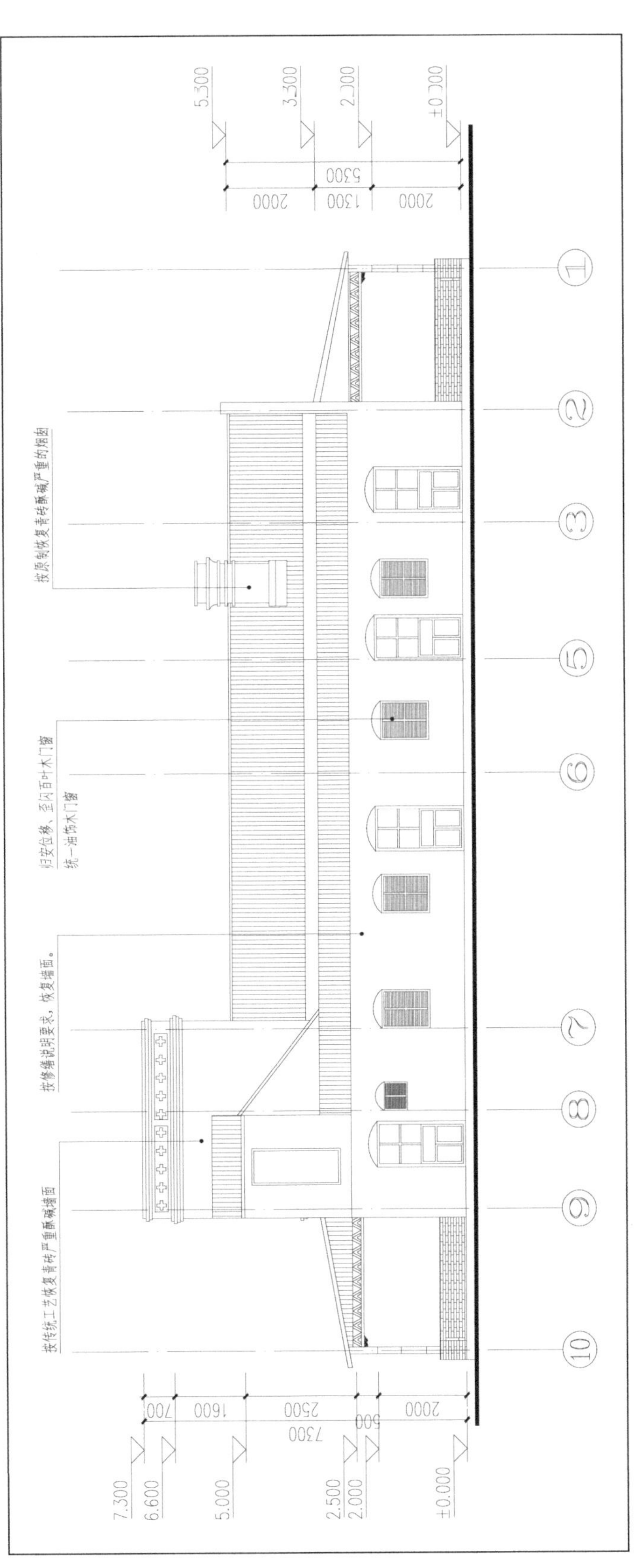

白兰士别墅（8号楼）后立面图

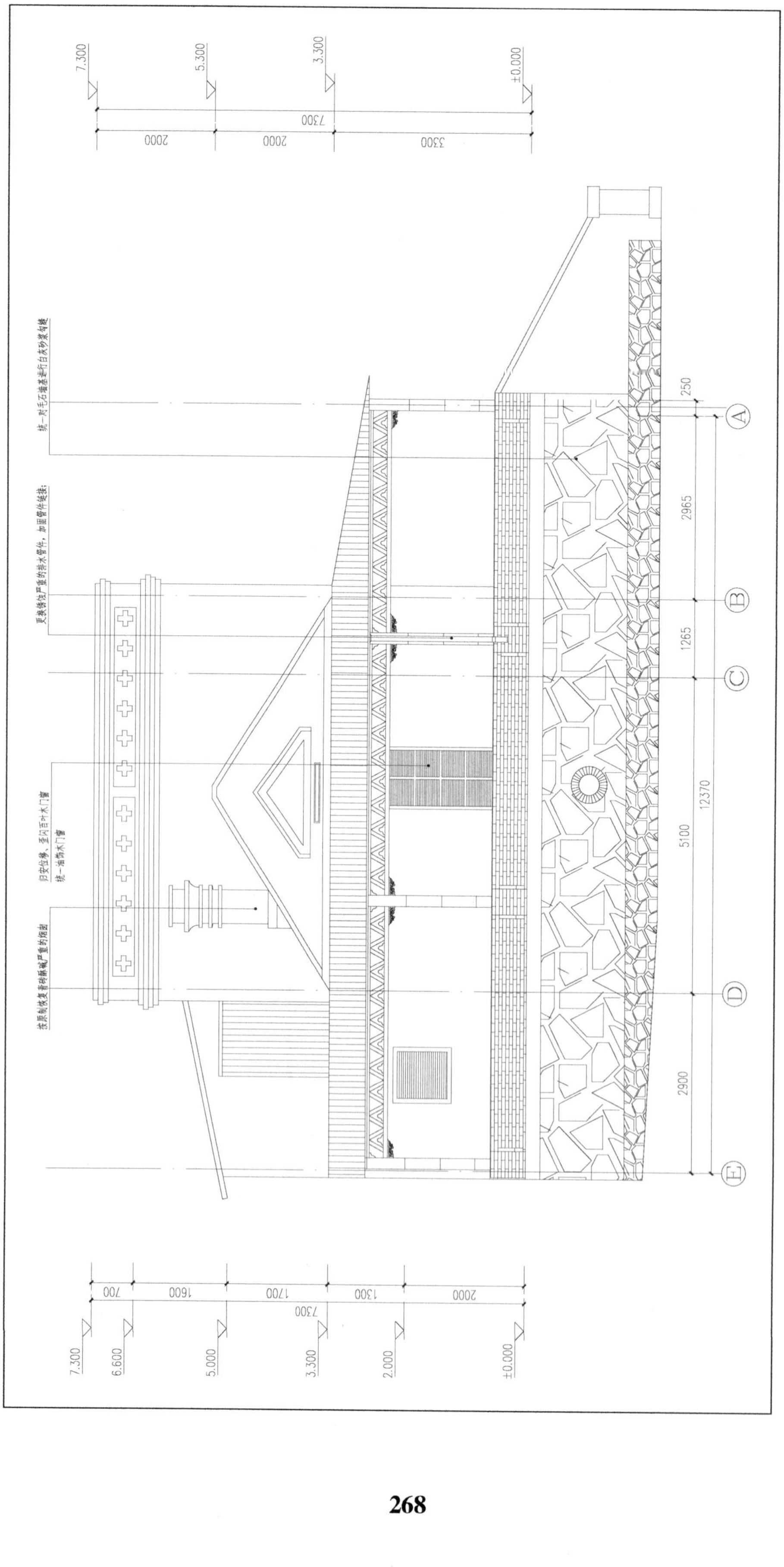

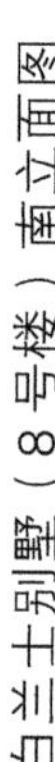

白兰士别墅（8号楼）南立面图

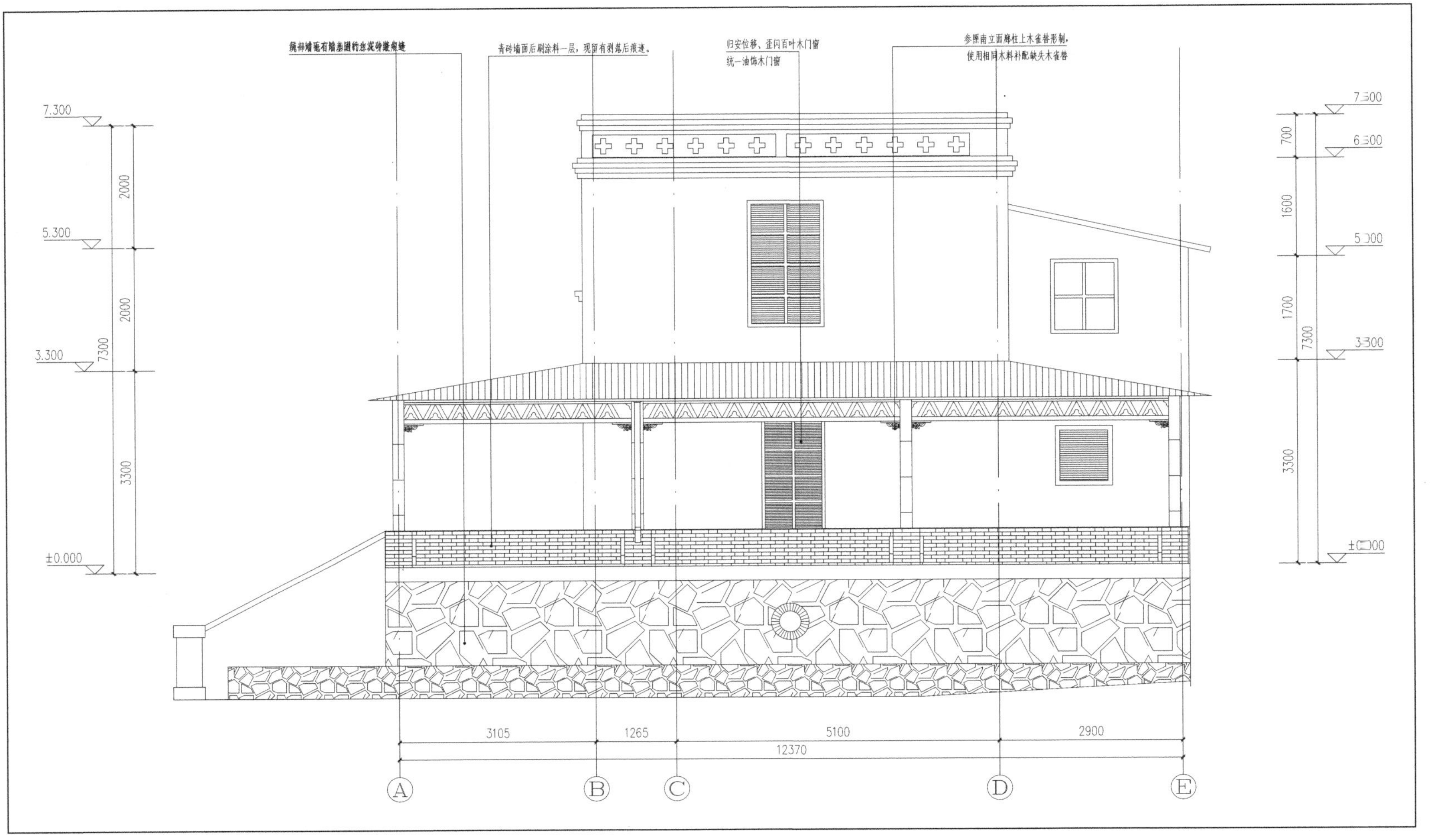

白兰土别墅（8号楼）北立面图

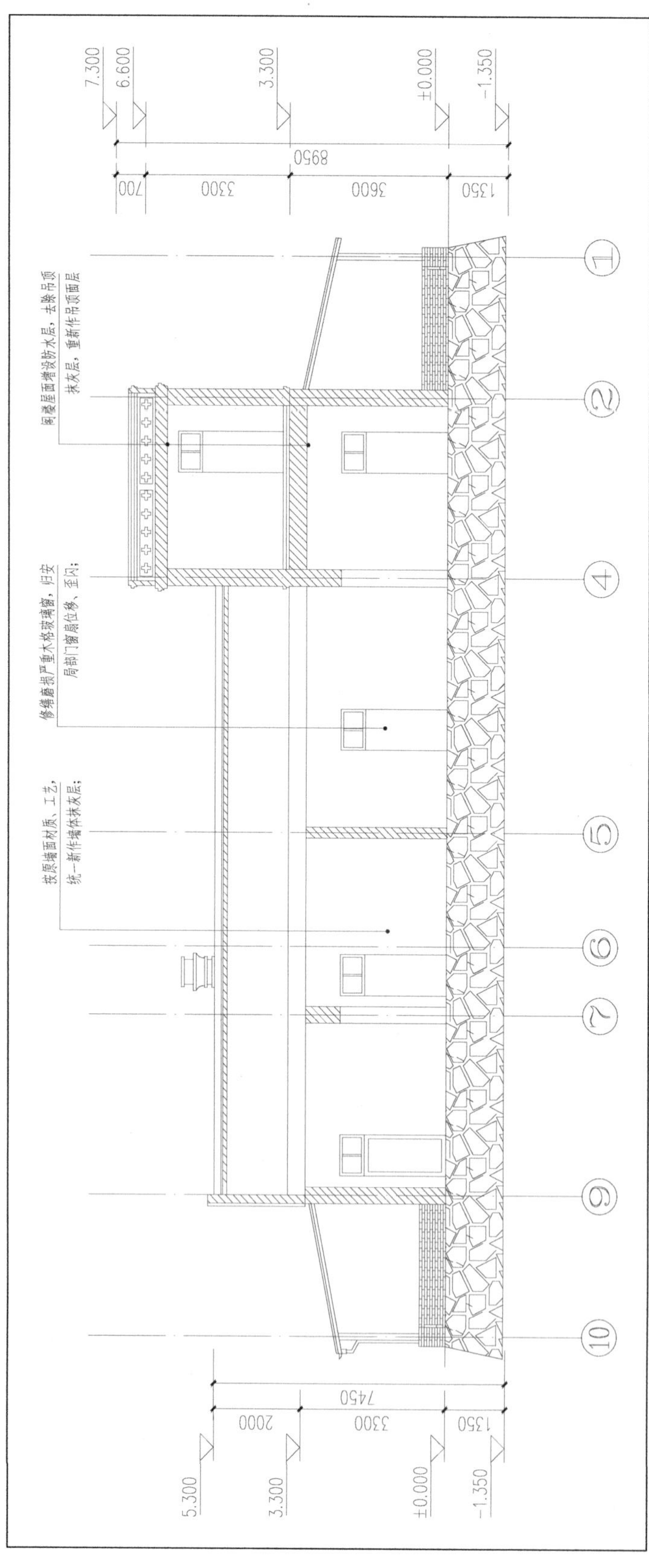

白兰士别墅（8号楼）1-1剖面图

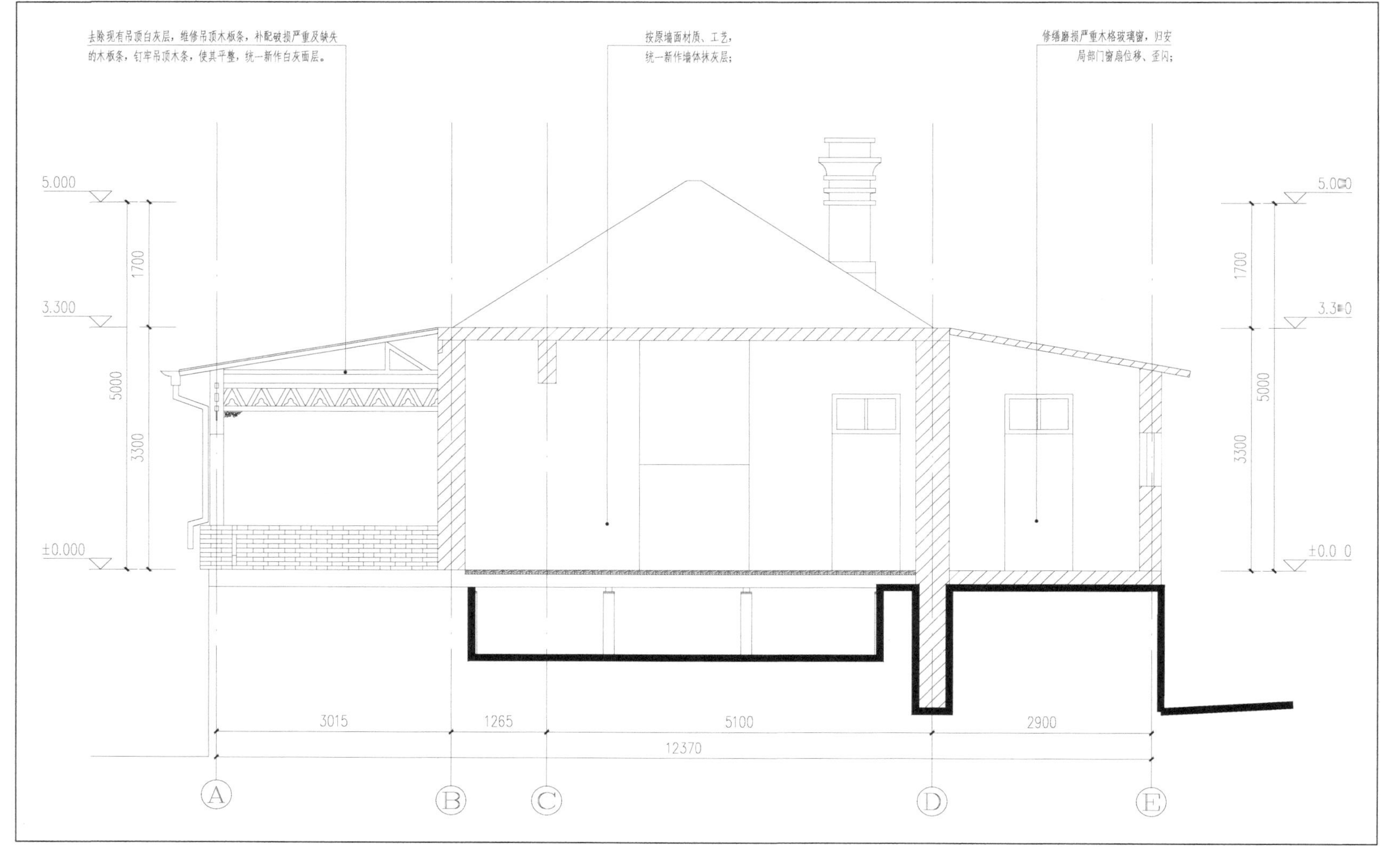

白兰士别墅（8号楼）2-2剖面图

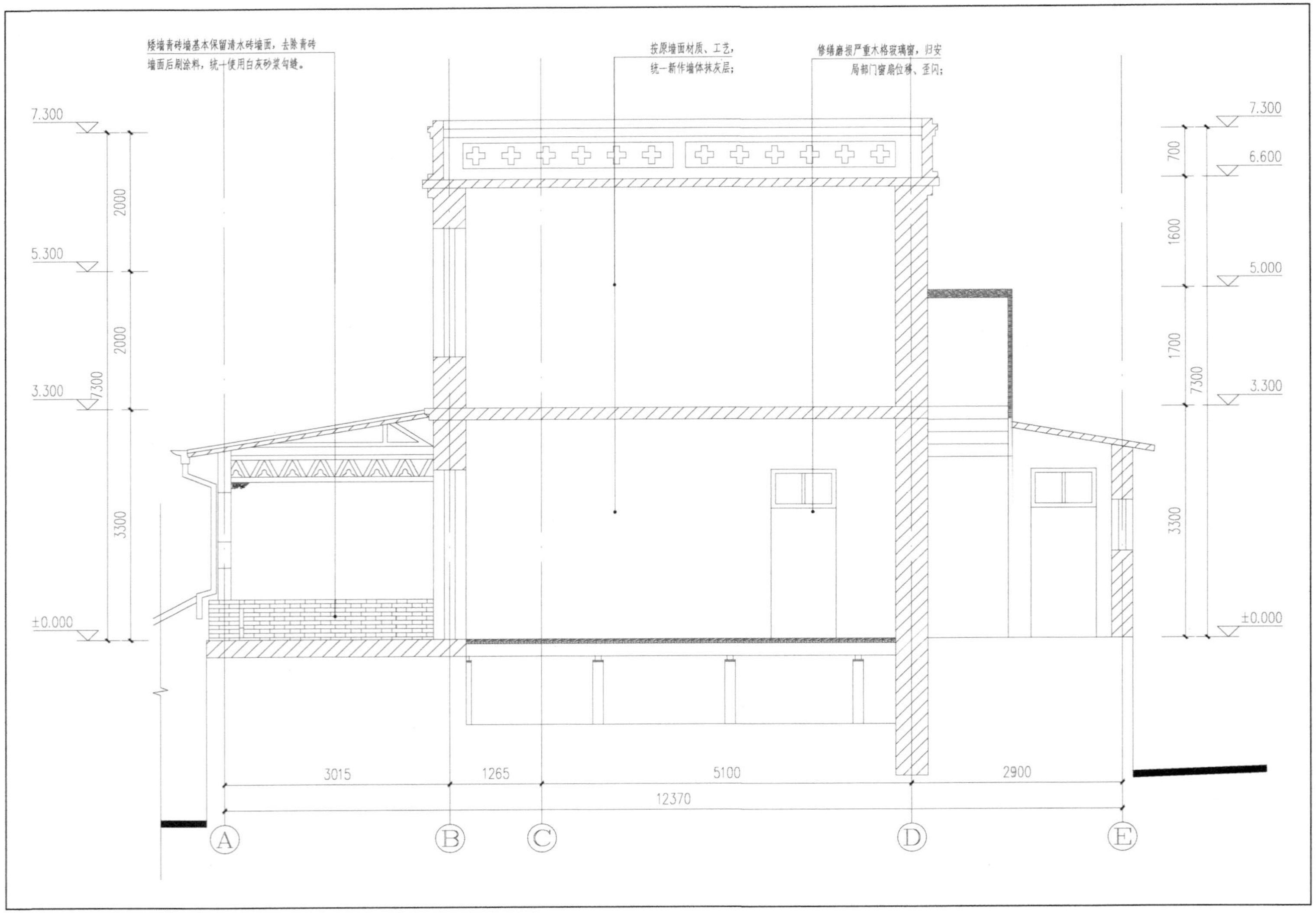

白兰士别墅（8号楼）3-3剖面图

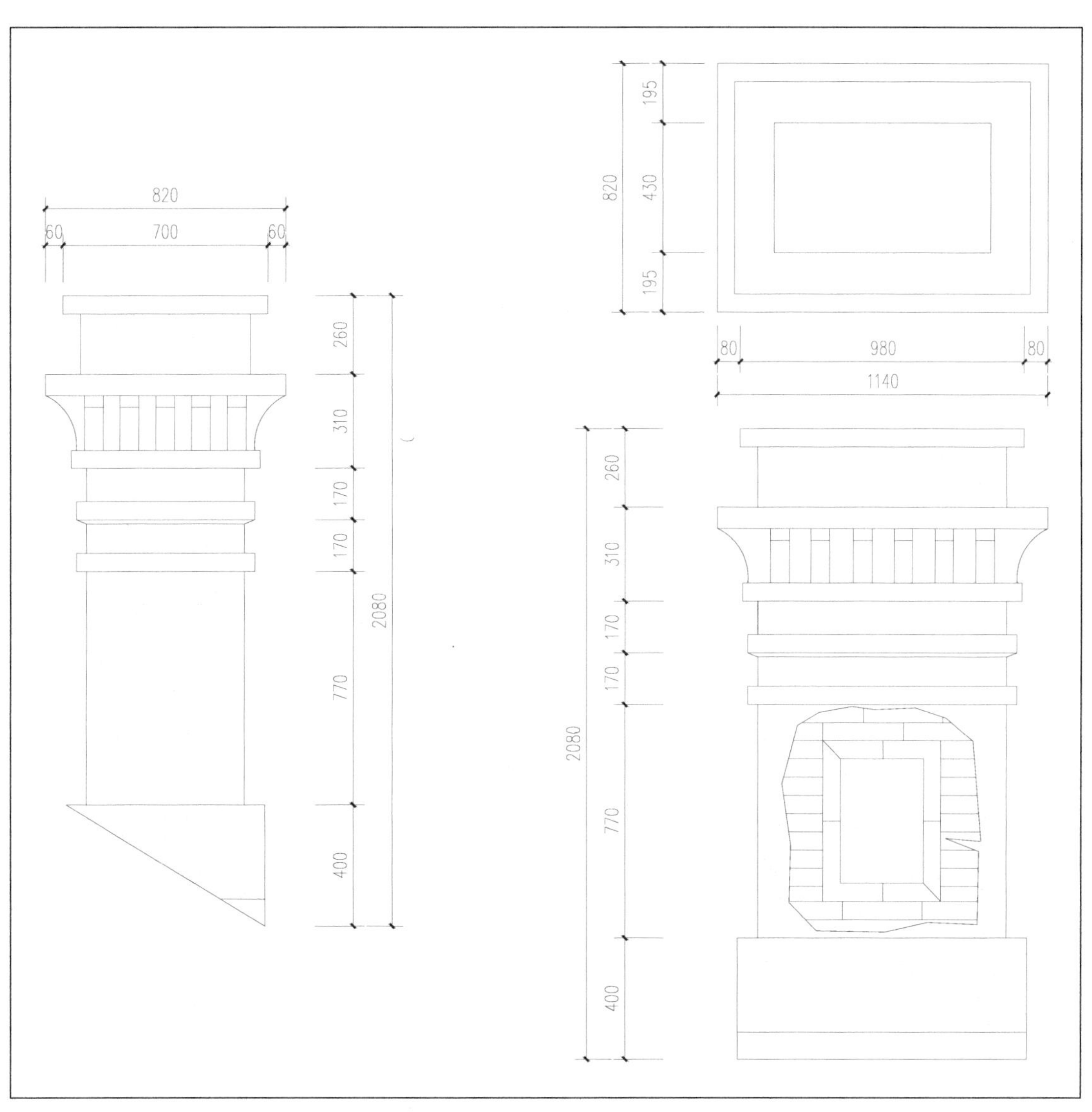

白兰士别墅（8 号楼）烟囱详图

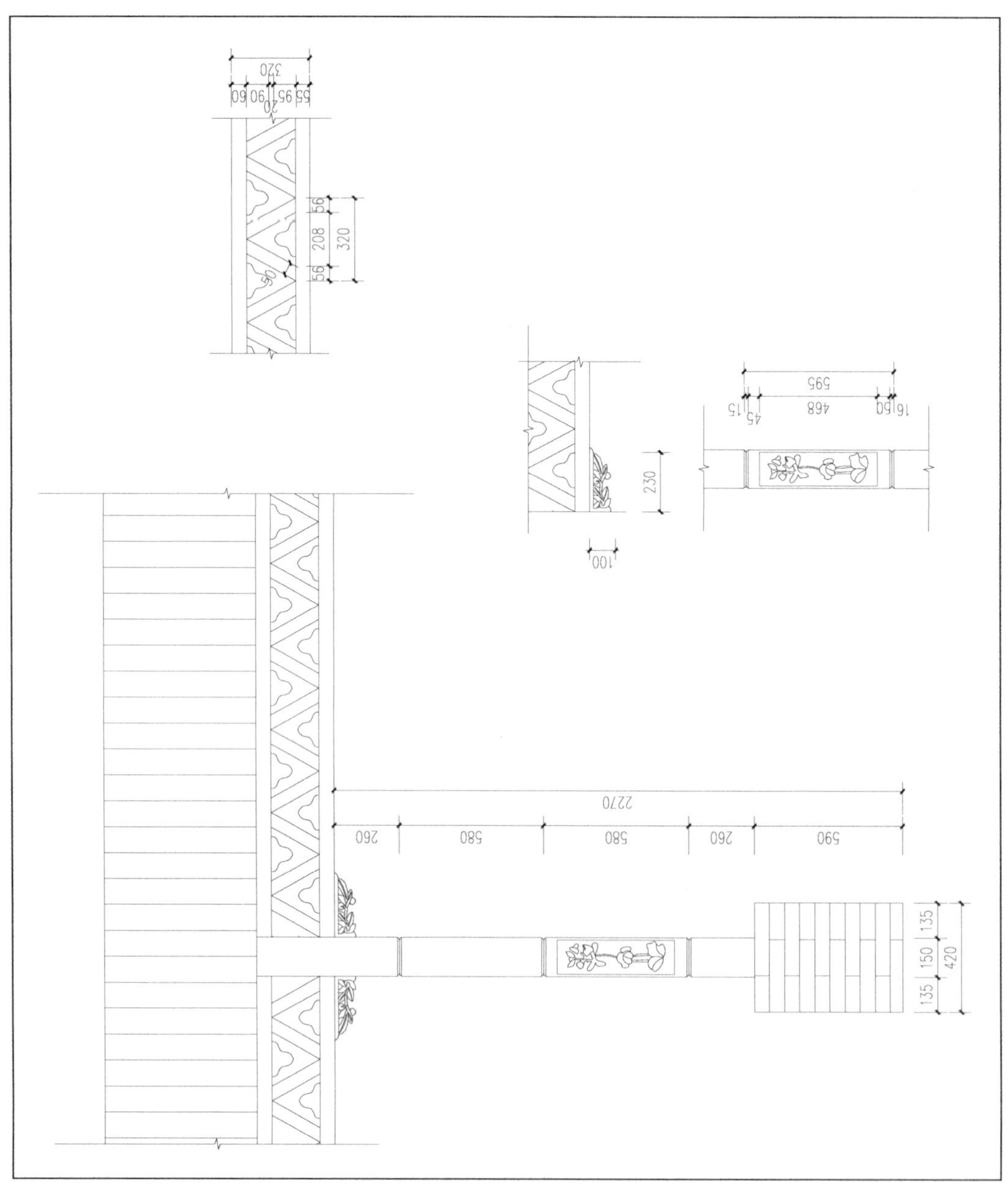

白兰士别墅（8号楼）外廊廊柱大样图

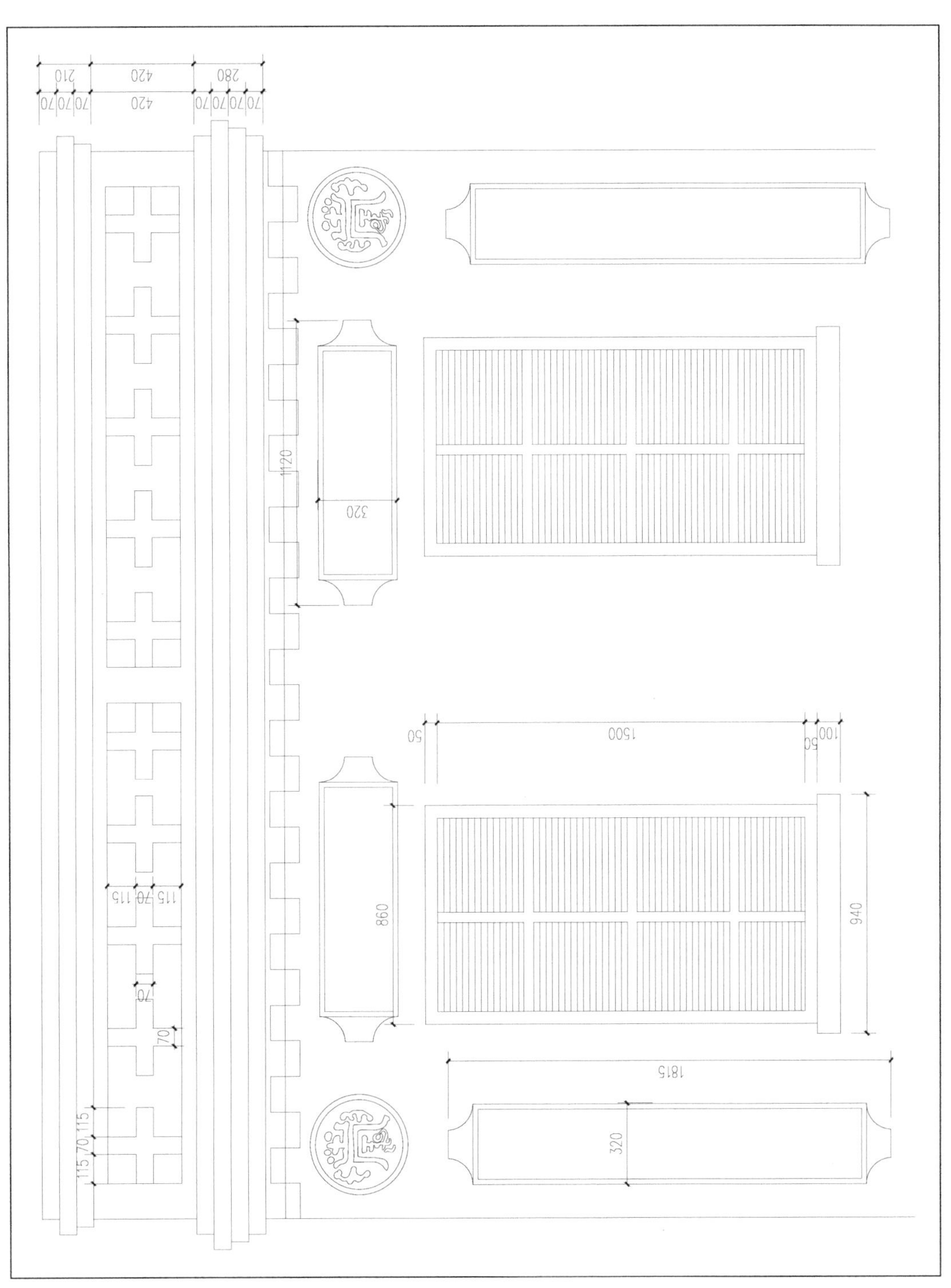

白兰土别墅（8号楼）屋檐大样图

（二）加固设计方案

1. 工程概况

马海德别墅，位于北戴河安三路 1 号，今秦皇岛市政府招待处院内，原为奥地利人白兰士所有，新中国成立后接待过许多中外友好人士，国际友人马海德每次来北戴河都居住于此，所以又称马海德别墅。东、南临市招花园，西临 7 号楼，建于 20 世纪初，坐东向西，为地上一层，局部二层，地下一层，毛石基础，砖木结构，别墅占地 11 亩，建筑面积 483.95 平方米，平面为长方形，屋盖采用木屋架二面坡红色铁皮瓦屋面，楼梯为木结构式楼梯，外廊护栏砌筑式护栏。东侧有高台阶，该建筑欧式造型，占地面积较大，环境优美，是目前北戴河优秀近代建筑。该建筑由于年久失修，多处地方出现裂缝、糟朽、错位现象，2009 年 10 月甲方委托燕山大学进行了安全性检测及鉴定。根据检测鉴定报告结论，该建筑物的墙体及多处承重构件不满足抗震承载力更求，必须进行相应的加固处理。

2. 加固设计依据

（1）《北戴河马海德别墅结构检测报告》（CJ–2009–10041）

（2）《建筑抗震设计规范》（GB 50011–2001）

（3）《建筑抗震加固技术规程》（JCJ 116–2009）

（4）《混凝土结构设计规范》（GB 50010–2002）

（5）《混凝土结构加固设计规范》（GB 50367–2006）

（6）《砖混结构加固与修复》（O3SG611）

（7）《建筑物抗震构造详图》（GJBT–760 ～ 766）

（8）其他相关结构加固规范（规程）

（9）抗震设防烈度为 7 度（0.10g），场地类别 Ⅱ 类，结构安全等级为二级。

（10）加固设计使用荷载：

	卧室、客厅	盥洗室	楼梯间	屋面（不上人）
荷载值 KN/m2	2.0	2.0	2.5	0.5

（11）本工程加固设计使用年限定为 30 年，到期后，可对其进行可靠性鉴定，若结构工作正常，仍可继续延长其使用年限。

3. 加固内容

（1）对承重砖墙砌体进行加固（钢筋网 + 砂浆抹面）。

（2）对木结构楼面加固（H 形钢梁加固，含在吊顶夹层中）。

（3）对二层木结构屋面进行加固（替换腐烂木檀条、木望板，重新做保温防水）。

（4）换首层双坡屋面铁瓦，局部有木檩条需替换。

（5）外墙上裂缝进行灌胶封堵（灌浆法）。

（6）二层卫生间墙体及地面破坏严重，需拆除后照原样重做。

4. 加固材料

（1）钢筋：-HPB235（I 级钢 -HRB8335（Ⅱ级钢），均采用热轧钢筋。其抗拉强度，伸长率，屈服强度，碳、硫、磷含量应符合国家标准。

（2）砂浆：水泥砂浆 M10。

（3）焊接材料：手工焊：焊条采用 E43×× 型焊条，其性能应符合 GB 5117-1995 之规定。自动或半自动焊接：采用的焊丝应符合 GB/T 14957-94 之规定，焊接应符合 GB 5293-1999 之规定。

（4）填充材料：CGM 水泥基灌料。

（5）锚固材料：A 级胶（性能符合 GB 50367-2006 中植筋用 A 级胶标准）。

（6）黏结材料说明：加固中所用胶黏剂必须通过毒性检验，其检验结果应符合无毒卫生等级科；严禁使用乙二胺作改性环氧树脂固化剂，严禁掺加挥发性有害溶剂和非反应性稀释剂。

5. 加固工艺要求外加钢筋砂浆层加固砌体墙

（1）工艺要求：

① 面层砂浆强度 M10。

② 钢筋网砂浆面层厚度 40 毫米，钢筋外保护层厚度不小于 10 毫米，钢筋网片与墙体的空隙不小于 5 毫米。

③ 钢筋网的钢筋直径 Φ6，网格尺寸实心墙为 300mm×300mm。单面加面层采用 Φ6 的 L 形锚筋，双面采用 Φ6 的 S 形穿墙筋；L 形锚筋间距 600 毫米，S 形穿墙筋间距 900 毫米，梅花形布置。

④ 钢筋网的横向钢筋遇门窗洞口时，单面加固宜将钢筋弯入窗洞侧锚固，双面加固宜将两侧钢筋在洞口闭合。

（2）施工顺序：

原墙面装饰层凿除—钻孔并用水冲刷—铺设钢筋网并安设锚筋—浇水湿润墙面—抹水泥砂浆并养护。

（3）施工控制要点：

① 原墙面腐蚀严重时，应先清除松散部分，并用 1∶3 水泥砂浆抹面，原松动的勾缝砂浆应剔除。

② 墙面钻孔，按方案划线标出锚筋位置，并用电钻钻孔。穿墙孔直径比 S 锚筋大 2 毫米，锚筋孔直径宜为锚筋直径的 2 倍，孔深见图，锚筋插入孔洞后，应用水泥砂浆填实。

③ 铺设钢筋网时竖向钢筋应靠墙面。

④ 抹水泥砂浆前，先在墙面刷水泥浆一道，再分层抹灰，每层厚度不超过 15 毫米。

⑤ 面层应浇水养护。

6. 其他

① 施工过程如有问题，及时与设计单位联系，协商解决。

② 加固图纸尺寸与实际若有出入，应以实际尺寸为准。

③ 本加固工程应由专业队伍施工。

（四）加固设计图纸

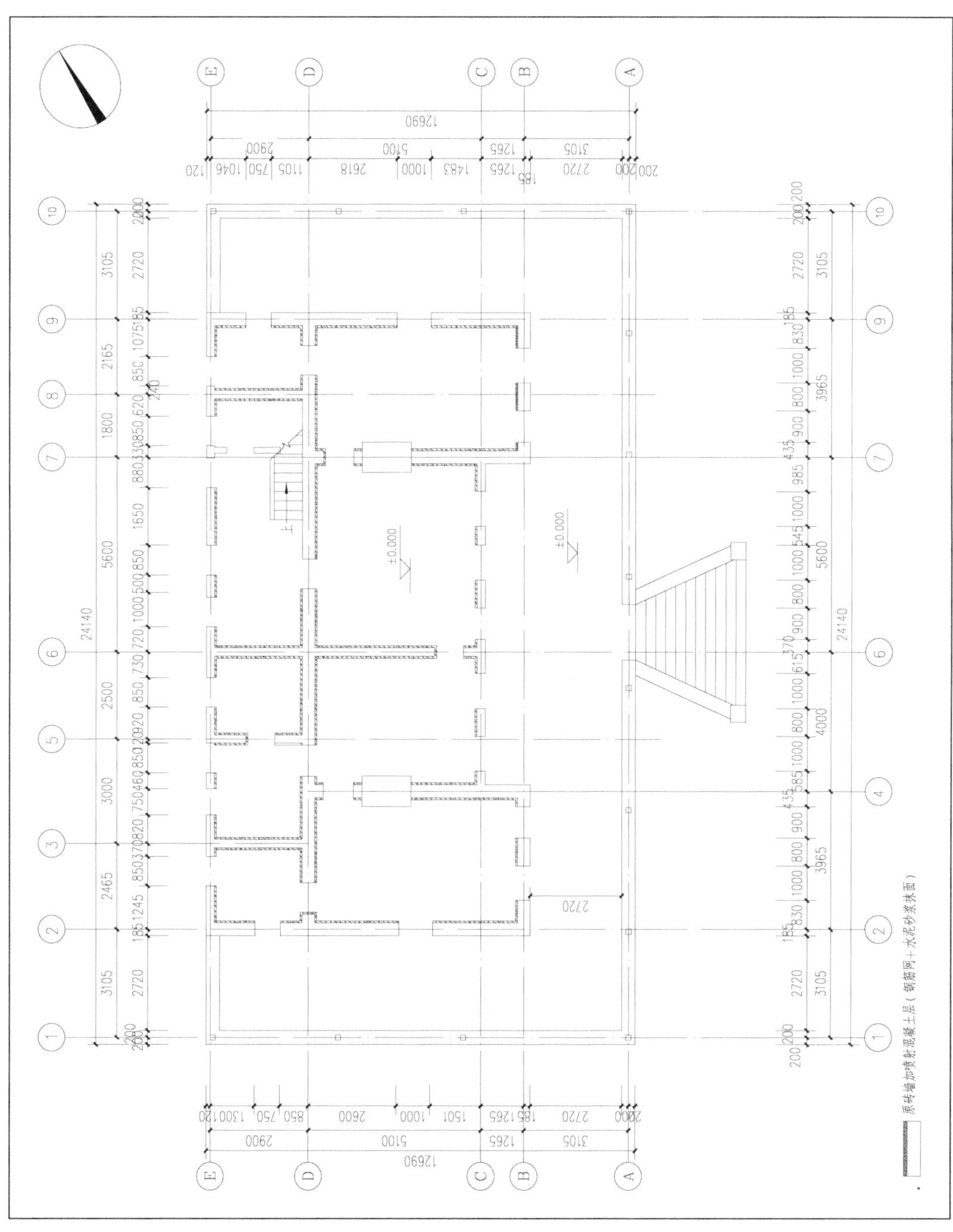

白兰土别墅（8号楼）一层墙体加固平面布置图

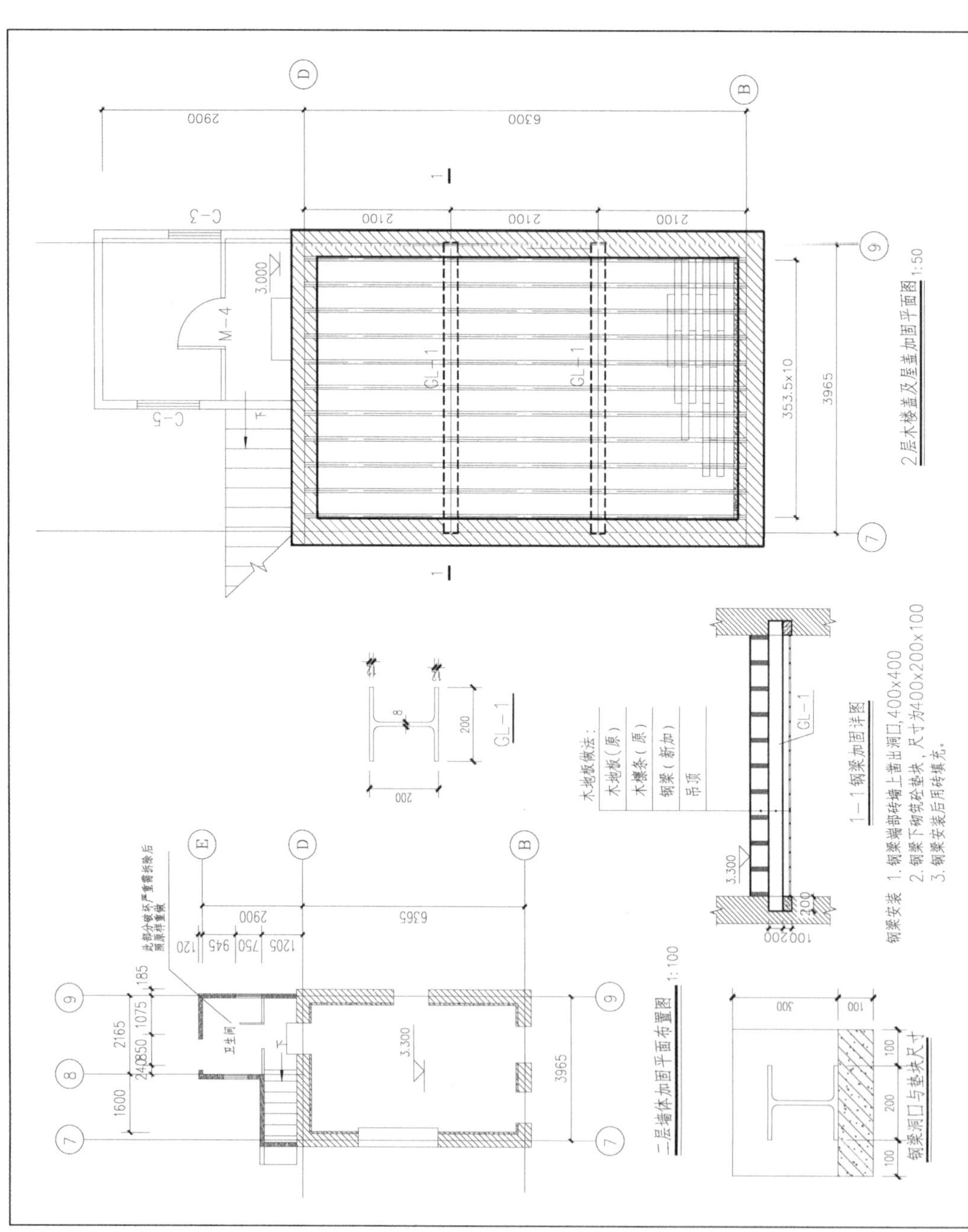

白兰士别墅（8号楼）二层木楼盖及屋盖加固平面图

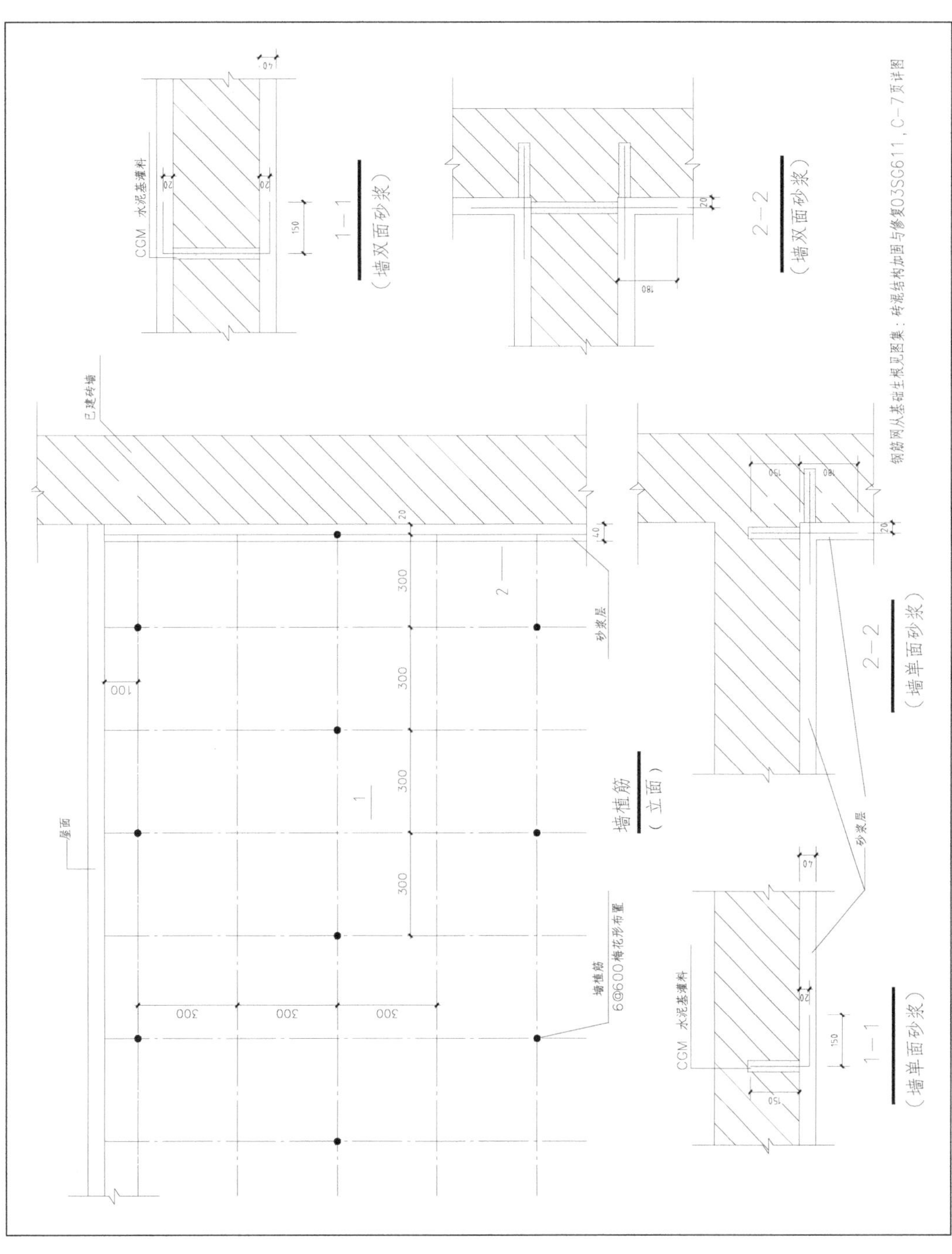

白兰土别墅（8号楼）墙植筋及砂浆抹面详图

三、常德立别墅（10 号楼）修缮方案

（一）建筑修缮方案

1. 台基及入口台阶

（1）台基

残损状况：局部墙面有后加固的水泥勾缝痕迹。

修缮方法：根据结构质量检测报告及毛石墙台基结构加固措施对毛石墙加固后，统一对毛石墙基进行白灰砂浆勾缝，要求勾缝整洁、平整统一，白灰砂浆为灰白色。

（2）入口台阶

残损状况：石材现为现代风石材铺装，与建筑主体风格不符，应剔除重做花岗石台阶。

修缮方法：剔除现台阶水泥面层，统一使用干硬性水泥砂浆抹面，其重量配合比为 1∶2 ～ 1∶3（水泥：粗砂），砂子应为均匀粗砂，擀压密实、平整、光滑。

2. 地面

（1）瓷砖、水泥地面

残损状况：围廊瓷砖地面普遍污染磨损严重，勾缝脱落且与建筑整体风格不符；瓷砖地面表面掉瓷磨损严重。一层水泥地面杂物堆积严重，且潮湿发霉现象严重。

修缮方法：剔除围廊瓷砖面层，统一使用干硬性水泥砂浆抹面，其重量配合比为 1∶2 ～ 1∶3（水泥：粗砂），砂子应为均匀粗砂，擀压密实、平整、光滑；室内瓷砖地面为后期改造产物，不属于保护对象，根据以后使用要求另作修整，要求应体现民国风格，与整个别墅风格相近。

（2）木地板

残损状况：木地板基本完整，无明显沉降迹象，残损面积 10 ～ 15 平方米。

修缮方法：木地板基层损坏，有地垄的木地板，如面层完好或损坏不是很严重的应尽量不拆或少拆面层，可以在地垄内加固搁栅和沿椽木。修缮前必须把房间内的荷载卸去，并在地垄墙上铺好防潮层，如沿椽木腐烂应更换。木地板面层损坏，面层小条地板局部松动或磨损，可采用挖补法修缮。新地板板材宽度、纹理等应与原有地板一致，厚度一般上要比原有地板厚 1 ～ 1.5 毫米，把新地板磨平至原有地板平。针对木

地板腐烂的情况，应拆除面层地板。有几何图案应事先做好记录。检查搁栅，如有损坏必须修复后再铺面层。铺设完成后就可以打磨、刨平，把相邻的板缝高差刨平即可。

备注：尽量使用原地板材料进行维修。

3. 墙体

（1）建筑墙体

残损状况：经勘察，未见明显的墙体裂缝，墙体白灰抹面层普遍干裂，污染变暗。

修缮方法：根据结构加固要求对墙体加固后，按原墙面材质、工艺，统一新作墙体抹灰层。材料的配合比应试配，面层抹灰应试样，达到设计效果后再全面施工，有特殊效果的饰面，材料的粒径、质感、色泽应与原墙面基本一致，接缝紧密，表面层的工艺及纹样应与原墙面一致。

备注：墙面涂料层应为淡黄色，颜色具体色泽应对照现有墙面叠加中的淡黄色涂料一致。

（2）围廊

残损状况：水泥抹面局部有裂缝，裂缝处长 2 米 ~ 3 米，青砖墙面后刷涂料一层，现留有剥落后痕迹。

修缮方法：剔除围廊矮墙水泥抹面，统一重新作水泥砂浆抹面。矮墙青砖墙基本保留清水砖墙面，去除青砖墙面后刷涂料，统一使用白灰砂浆勾缝。墙面严重损坏风化，要用挖补、镶补，或用黏土面砖嵌补等方法；灰缝的修补，应剔除损坏的灰缝，出清浮灰，宜按原材料和嵌缝形式修补，修复后，灰缝应平直、密实、无松动、断裂、漏嵌；修补后墙面应色泽协调表面平整、头角方正、无空鼓。

4. 梁架

残损状况：内部木梁架基本完好，无明显的歪闪现象。

修缮方法：根据木梁架结构残损程度采取相应的加固措施。

5. 门窗

（1）室外百叶门窗

残损状况：百叶木门窗基本完好，局部门窗扇位移、歪闪磨损严重。木饰油漆普遍干裂褪色，门窗铁连接件把手缺失等。百叶窗油漆起壳干裂，局部剥落。

修缮方法：对移位受损的所有门窗进行归位和维修，对榫卯松脱、框边变形、扭闪的隔扇门窗，采取整扇拆卸，重新归安；边梃和抹头劈裂糟朽时应钉补牢固，严重者应予更换。糟朽、蛀蚀严重的门窗按原油饰修缮，对干裂破损的木饰油漆应清除干净，不得损伤原有结构层，应使用脱漆剂；先清除木质基层上的污垢钉眼缝隙、毛刺，脂囊用泥子填补磨光。清水漆施涂，在刮泥子、上色前，应涂刷一度封闭底漆，然后反复进行刮泥子、磨光、刷清漆、拼色和修色，直至色调均匀、平面光洁、线脚清晰后，再做饰面漆、打蜡、上光。式样、材质重新复原，作防腐、防虫处理后归安。

（2）室内门窗

残损状况：木格玻璃窗基本完好，局部门窗扇位移、歪闪磨损严重。木饰油漆普遍干裂褪色，部分门窗铁连接件、玻璃、把手缺失等。

修缮方法：木门窗及五金件的修缮以按原样的修复原则进行修缮，施工单位必须事先对历史建筑的木门窗进行统计及调查，取得现场的相关历史图纸的实样，进行厂方的深化设计图后，方仿制的木门窗实样。设计要求实样木门窗材质应与保留木门窗材质一致，木材基层应先刷底子油漆，再刷新油漆：木门窗必须进行门窗开启核正，使门窗关闭严密，开启灵活，方可安装五金零件；所安装的五金零件位置应正确，使用应灵活，松紧适宜，安装螺钉不应有松动现象：应检查原有执手、撑杆、合页等五金件，尽量去锈，并尽量恢复原有五金件。

6. 吊顶

（1）室内吊顶

残损状况：N4、N11 室内局部吊顶受潮发霉。

修缮方法：阁楼屋面增设防水层，去除吊顶抹灰层，重新作吊顶面层。

（2）围廊吊顶

残损状况：围廊吊顶白灰层基本完好，无明显的沉降现象，但由于雨水渗漏有轻微的雨水痕迹。

修缮方法：去除现有吊顶白灰层，维修吊顶木板条，补配破损严重及缺失的木板条，钉牢吊顶木条，使其平整，统一新作白灰面层。

7. 屋面

（1）铁瓦坡顶屋面

残损状况：铁瓦屋面基本完好，普遍油漆剥落褪色，局部锈蚀严重，锈蚀程度 5%。

修缮方法：由于屋面铁瓦年久失修，因此，需要局部揭瓦维修；拆卸瓦件前，应详细记录拆卸的构件的规格、位置、有无防水处理；拆卸后对铁瓦进行清理，更换锈蚀渗漏严重的铁瓦片，统一刷防锈蚀及防水油漆两至三道；安装时严格按拆卸记录予以修复及复原，安装时应注意与基座的连接应安全、牢固、可靠。配件要根据构件部位的材质、规格及尺寸进行选择，既要保证质量又要尽量考虑构件统一。

（2）雨水管

残损状况：铁质排水管件基本完好，局部管件，生锈松动，北侧及檐角排水槽锈蚀漏雨严重。

修缮方法：更换锈蚀严重的排水管件，加固管件连接，统一刷防锈蚀及防水油漆两至三道。

（二）修缮设计图纸

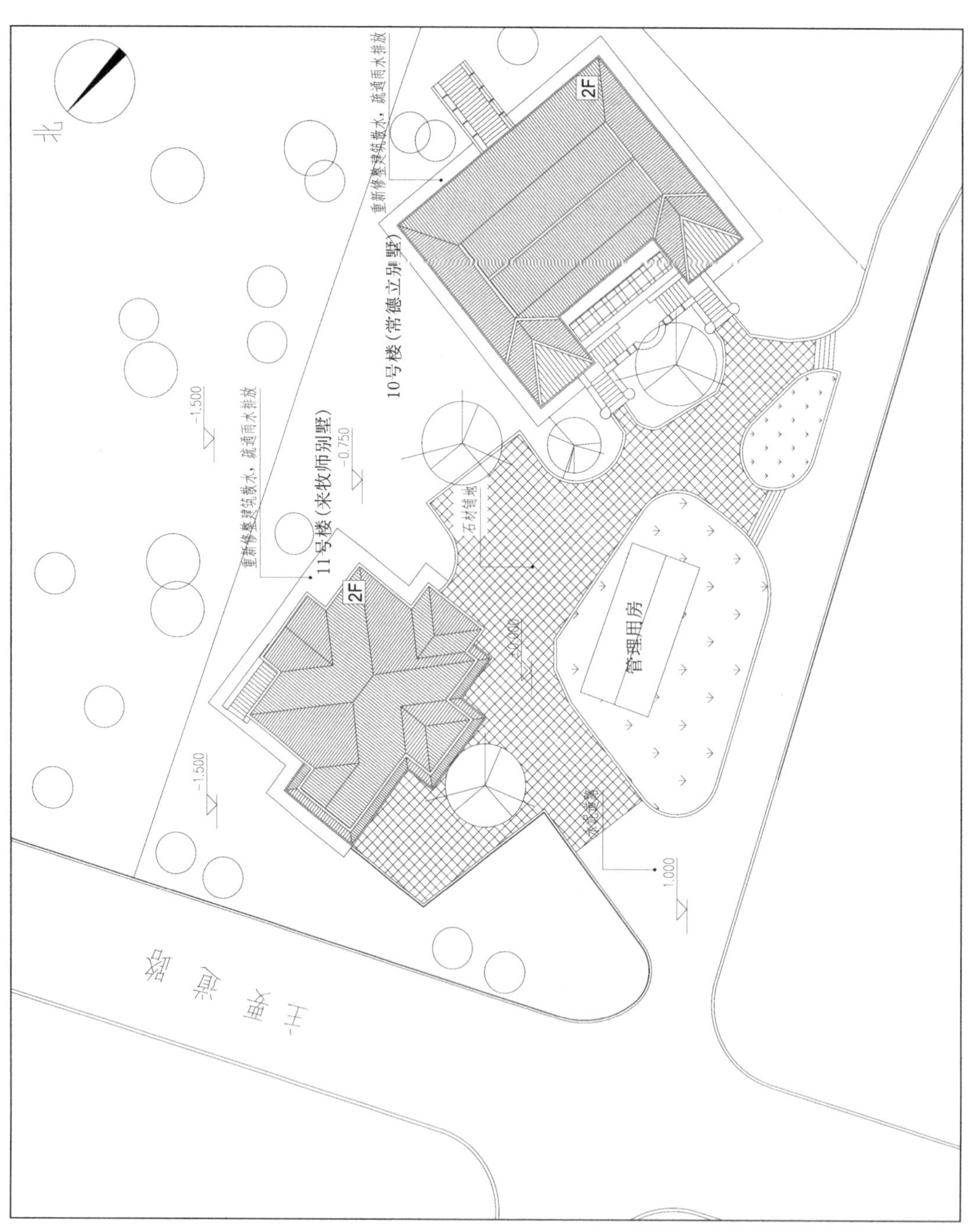

10号楼、11号楼总平面图

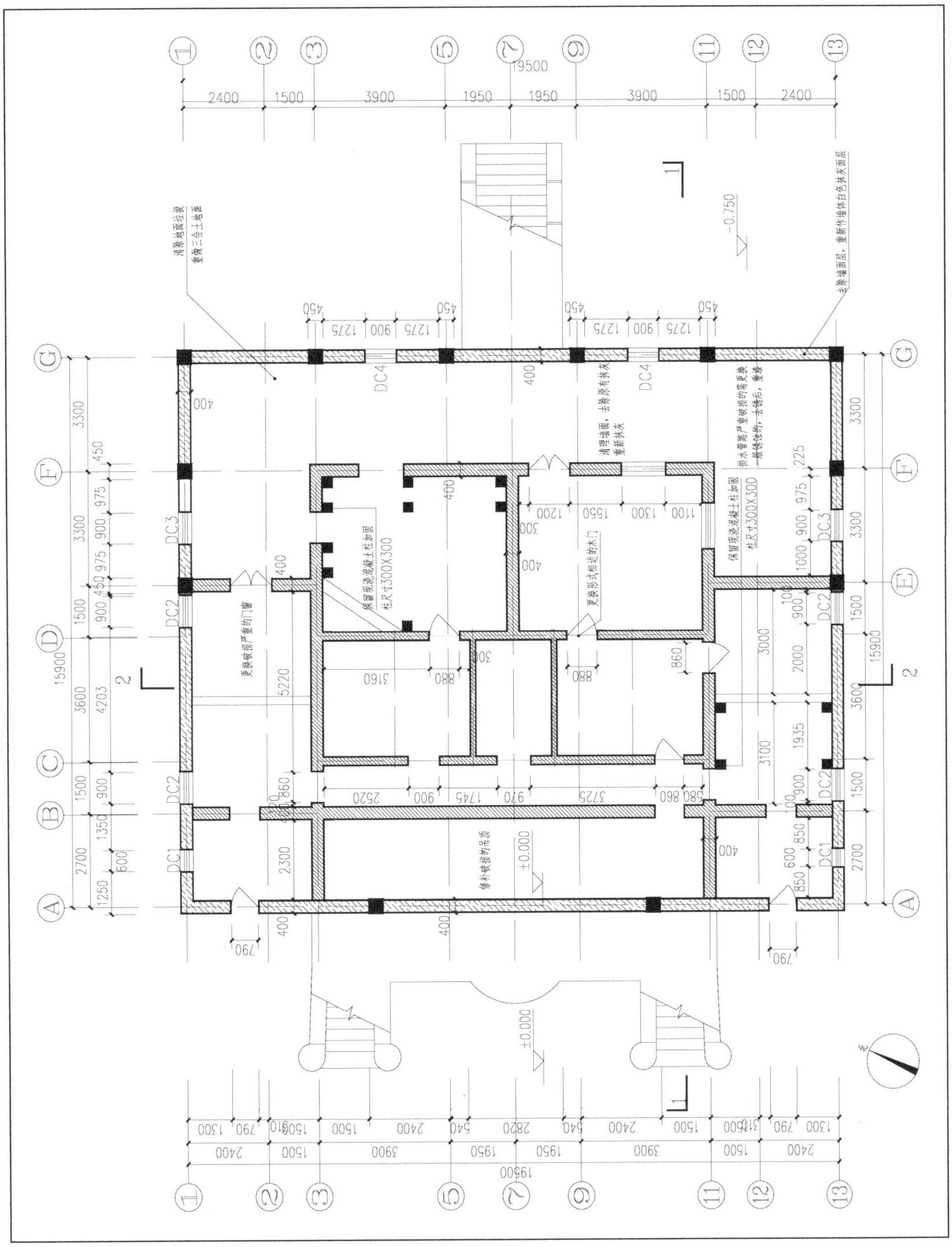

常德立别墅（10号楼）一层平面图

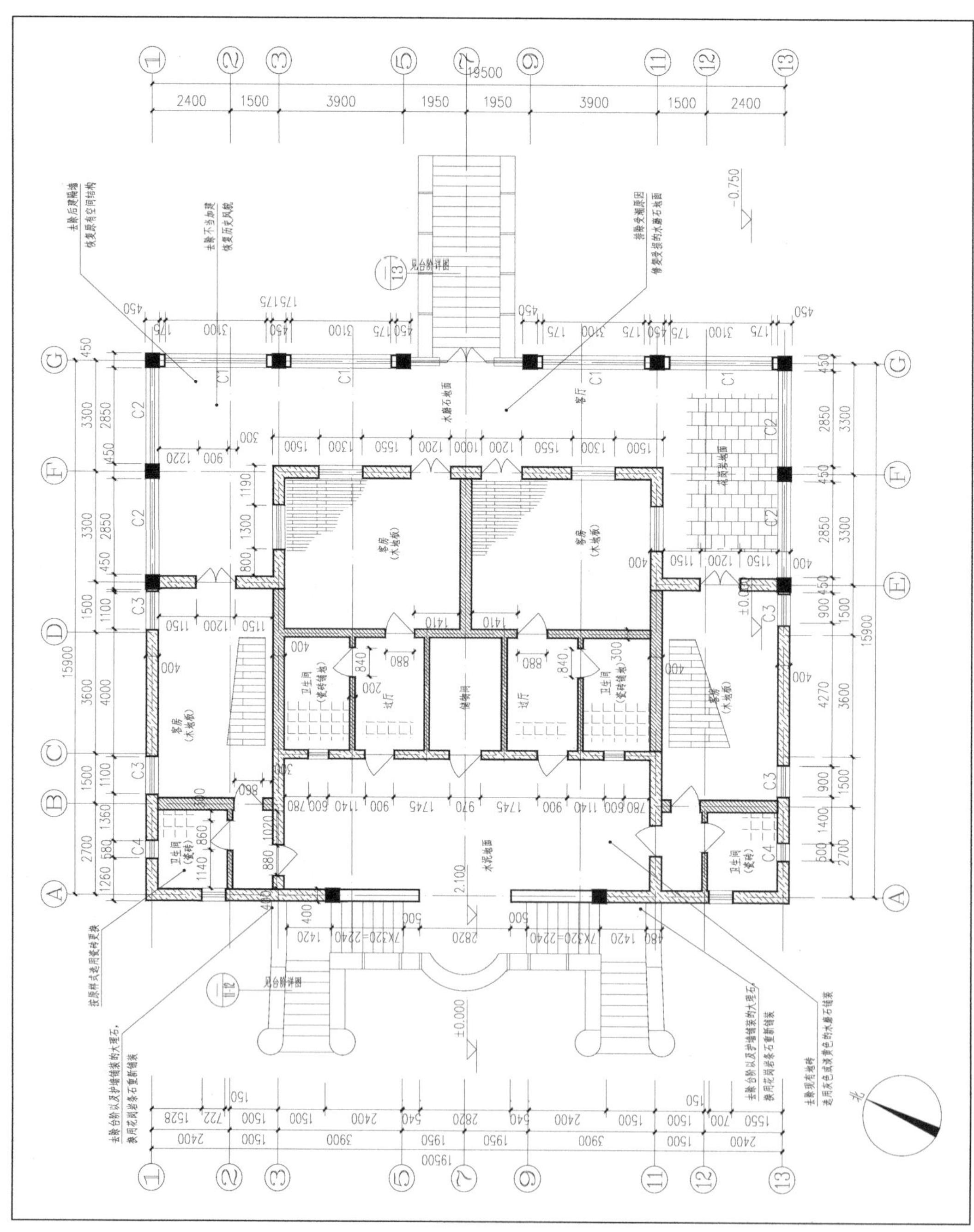

常德立别墅（10号楼）二层平面图

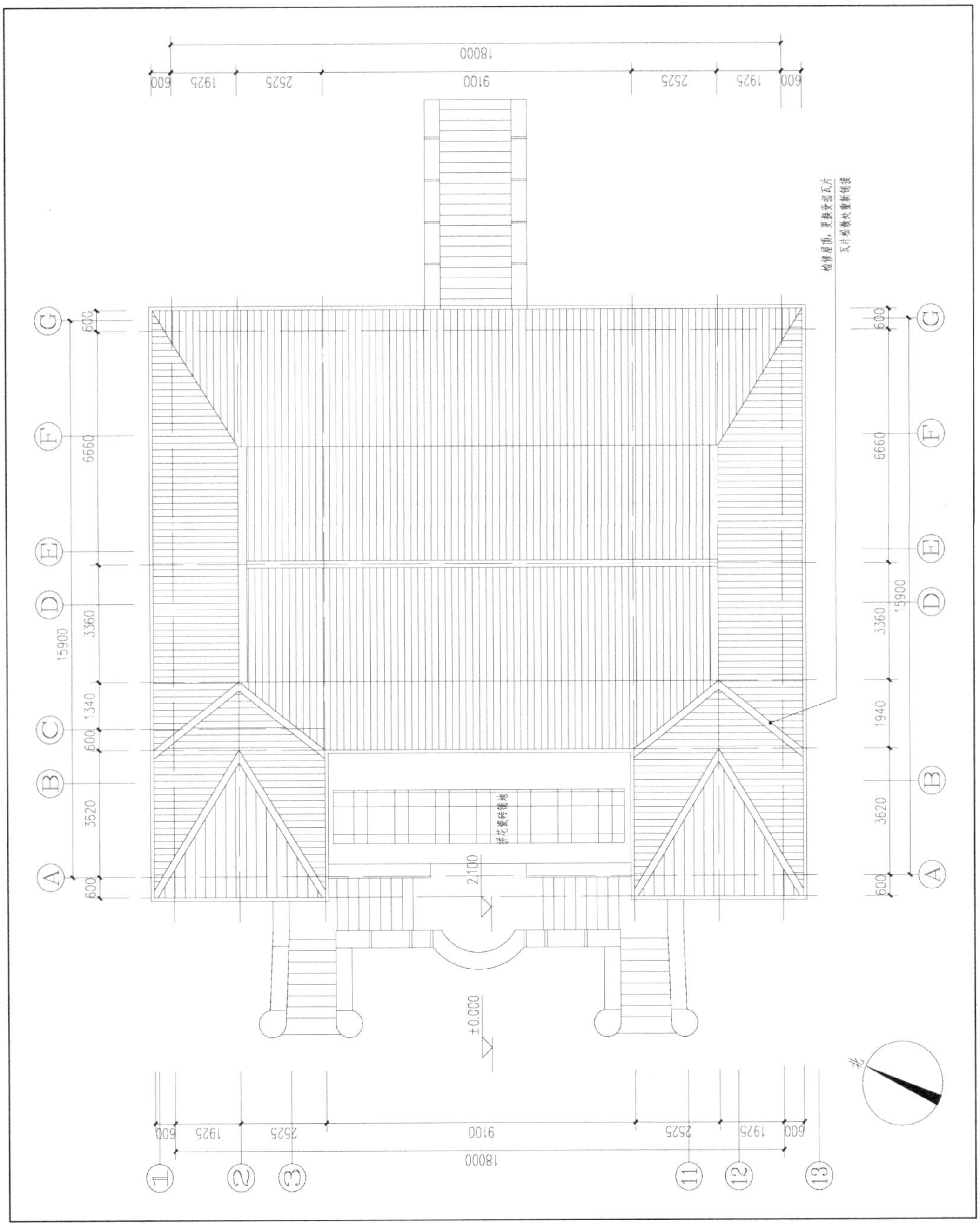

常德立别墅（10号楼）屋顶平面图

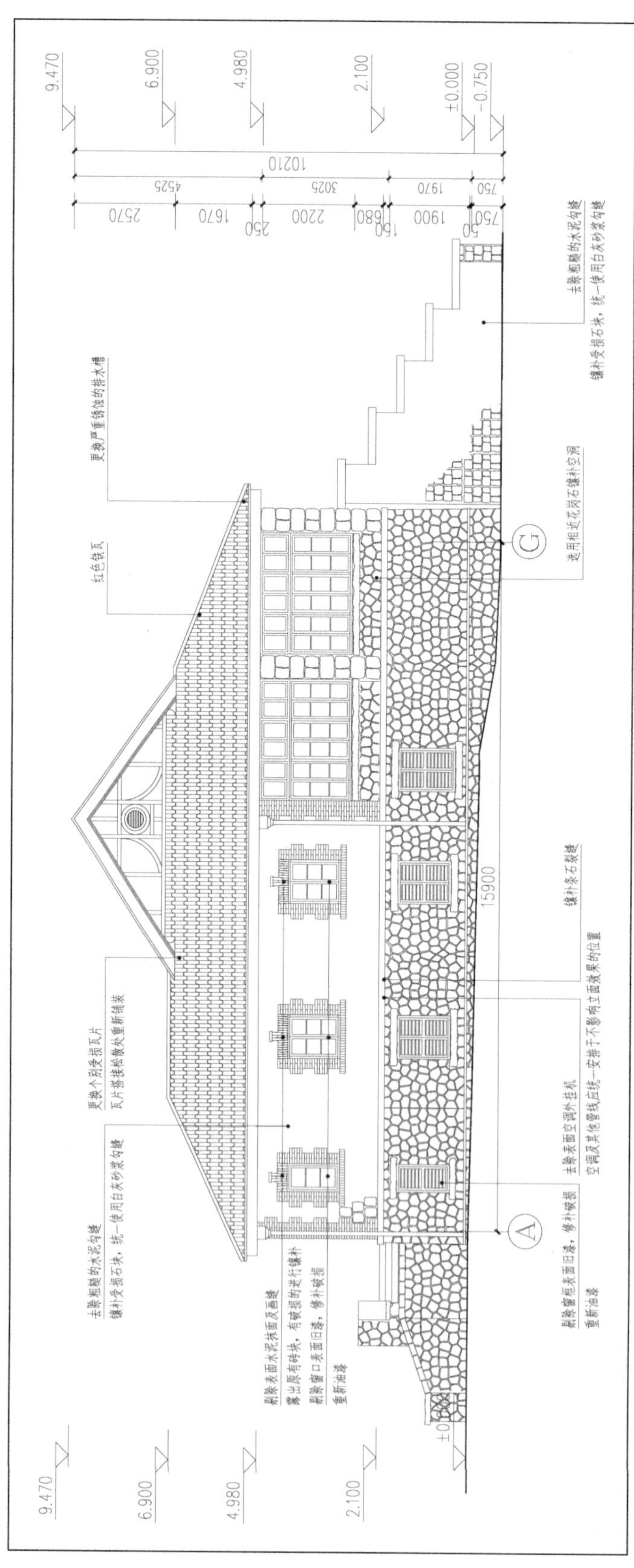

常德立别墅（10号楼）南立面图

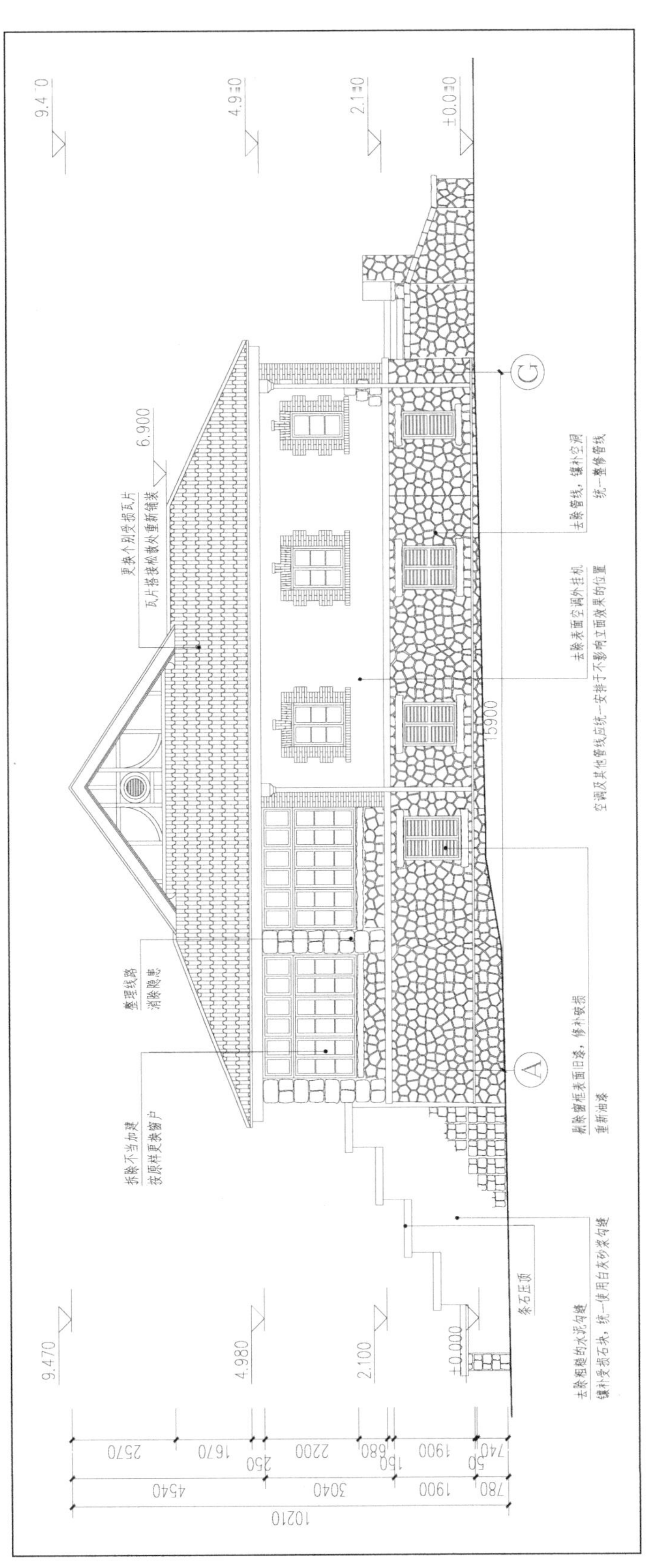

常德立别墅（10号楼）北立面图

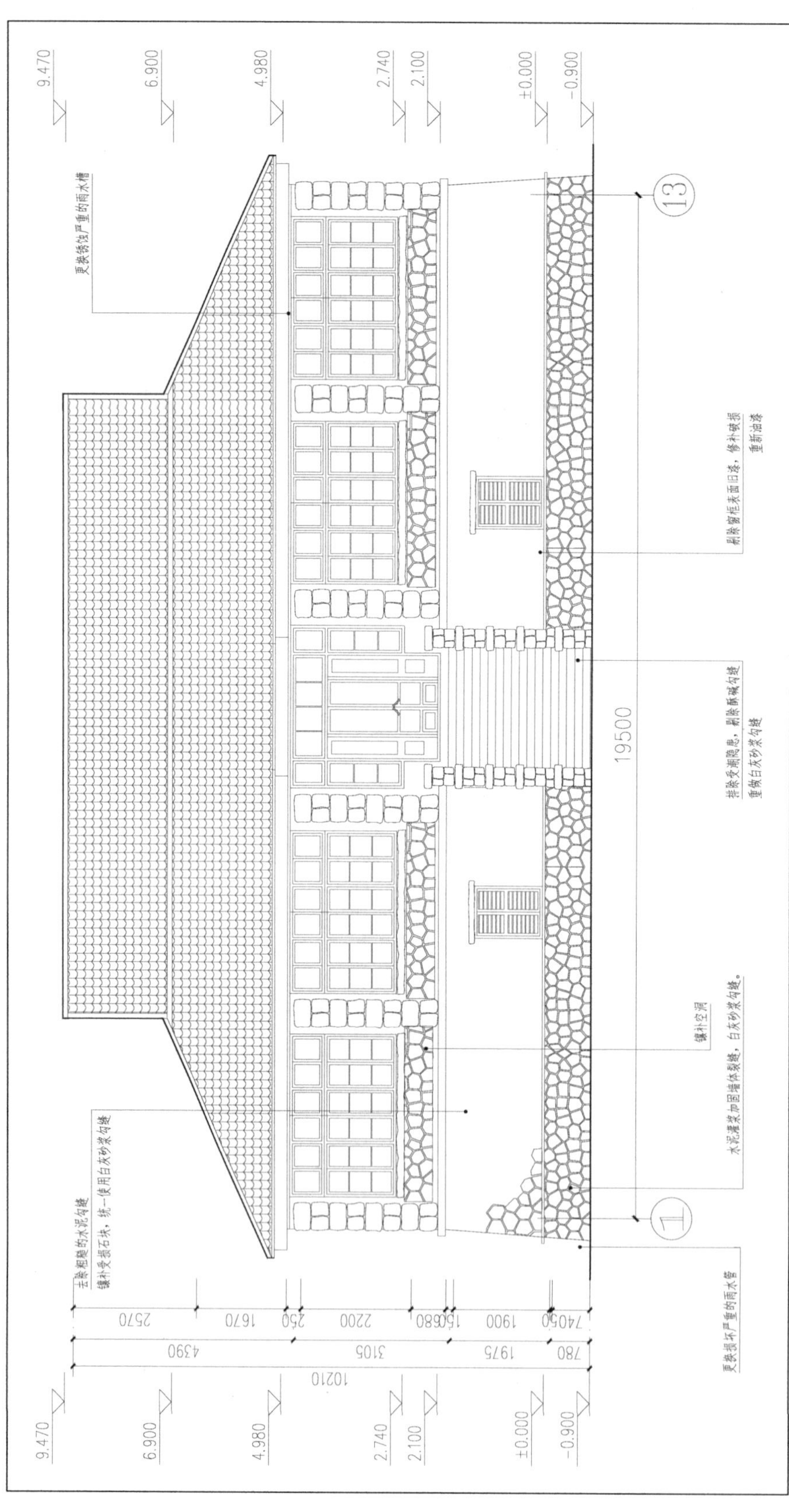

常德立别墅（10号楼）东立面图

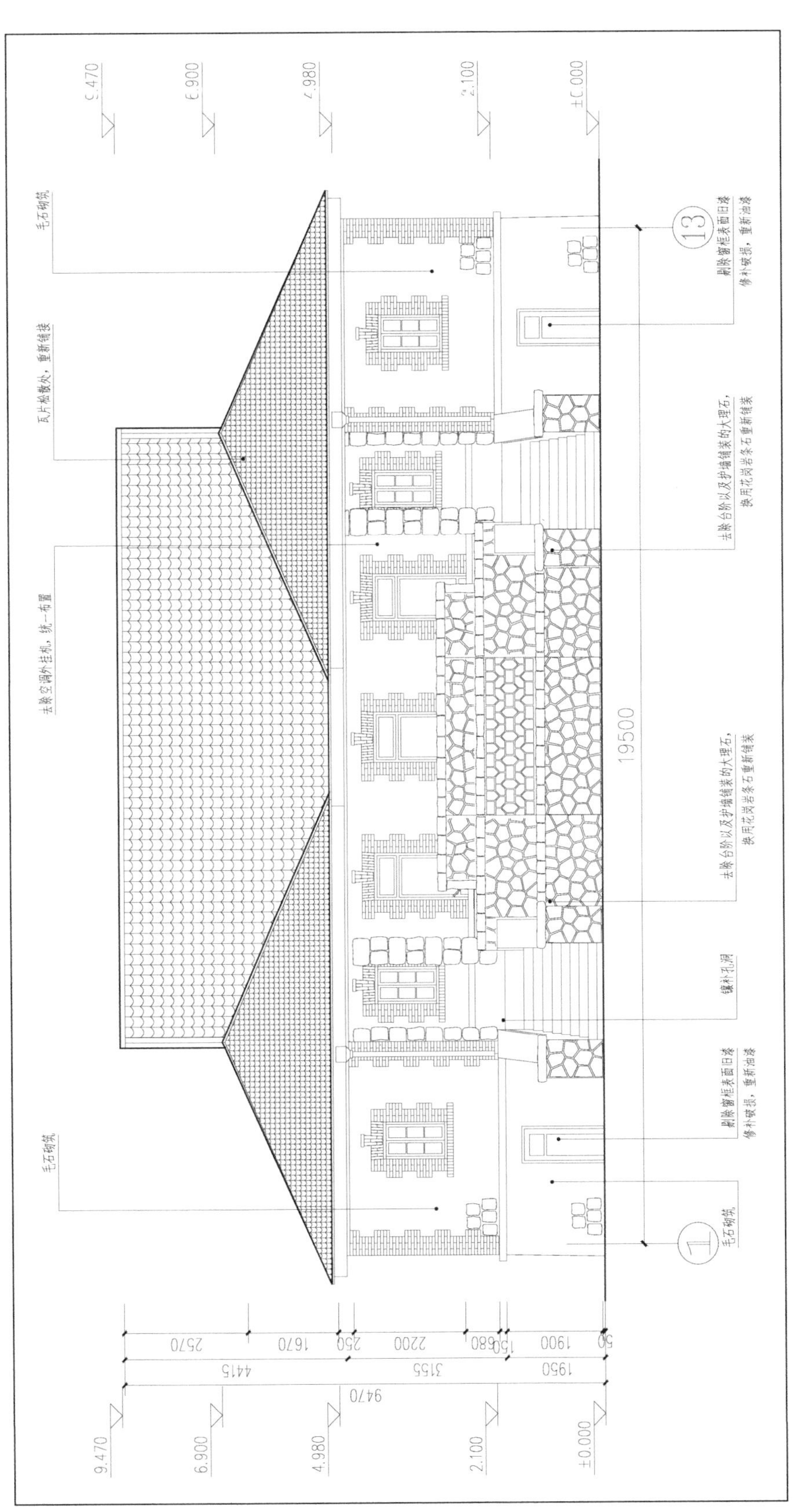

常德立别墅（10号楼）西立面图

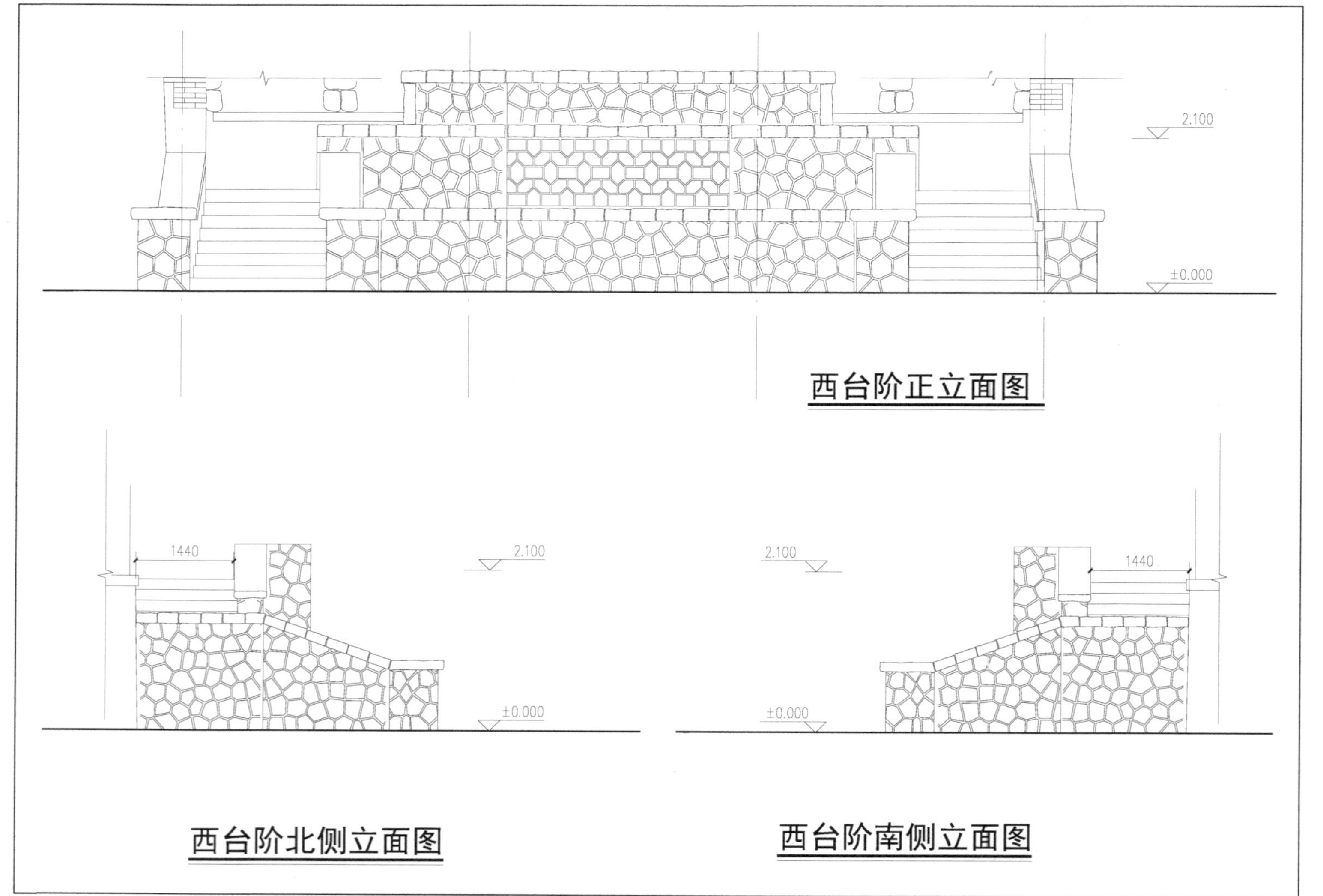

常德立别墅（10号楼）台阶详图（一）

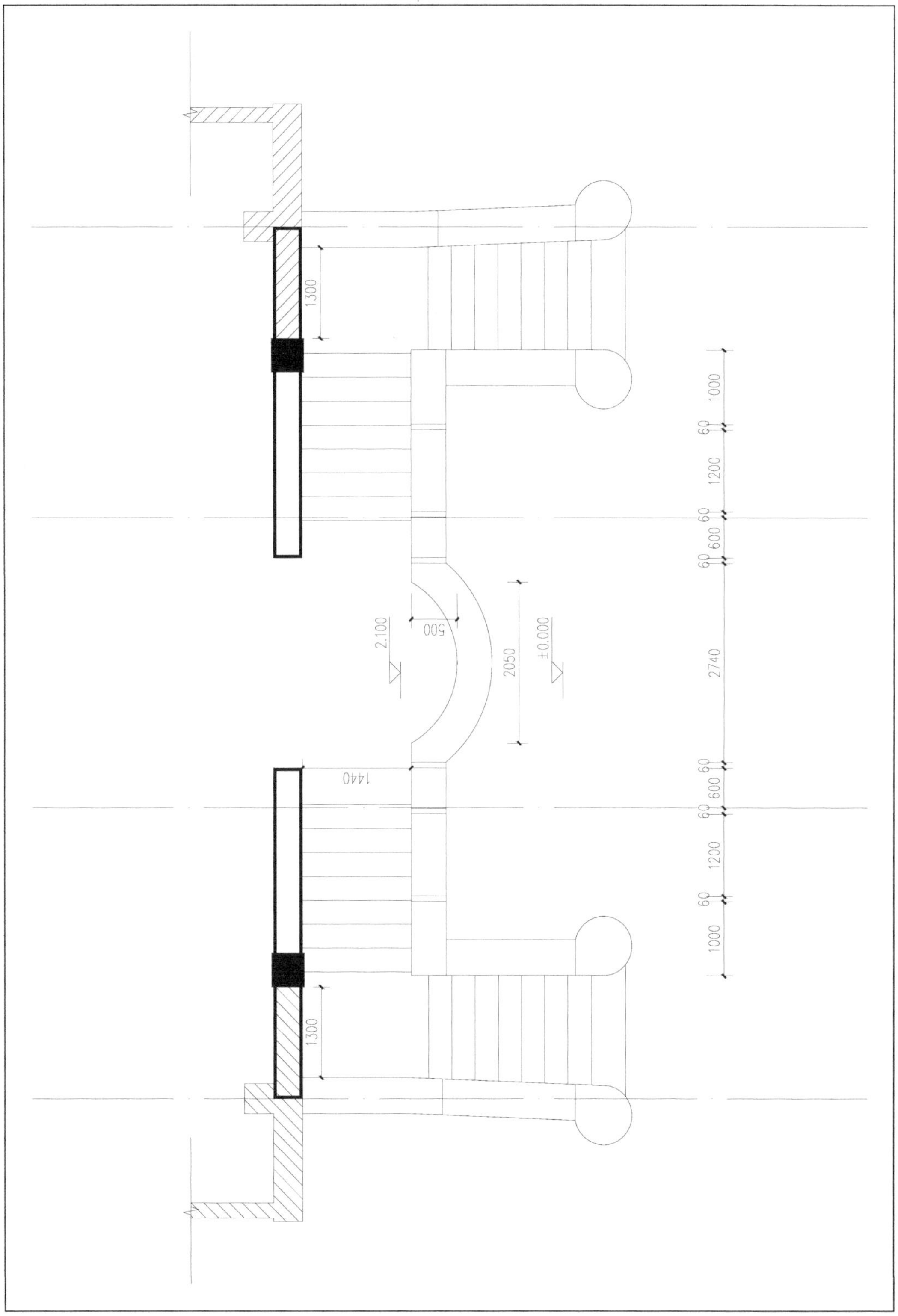

常德立别墅（10号楼）台阶详图（二）

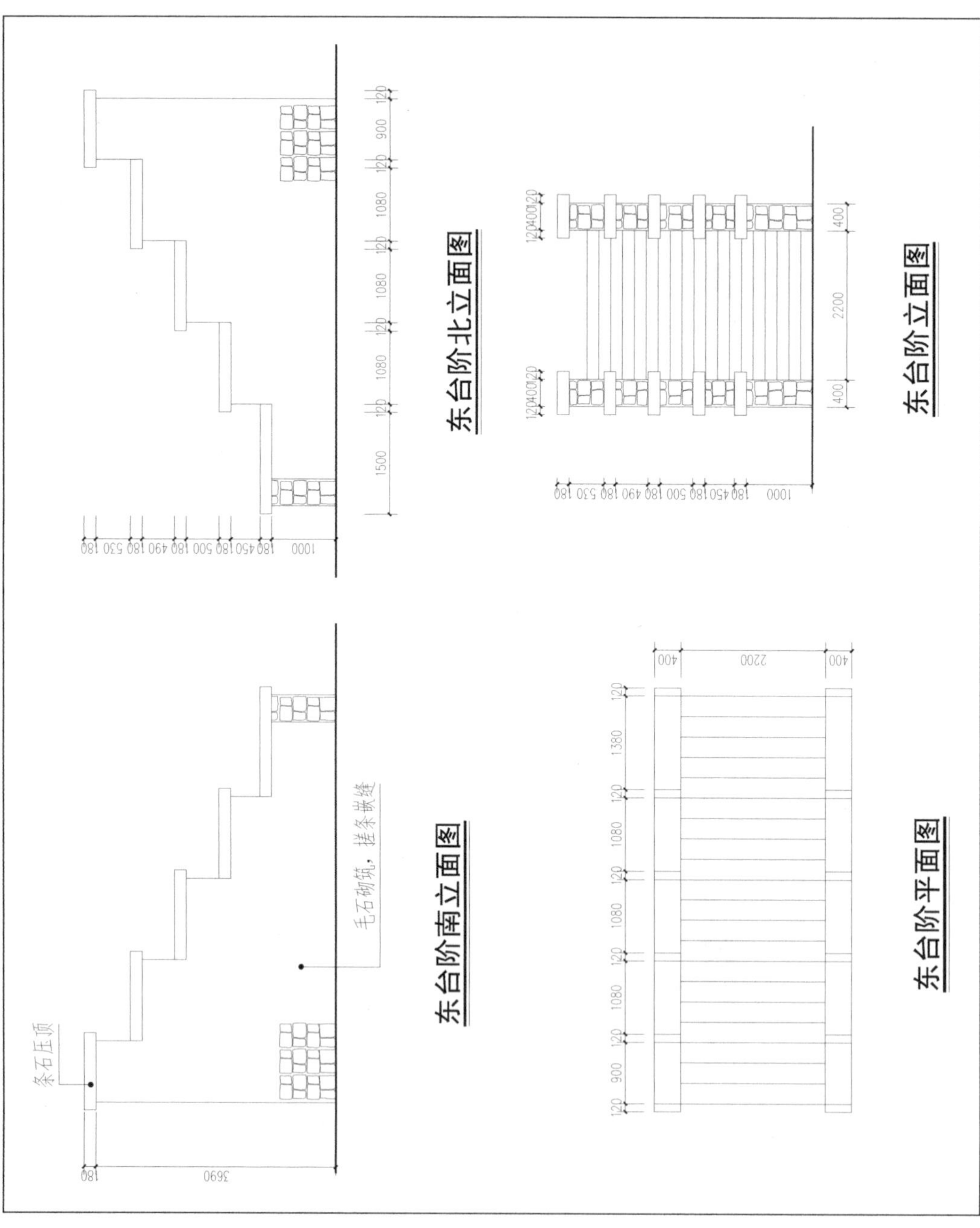

常德立别墅（10号楼）台阶详图（三）

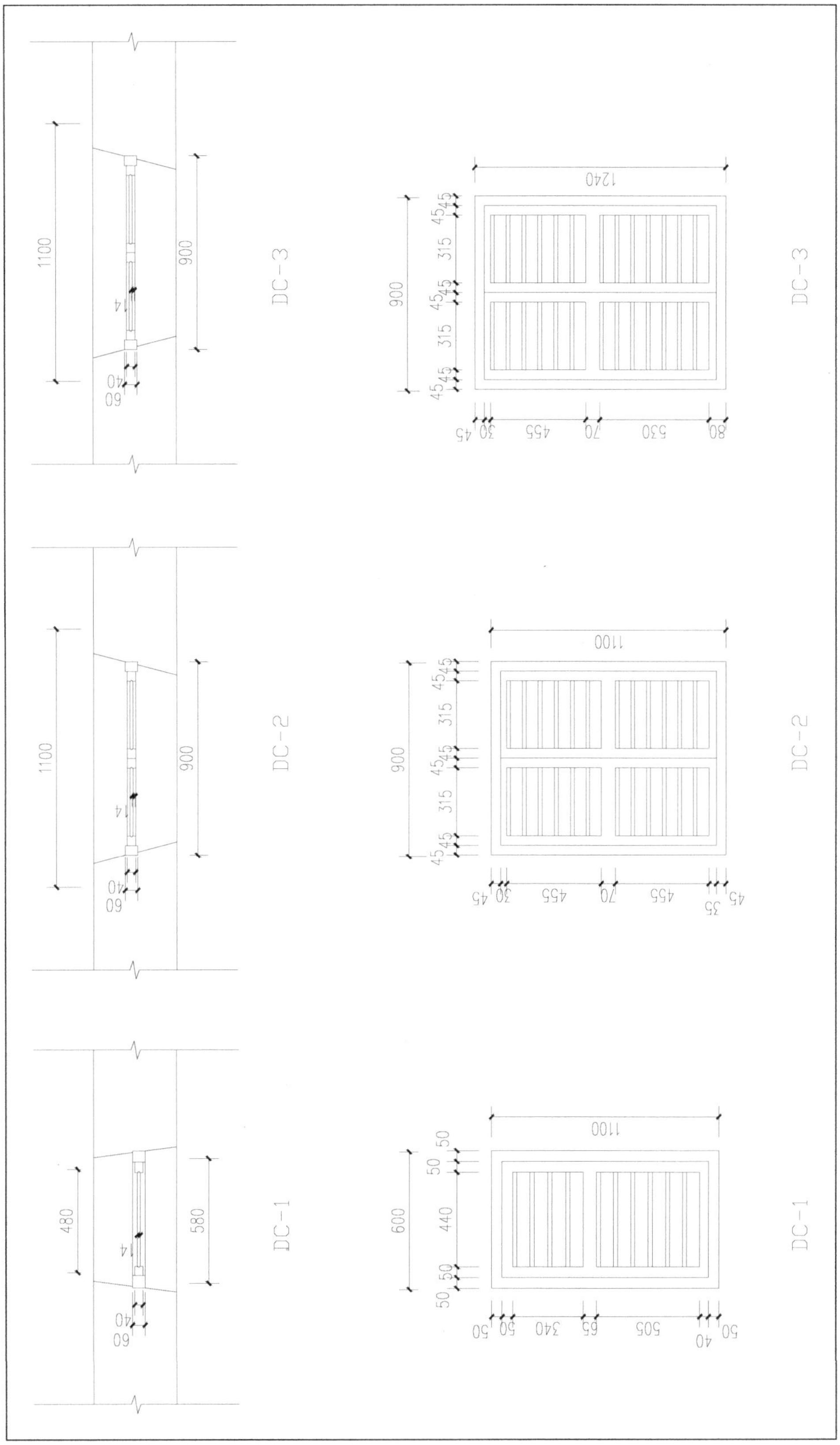

常德立别墅（10号楼）门窗详图（一）

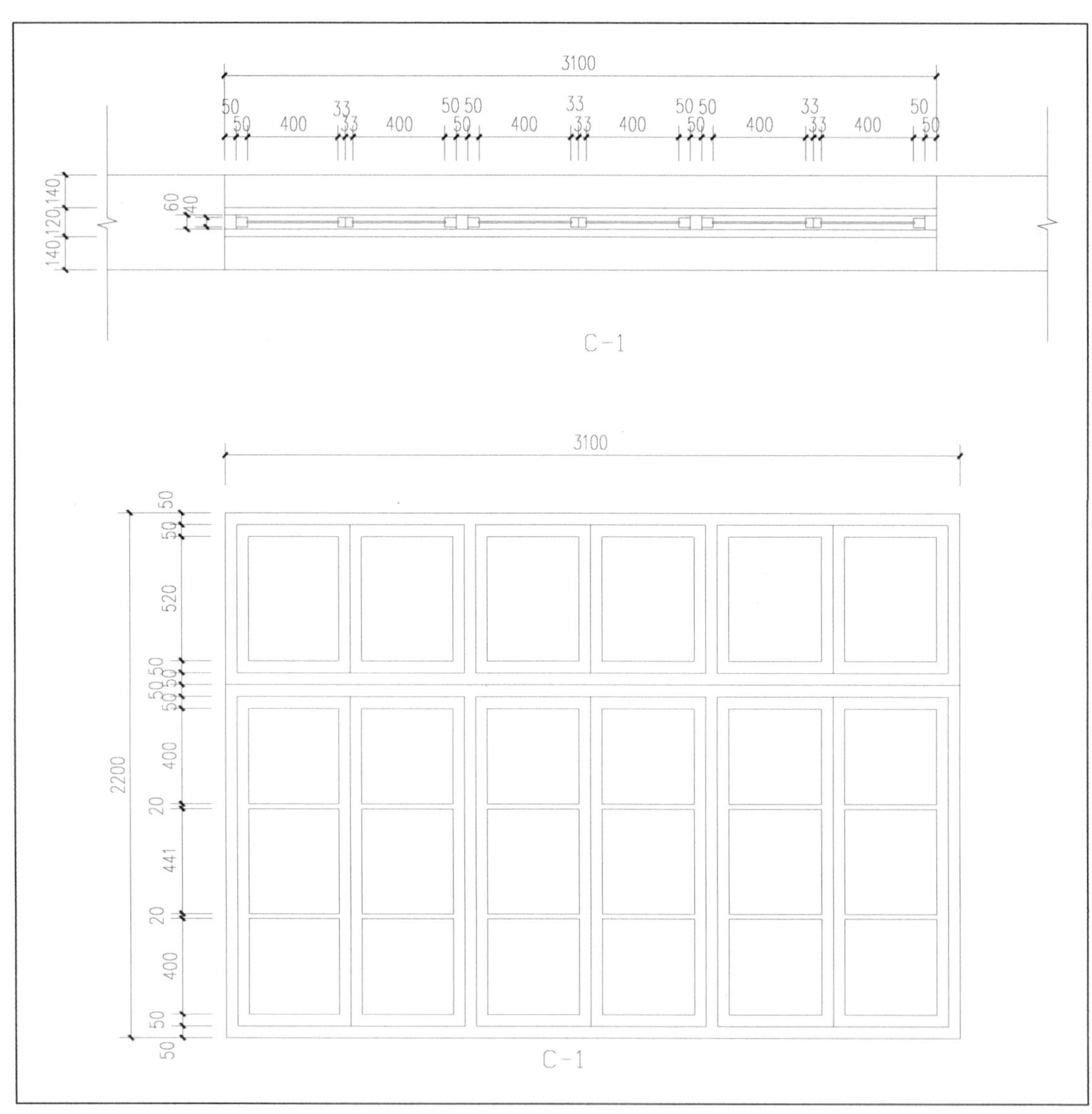

常德立别墅（10号楼）门窗详图（二）

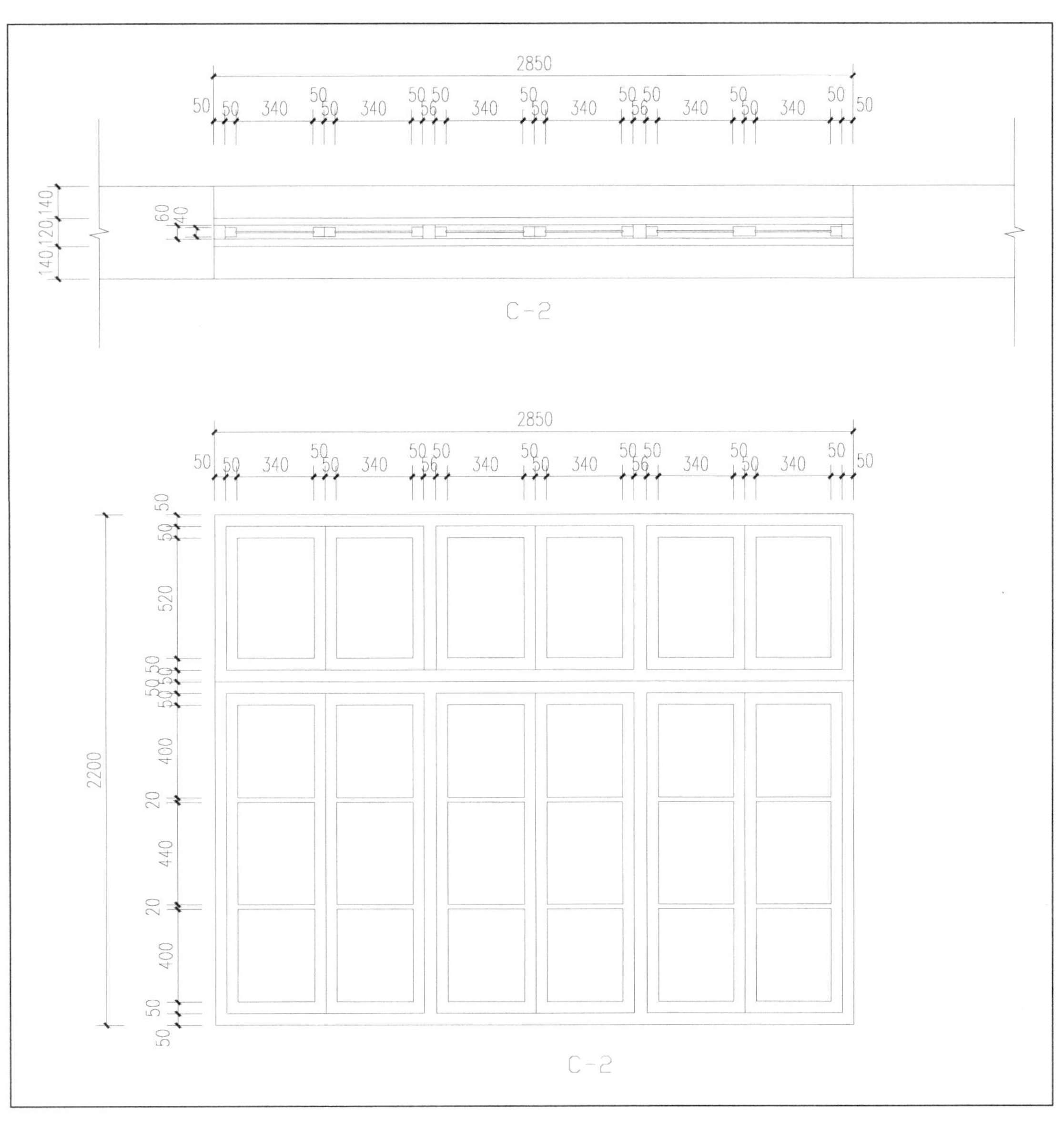

常德立别墅（10号楼）门窗详图（三）

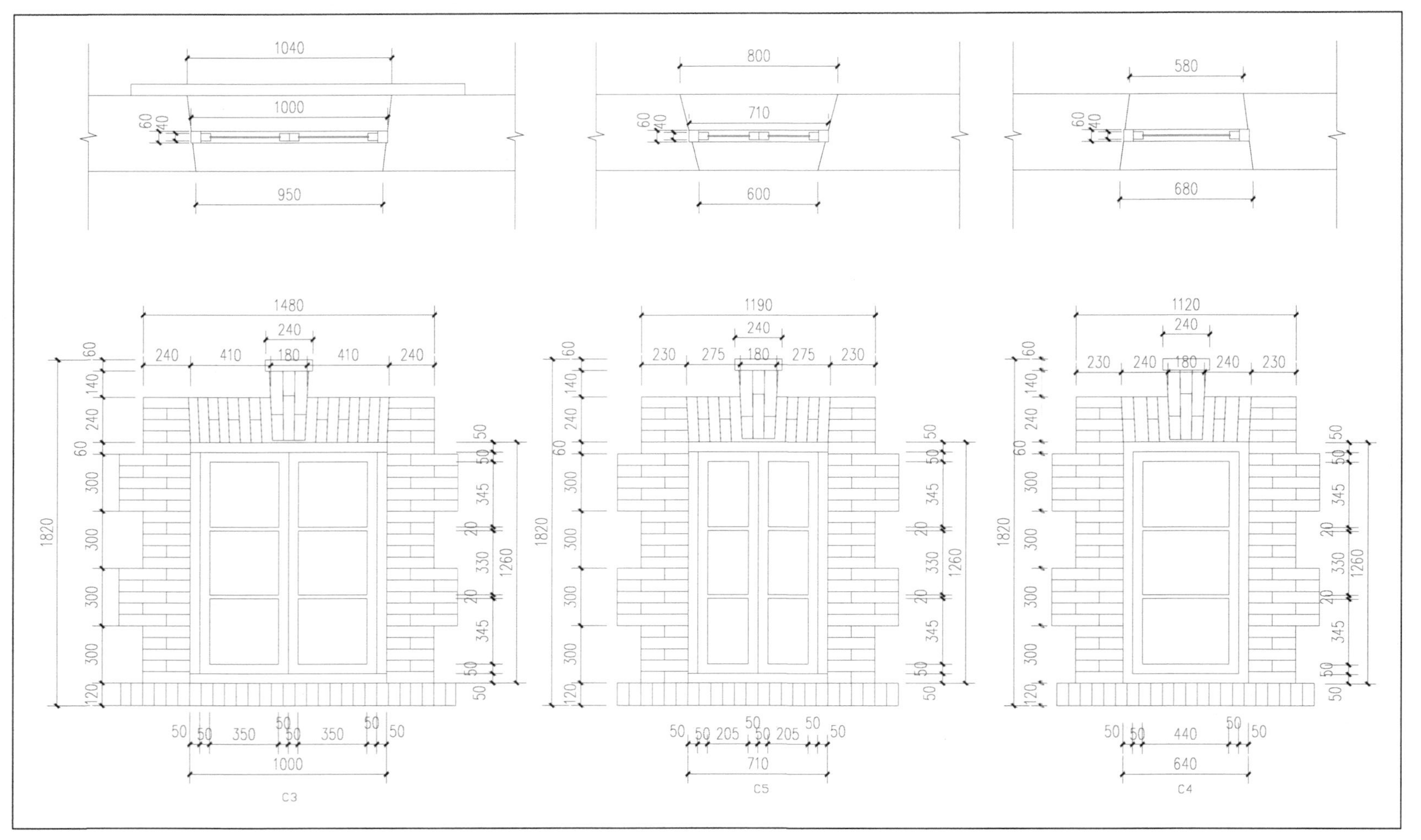

常德立别墅（10号楼）门窗详图（四）

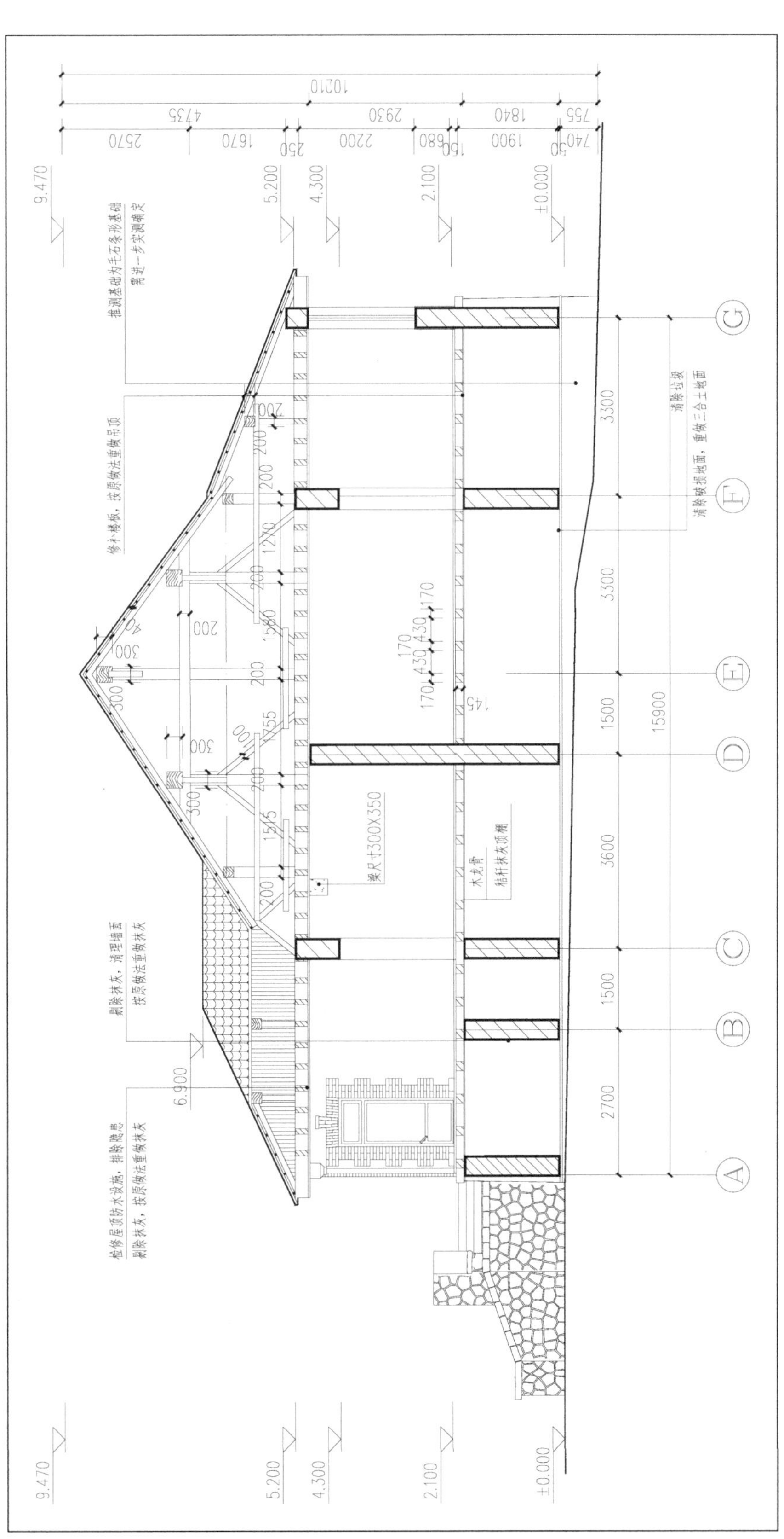

常德立别墅（10号楼）1-1剖面图

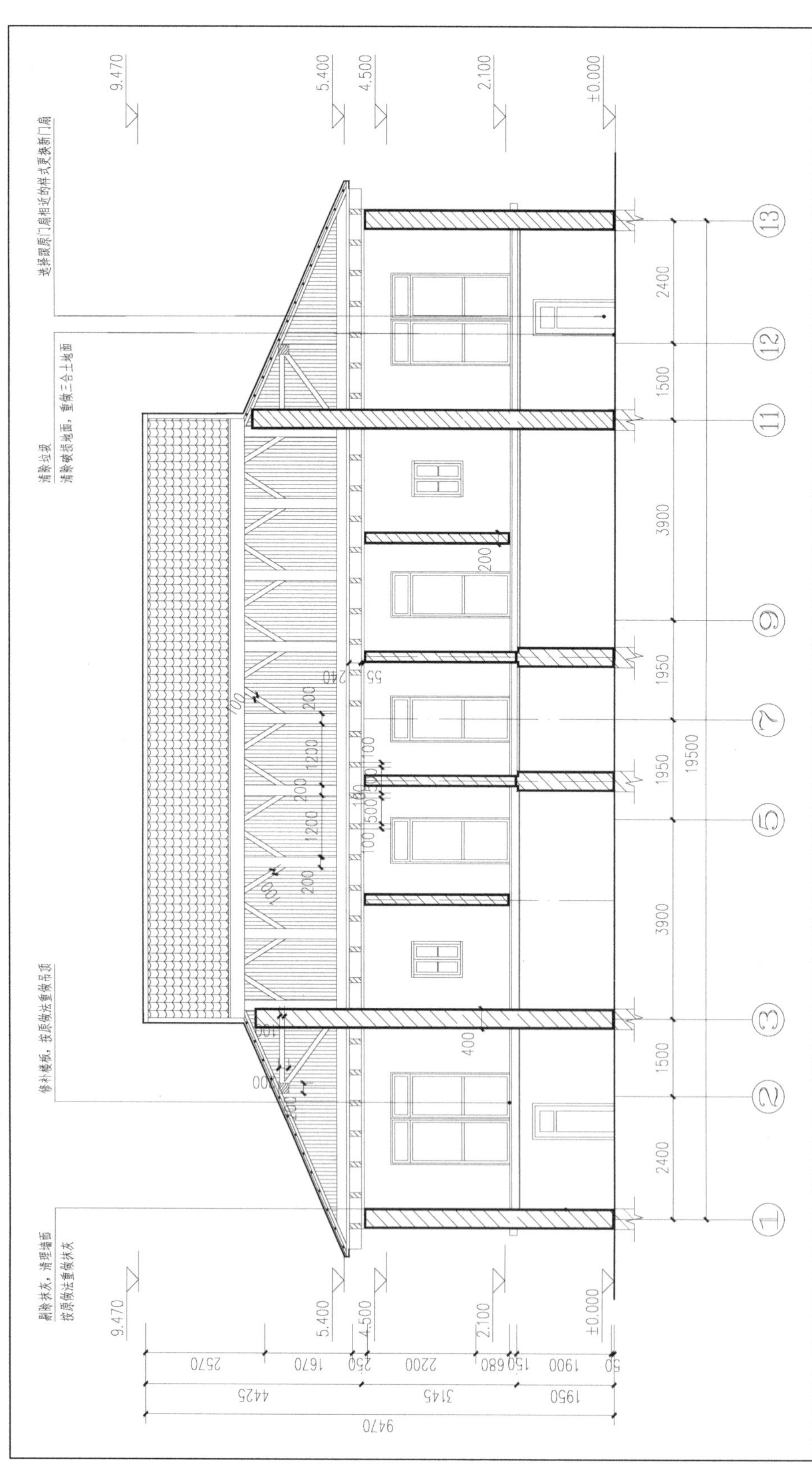

常德立别墅（10号楼）2-2剖面图

（二）加固设计方案

1. 工程概况

常德立别墅（10号楼）位于北戴河鹰角路7号，今河北省北戴原河管理处院内，建于20世纪初。原为美国人常德立所有，后售给陈其标，1953年1月1日政府代管河北省北戴河管理处使用至今。建筑西临鹰角路，东临大海，坐东向西，地上两层，一层局部房间室内标高低于室外地坪，毛石基础，木石结构，建筑面积418.79平方米，平面为长方形，一面廊结构，木质梁架，铁瓦屋顶，南侧有高台阶，该建筑欧式造型，占地面积较大，是目前北戴河优秀近代建筑。2011年5月，河北秦皇岛市北戴河文物保管所已委托秦皇岛市燕山大学进行了安全性检测及鉴定，根据检测鉴定报告结论该建筑的墙体及多处承重构件不满足抗震承载力要求，必须进行相应的加固处理。

2. 设计依据

（1）《北戴河常德立别墅房屋安全鉴定报告》编号：B-2011-07A

《北戴河常德立、来牧师别墅检测报告》

（2）本工程安全鉴定报告的主要鉴定结论与建议如下：

① 保持原结构外立面不变，宜采用压力灌注水泥浆的方法修复墙体灰缝。

② 拆除影响一层使用功能的加固柱及梁，恢复其建筑使用功能。

③ 对二层木楼板进行承载力评估和加固，拆除不满足承载力设计要求的原木梁，替换成满足强度新的木梁，重建新的木楼板体系，对原木地板重新清洗、刷漆。

④ 对二层楼板结构形式为木梁支撑烧结砖的楼板承重结构体系进行从新改造，拆除烧结砖并替换成木楼板，检查原木梁，将不满足承载能力的木梁替换为满足强度的新木梁，建立新的木楼板体系。

⑤ 将内墙表面对墙体采用钢筋网水泥砂浆抹面进行加固。

⑥ 门窗洞口局部缺陷进行局部修补，并采取有效的防潮措施。

⑦ 该建筑使用期已近100年，加固改造后，建议定期检查与维护。

（3）本工程设计使用标准、规范、规程见下表。

种类	名称	编号
结构	《建筑结构荷载规范》（2006 年版）	GB 50009-2001
	《建筑结构设计可靠度统一标准》	GBJ 50068-2001
	《砌体结构设计规范》	GB 50003-2001
	《木结构设计规范》（2005 年版）	GB 50005-2003
	《混凝土结构设计规范》	GB 50010-2002
	《建筑工程抗震设防分类标准》	GB 50223-2008
	《建筑抗震设计规范》	GB 50011-2010
	《建筑抗震鉴定标准》	GB 50023-2009
	《建筑抗震加固技术规程》	JGJ 116-2009
	《混凝土结构加固设计规范》	GB 50367-2006
加固	《既有建筑地基基础加固技术规程》	JGJ 123-2000
	《建筑抗震鉴定与加固技术规程》	J 11561-2010
	《古建筑木结构维护与加固技术规范》	GB 50165-92
	《建筑结构加固工程施工质量验收规范》	GB 50550-2010
图集	《砖混结构加固与修复》	03SG611

（4）建筑结构的安全等级及设计使用年限

① 建筑结构的安全等级为二级。

② 该建筑按后续使用年限为 30 年设计。到期后，可对其进行可靠性鉴定，若结构工作正常，仍可继续延长其使用年限。

③ 抗震设防烈度为 7 度（0.10g），丙类建筑。

④ 地基基础设计等级为丙级。

（5）本工程自然条件：

① 基本风压：0.45KN/m^2。

② 基本雪压：0.25KN/m^2。

③ 建筑场地类别：工类（鉴定报告提供）。

（6）加固设计使用活荷载

楼板功能	卧室	客厅	盈洗室	楼梯	不上人屋面
活载（KN/m^2）	2.0	2.0	2.0	2.0	0.5

3. 加固内容

（1）对承重墙砌体进行加固（钢筋网 + 砂浆抹面）。

（2）外墙上裂缝进行灌胶封堵。

（3）对木结构楼面加固（根据节点图中的木梁表格，替换不符合要求的木梁）。

（4）对破损露筋混凝土板加固（碳纤维加固）。

（5）对木结构屋面加固（替换腐烂木檩条、木望板）。

4. 加固材料说明

（1）钢筋：0-HPB235 级热轧钢筋，fy=210N/mm^2，Φ-HRB335 级热轧钢筋，fy=300N/mm^2。

（2）砂浆：水泥砂浆 M10。

（3）焊条 E43 型，用于焊接钢筋。

（4）填充材料：CGM 水泥基灌料。

（5）锚固材料：A 级植筋胶，性能应符合 GB 50367-2006 中植筋用 A 级胶标准。

（6）碳纤维布：采用高强度级碳纤维布，抗拉强度标准值≥ 3400Mpa，纤维单位面积质量 300g/m^2。

（单位面积质量严禁大于 300g/m^2）（产品应经过国家指定机构的认证许可）。

碳纤维品种及性能需符合《混凝土结构加固设计规范》（GB 50367-2006）中 4.4 节规定。

（7）碳纤维复合材结构胶黏剂应符合《混凝土结构加固设计规范》GB 50367-2006 中 4.5 节的有关要求。

5. 注意事项

（1）本图纸应与建筑图纸、检测鉴定报告等相关资料共同阅读。

（2）所有原结构的布置及尺寸应按现场为准。本工程施工前应详细勘察改造加固区域的现场，若出现下列问题：

① 现场结构布置与原结构图纸表示不一致。

② 结构构件出现开裂、钢材锈蚀、木结构腐朽、混凝土碳化严重等损坏。

施工单位应立即向设计单位提出，由设计人员提出解决方案后方可施工。

（3）在加固完成后使用过程中，应定期检查混凝土构件、墙体有无大的变形与新裂缝的产生，并及时通知设计与施工单位。

6. 加固施工要求

（1）本加固工程的施工必须由具有相应施工资质的公司完成。

（2）构件进行加固前，应优先考虑将原结构构件除其自重外进行卸荷，如无法卸荷时应及时向设计人员报告，得到设计允许后方可施工。

（3）在加固过程中若发现原结构构件有开裂、腐蚀、锈蚀、老化以及与图纸不一致的情况，施工单位应进行记录检查结构损坏的程度，向设计人员报告。得到设计人员同意后方可继续相关的加固修复工作。

（4）工程施工前必须完全理解整体加固的原则及其加固的需要，若部分结构拆除工作需先进行加固，必须确保加固工作完成且加固构件达到设计强度后，方可进行相关的拆除工作。

（5）加固施工时，要注意加固材料对施工环境温度和湿度的特殊要求。

（6）加固施工时，要注意加固材料存储和使用过程中的安全，并按产品说明的要求采取安全保障措施。

（7）锚固钢筋（儿筋）需做拉拔实验，以基材破坏为准。

7. 主要工艺施工技术说明

外加钢筋砂浆层加固砌体墙

（1）工艺要求

① 面层砂浆强度 M10。

② 钢筋网砂浆面层厚度 40 毫米，钢筋外保护层厚度不小于 10 毫米，钢筋网片与墙体的空隙不小于 5 毫米。

③ 钢筋网的钢筋直径 Φ6 毫米，网格尺寸为 300 毫米 ×300 毫米。单面加固层采用 Φ6 的 L 形锚筋，双面采用 Φ6 的 S 形穿墙筋；L 形锚筋间距 400 毫米，S 形穿墙筋间距 900 毫米。梅花形布置。

④ 钢筋网的横向钢筋遇到门窗洞口时，单面加固宜将钢筋弯入窗洞侧锚固，双面

加固宜将两侧钢筋在洞口闭合。

（2）施工顺序：

原墙面装饰层凿除—钻孔并用水冲刷—铺设钢筋网并安设锚筋—浇水湿润墙面—抹水泥砂浆并养护。

（3）施工控制要点：

① 原墙面腐蚀严重时，应先清除松散部分，并用 1∶3 水泥砂浆抹面，原松动的勾缝砂浆剔除。

② 墙面尽量在砌体缝隙处钻孔，锚筋或穿墙筋梅花形间距控制在最大许可范围内，用电钻钻孔。穿墙孔直径比 S 锚筋大 2 毫米，锚筋孔直径为锚筋直径的 2 倍，孔深见图，锚筋插入孔洞后，应用 CGM 水泥基灌料填实。

③ 铺设钢筋网时竖向钢筋应靠墙面。

④ 抹水泥砂浆前，先在墙面刷水泥浆一道，再分层抹灰，每层厚度不超过 15 毫米。

⑤ 面层应浇水养护。

（四）加固设计图纸

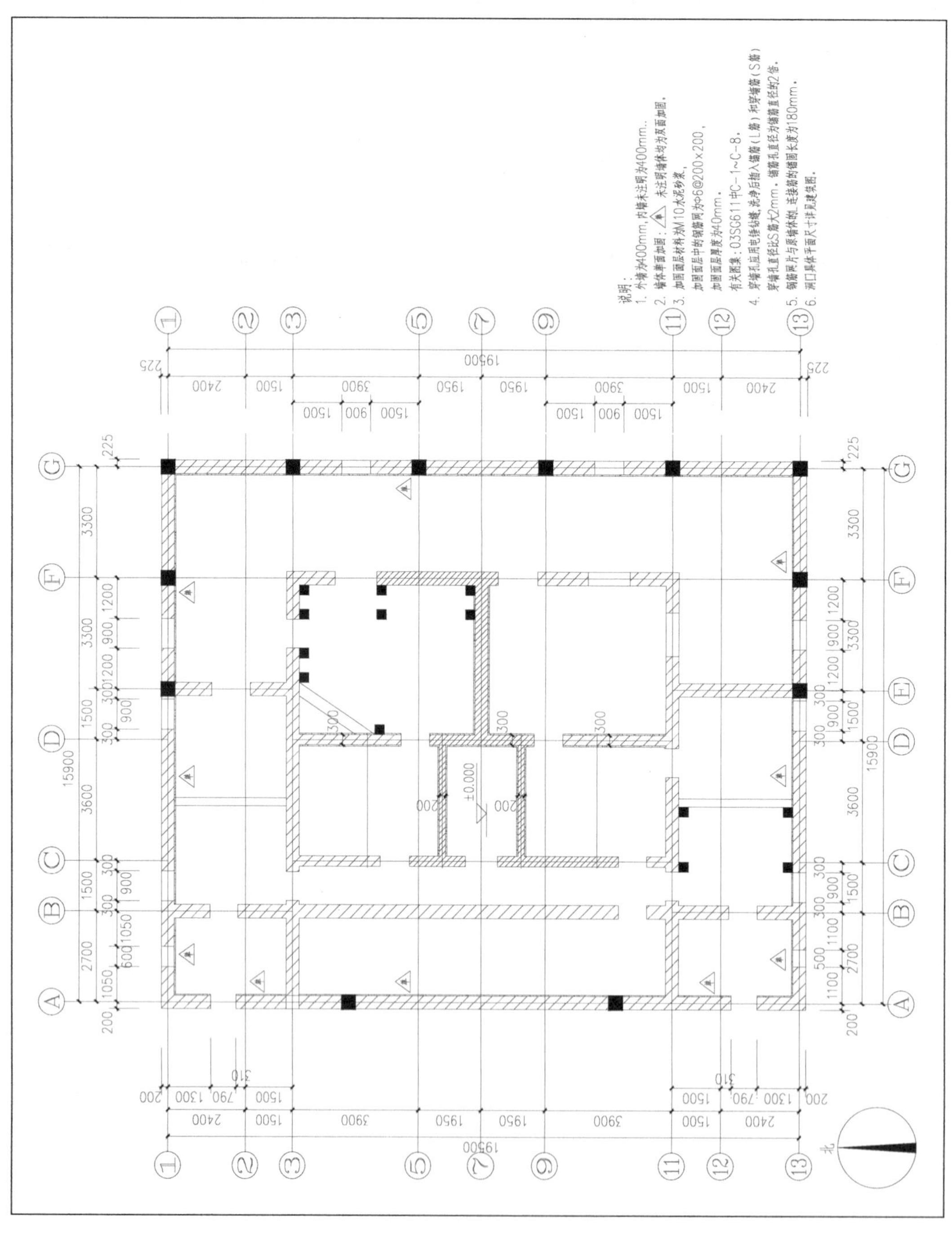

常德立别墅（10号楼）一层平面图

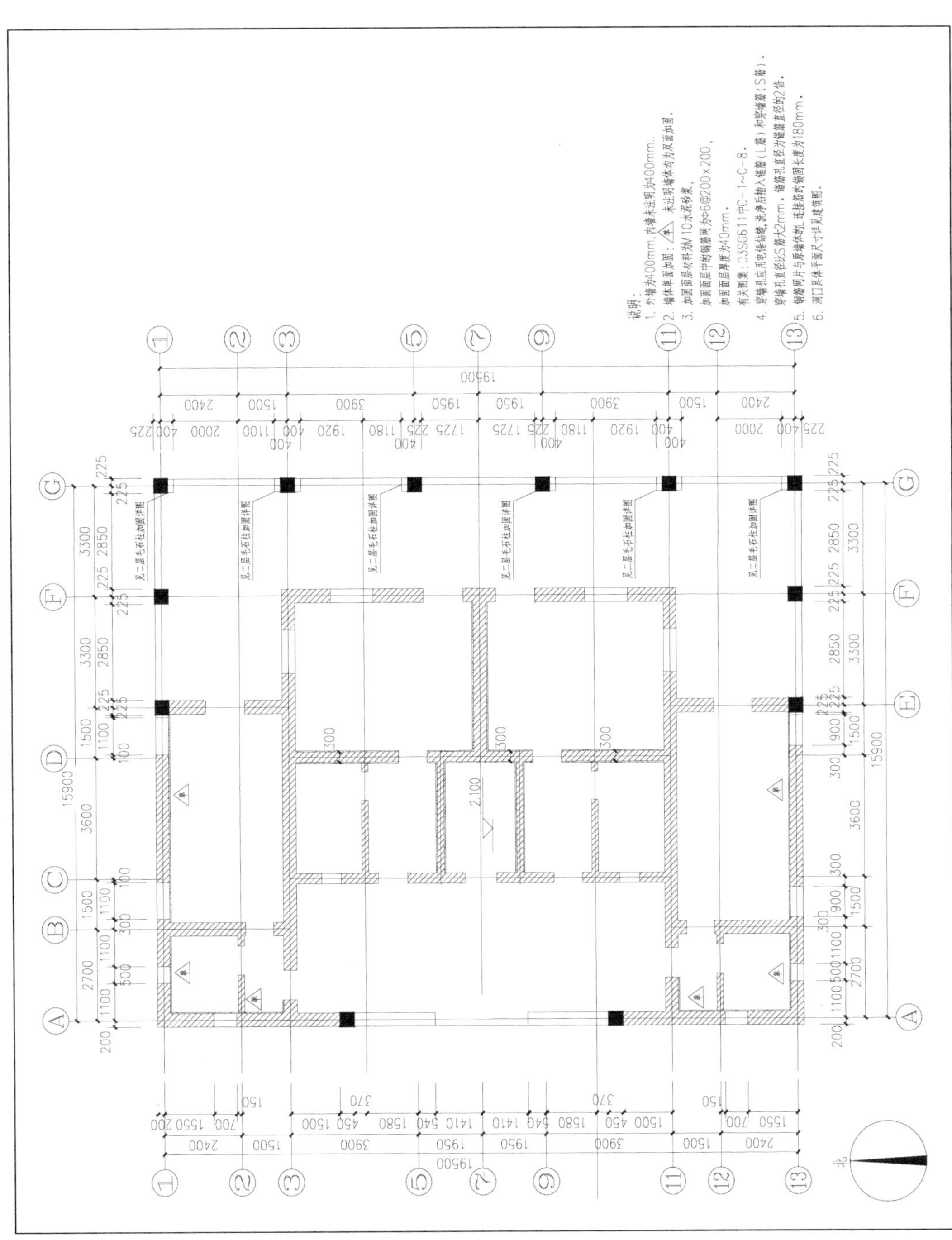

常德立别墅（10号楼）二层平面图

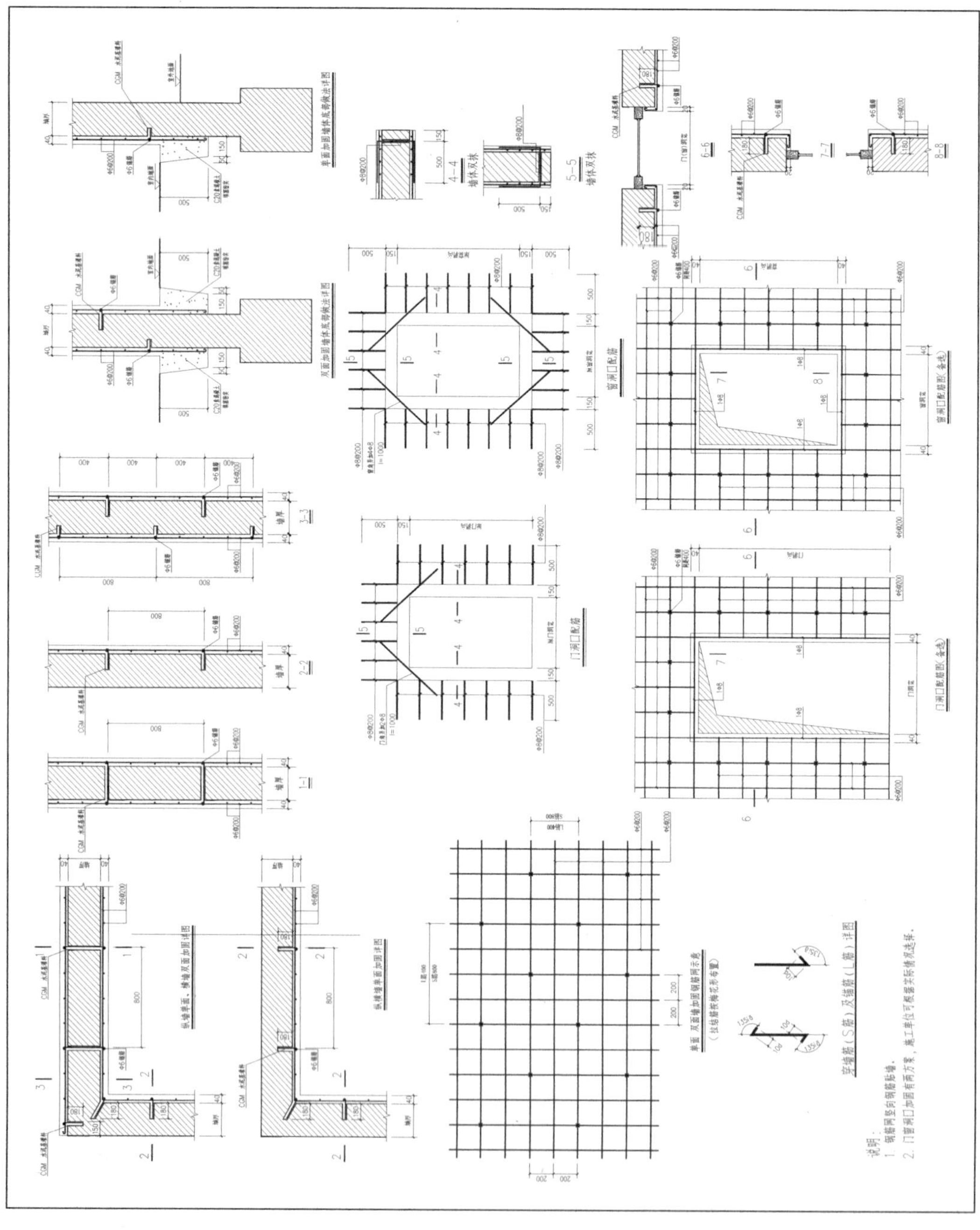

常德立别墅（10号楼）墙体加固节点图

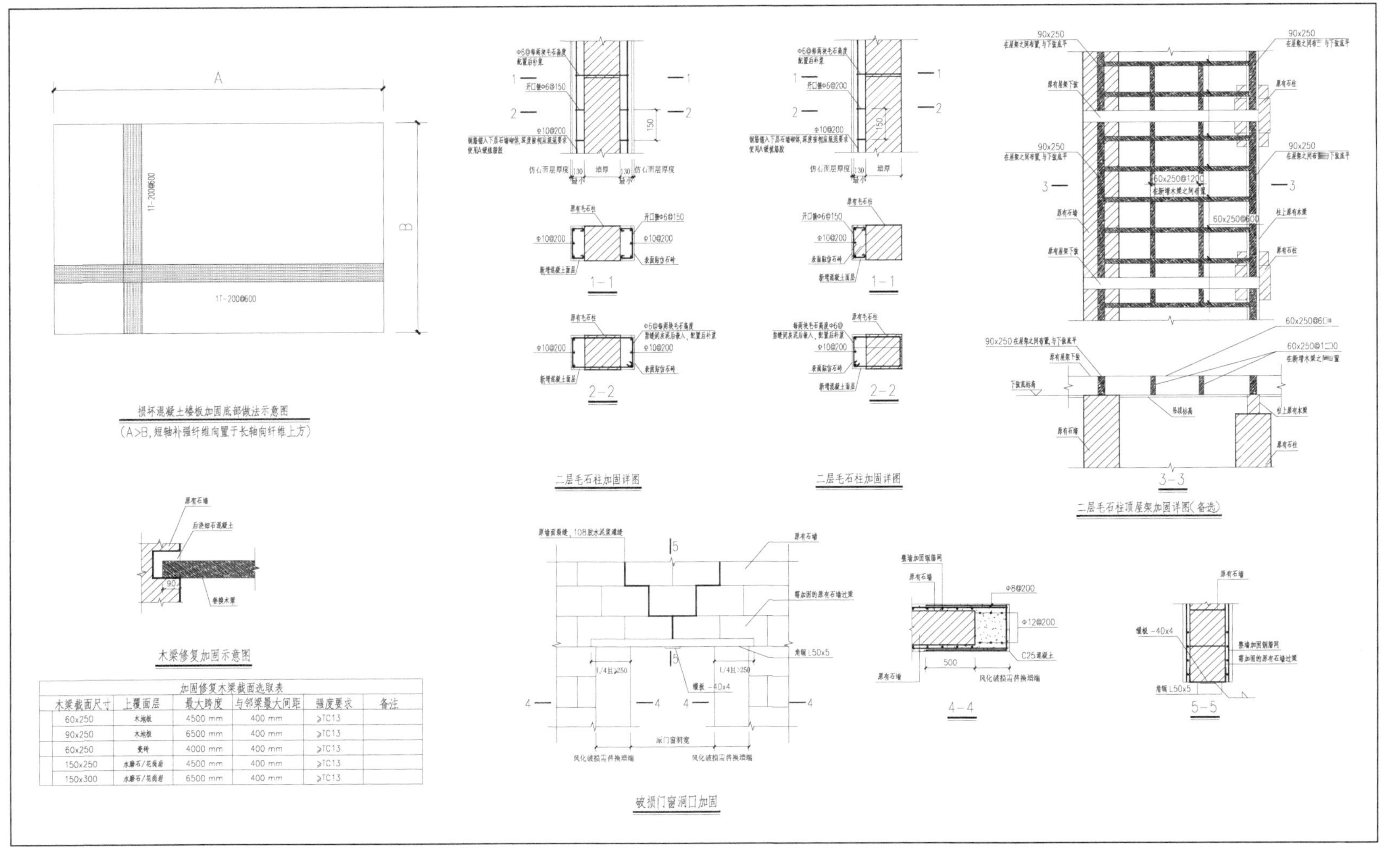

加固修复木梁截面选取表					
木梁截面尺寸	上覆面层	最大跨度	与邻梁最大间距	强度要求	备注
60x250	木地板	4500 mm	400 mm	≥TC13	
90x250	木地板	6500 mm	400 mm	≥TC13	
60x250	瓷砖	4000 mm	400 mm	≥TC13	
150x250	水磨石/花岗岩	4500 mm	400 mm	≥TC13	
150x300	水磨石/花岗岩	6500 mm	400 mm	≥TC13	

常德立别墅（10号楼）梁柱加固结点图

四、来牧师别墅（11号楼）修缮方案

（一）建筑修缮方案

1. 台基及入口台阶

（1）台基

残损状况：局部墙面有后加固的水泥勾缝痕迹。

修缮方法：根据结构质量检测报告及毛石墙台基结构加固措施对毛石墙加固后，统一对毛石墙基进行白灰砂浆勾缝，要求勾缝整洁、平整统一，白灰砂浆为灰白色。

（2）东侧台阶

残损状况：台阶为后期重建，无明显残损，但与建筑风格不符。

修缮方法：去除现有大理石台阶，重新铺筑条石台阶。

备注：风格样式参照西北角台阶。

（3）西北角台阶

残损状况：条石较为完好，个别出现裂缝，水泥勾缝部分老化残损。

修缮方法：对于出现裂缝的条石，进行清理归安；剔除水泥勾缝，统一使用白灰砂浆勾缝，要求勾缝整洁、统一平整，白灰砂浆尽量为灰白色。

2. 地面

（1）水磨石地面

残损状况：保存状况完好。

备注：修缮过程中注意保护。

（2）花岗石

残损状况：未见明显损坏。

备注：修缮过程中注意保护。

（3）瓷砖地面

残损状况：瓷砖已经老旧破损，有严重的锈渍。

修缮方法：更换现有瓷砖，改用浅灰色瓷砖铺装。

（4）木地板

残损状况：木地板基本完整，无明显沉降迹象；在使用中，表面平整光滑。

备注：修缮过程中注意保护。

3. 一层墙体、地面、门窗

残损状况：地下室处于废弃不用状态，堆积较多建筑垃圾；曾进行结构加固，但加固没有考虑使用需求和美观需求，出现许多影响再次使用的不当加固。顶棚抹灰多处脱落，龙骨暴露；地面破损不平。

修缮方法：清除建筑垃圾，并对结构进行加固后，对于地面、顶棚、墙面，均统一按照原做法重新做面层；材料的配合比应试配，面层抹灰应试样，达到设计效果后再全面施工。

备注：一层作为辅助空间，室内不易做过多装饰，应为后续使用功能可能发生的变化预留再次改造的可能性。

4. 墙体

（1）外墙

残损状况：经勘察，未见明显的墙体裂缝，墙体局部有管道穿孔后遗留空洞；室外面，可见曾经历修缮，但水泥勾缝处理较为粗糙；室内面，已经被粉刷成白色，原有肌理色彩不见；外立面有 3 台空调外挂机，影响美观。

修缮方法：去除各立面外挂机；统一设置外挂机组支架，支架色彩应以近似木材的深棕色为主，以期与环境融合，同时应距离北立面 3 米以外，长边设置在南北走向；空调管线室内隐蔽在吊顶内，室外应埋置于地下。勾缝修缮施工过程，对于原有水泥勾缝进行清除；重新采用白灰砂浆进行勾缝，勾缝需整洁平整，与石材表面持平，勿使其突出表面。遗留空洞封堵措施，采用相近材质、相近颜色的毛石镶补；黏合剂采用白灰砂浆，颜色应与石材相近。

备注：勾缝颜色应与石材颜色相近，外挂机机组应该尽量隐蔽，建议室外另建支架或于一层集中一个房间安置，注意此房间保持有效自然通风。

（2）内墙

残损状况：二层内墙现状完好；一层多处表面破损。

修缮方法：一层根据结构加固要求对墙体加固后，按原墙面材质、工艺，统一新作墙体抹灰层；材料的配合比应试配，面层抹灰应试样，达到设计效果后再全面施工。

5. 梁架

残损状况：内部木梁架残损情况不详。

修缮方法：根据木梁架结构残损程度采取相应的加固措施。

6. 廊柱

残损状况：水泥勾缝较为粗超。

修缮方法：对于原有水泥勾缝进行清除；重新采用白灰砂浆进行勾缝，勾缝需整洁平整，与石材表面持平，勿使其突出表面。

7. 装修装饰

（1）重檐装饰

残损状况：局部转角处瓦片缺失，且机砖瓦与原有风貌不符。

修缮方法：与屋面统一更换为铁瓦。

（2）室内家具等装饰

残损状况：现存家具现状完好；竹编椅子和栗红色家具的风格差异较大。

修缮方法：更换竹编椅子和茶几，统一为栗红色木质家具。

8. 门窗

（1）室外百叶门窗

残损状况：百叶木门窗基本完好，局部门窗扇位移、歪闪磨损严重；木饰油漆普遍干裂褪色，门窗铁连接件、把手缺失等。

修缮方法：对移位受损的所有门窗进行归位和维修，对榫卯松脱、框边变形、扭闪的隔扇门窗，采取整扇拆卸，重新归安；边梃和抹头劈裂糟朽时应钉补牢固，严重者应予以更换；糟朽、蛀蚀严重的门窗按原式样、材质重新复原，作防腐、防虫处理后归安。

（2）室内门窗

残损状况：木格玻璃窗基本完好，局部门窗扇位移、歪闪磨损严重；木饰油漆普遍干裂褪色，部分门窗铁连接件、玻璃、把手缺失等。

修缮方法：木门窗及五金件的修缮以按原样的修复原则进行修缮，施工单位必须事先对历史建筑的木门窗进行统计及调查，取得现场的相关历史图纸的实样，进行厂方的深化设计图后，方仿制的木门窗实样。设计要求实样木门窗材质应与保留木门窗材质一致，木材基层应先刷底子油漆，再刷新油漆：木门窗必须进行门窗开启核正，使门窗关闭严密，开启灵活，方可安装五金零件；所安装的五金零件位置应正确，使用应灵活，松紧适宜，安装螺钉不应有松动现象：应检查原有执手、撑杆、合叶等五金件，去锈，并恢复原有五金件。

9. 吊顶

（1）室内吊顶

残损状况：卫生间内吊顶与建筑整体风格不符。

修缮方法：更换为白色石膏板吊顶。

（2）围廊吊顶

残损状况：围廊吊顶局部受潮。

修缮方法：检修屋顶漏水处，去除现有吊顶白灰层，统一新作白灰面层。

10. 屋面

（1）机砖瓦坡顶屋面

残损状况：近些年翻修机砖瓦屋面，与北戴河近代别墅建筑的屋面形制不符，屋面应为铁瓦屋面。

修缮方法：拆除现有机砖瓦，检修防水层，统一更换为铁瓦屋面。

备注：铁瓦风格参照10号别墅样式

（2）雨水管

残损状况：铁质排水管件基本完好，局部管件，生锈松动，固定用构件松动缺失；电线散乱露明。更换锈蚀严重的排水管件，加固管件连接；增补更换缺失或损坏的固定用构件；整理散乱的管线，去除南、东、西立面上可见的线路，将其统一安置于一个管道内，并将管道设置在北立面隐蔽角落处，颜色上可与排水管保持一致；如有条件，可从地下直接将电力、电信等线路引入建筑内部，使其不出现在外立面上。各管道统一刷防锈蚀及防水油漆两至三道。

（二）修缮设计图纸

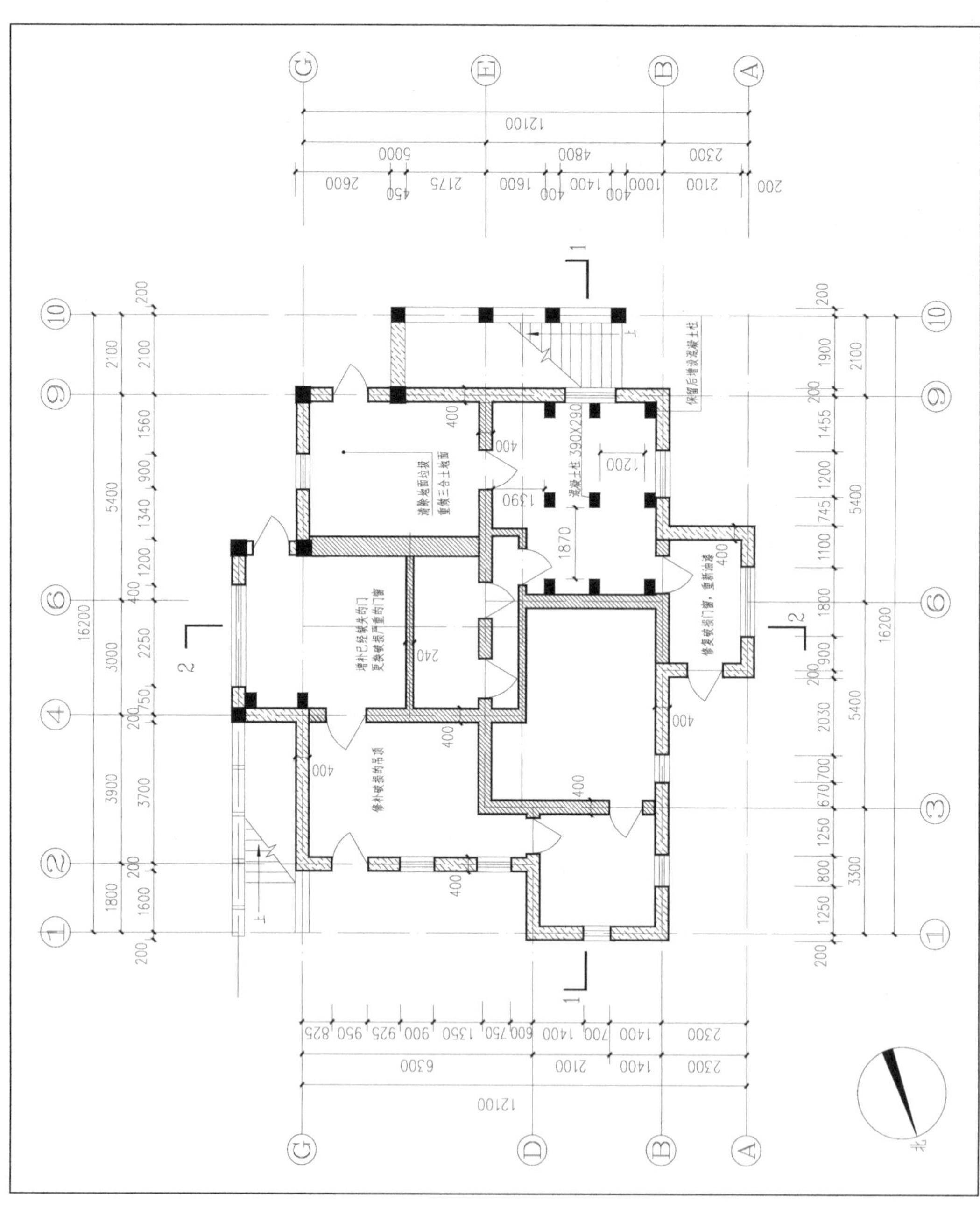

来牧师别墅（11号楼）一层平面图

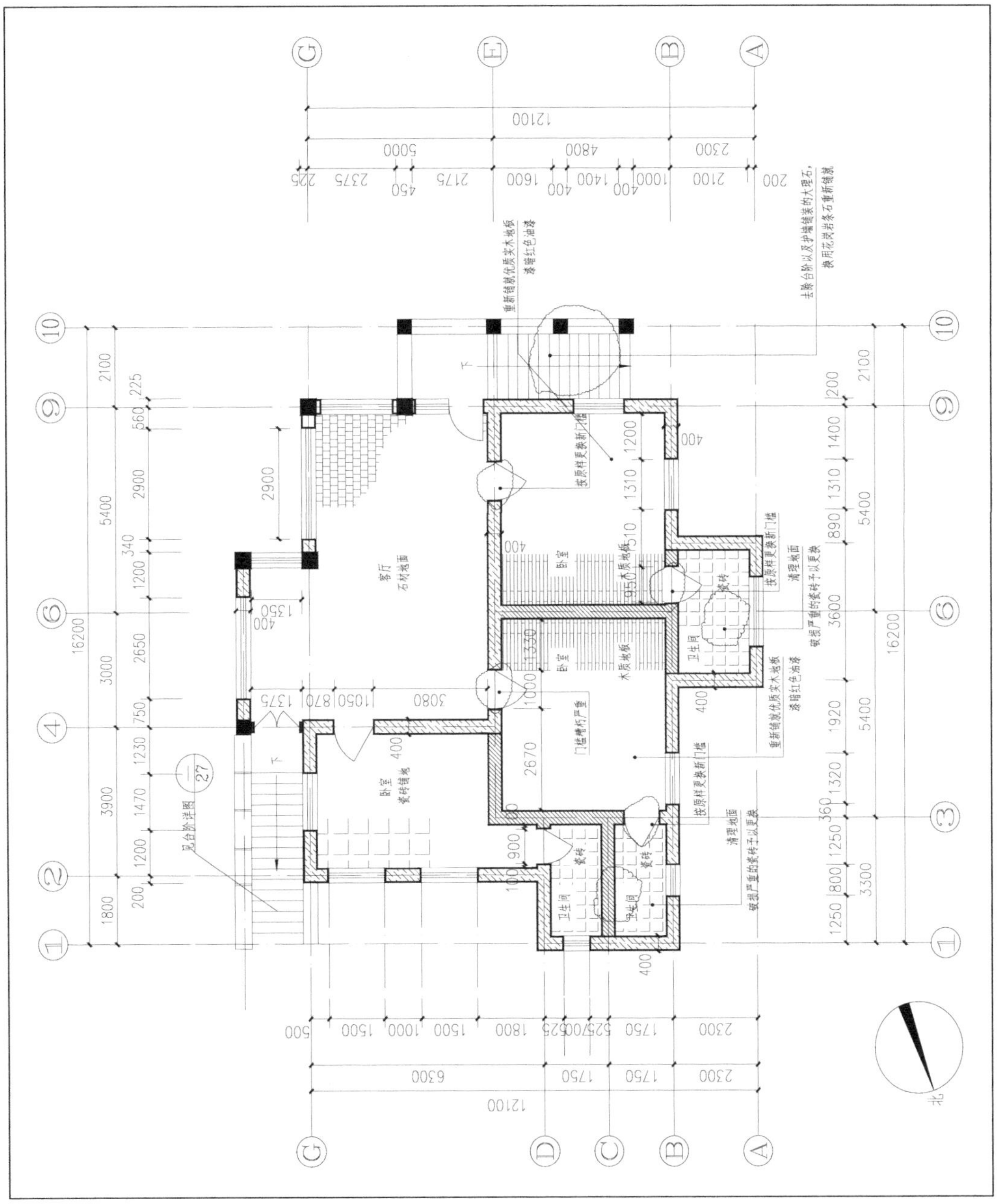

来牧师别墅（11 号楼）二层平面图

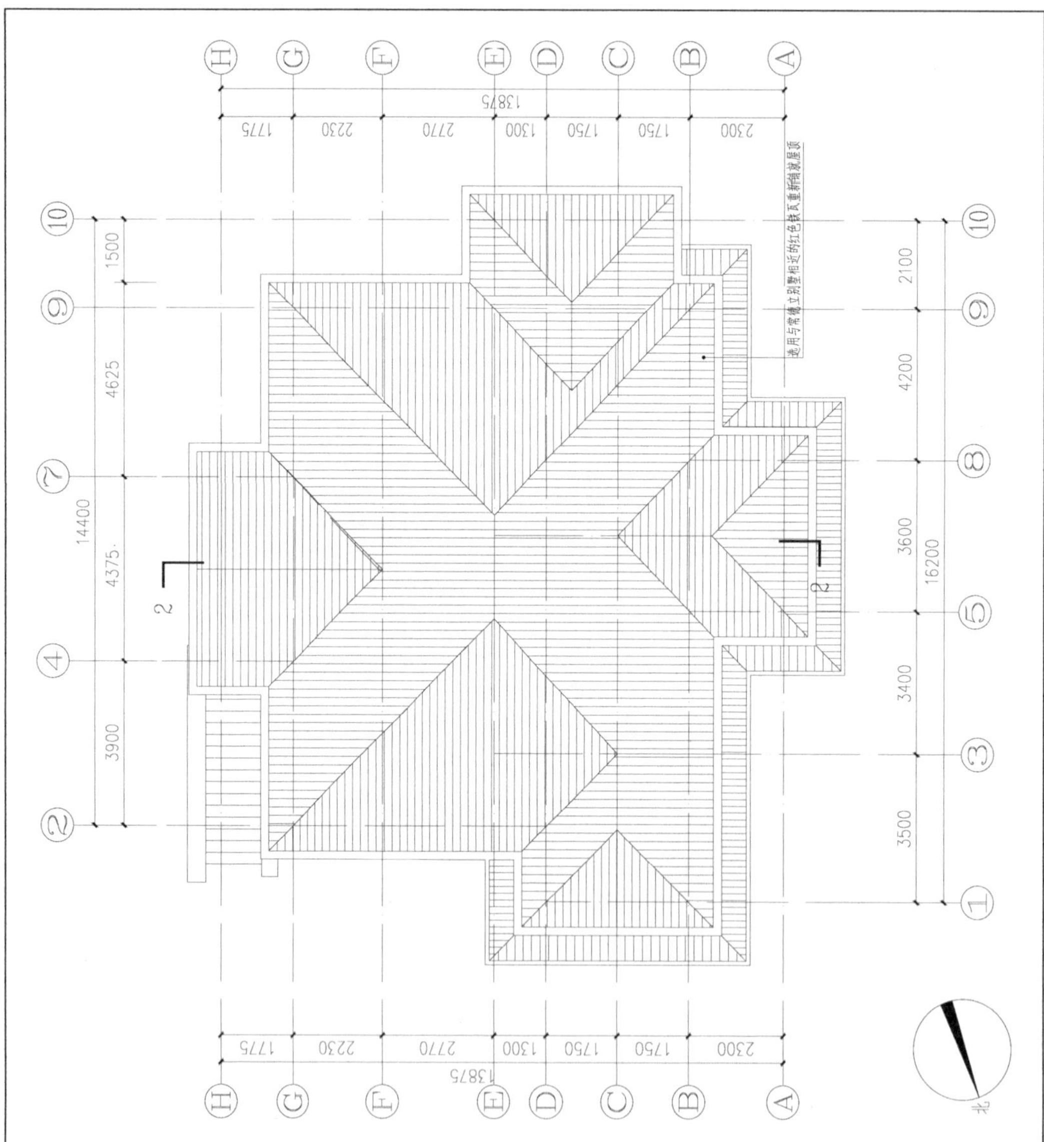

来牧师别墅（11号楼）屋顶平面图

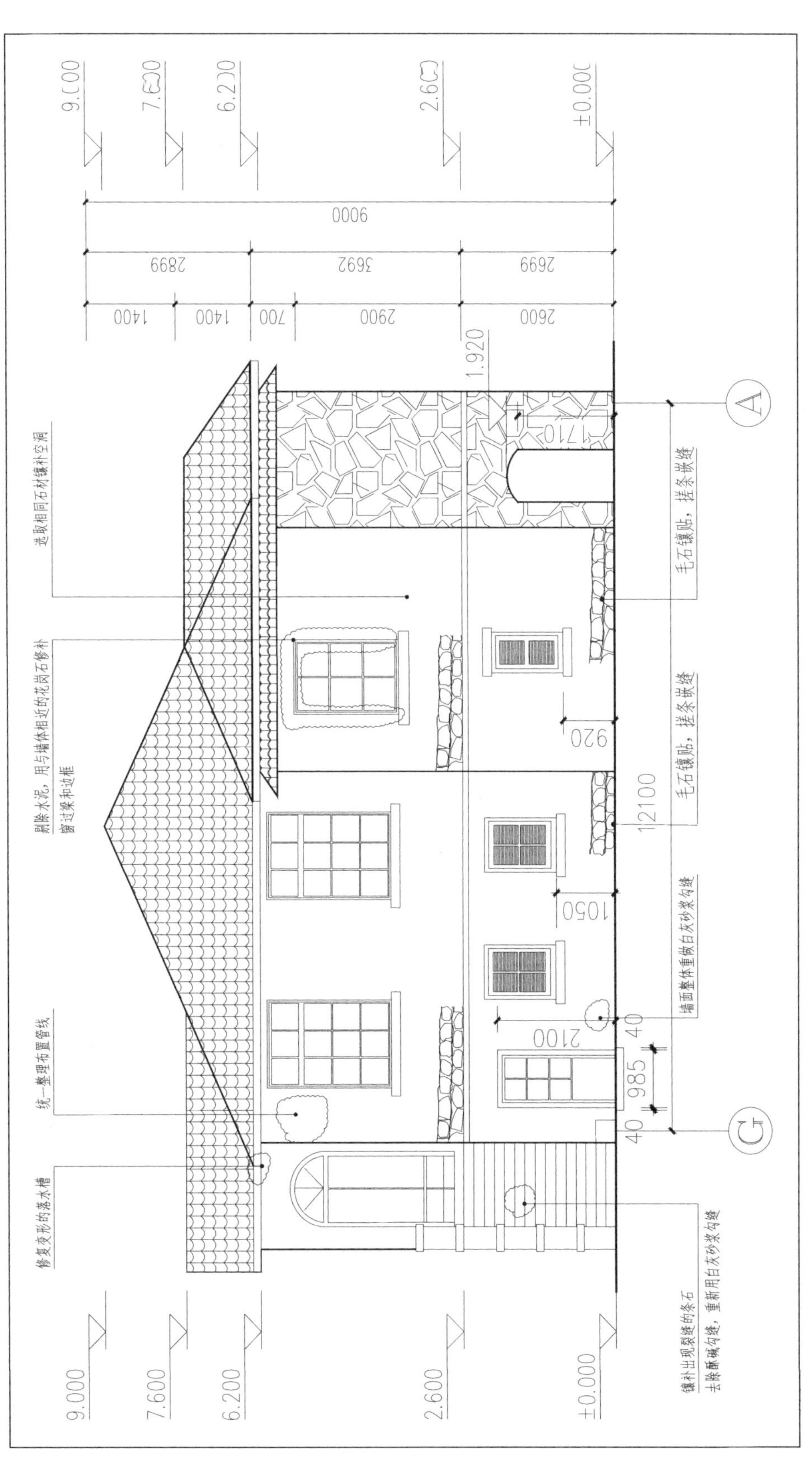

来牧师别墅（11号楼）北立面图

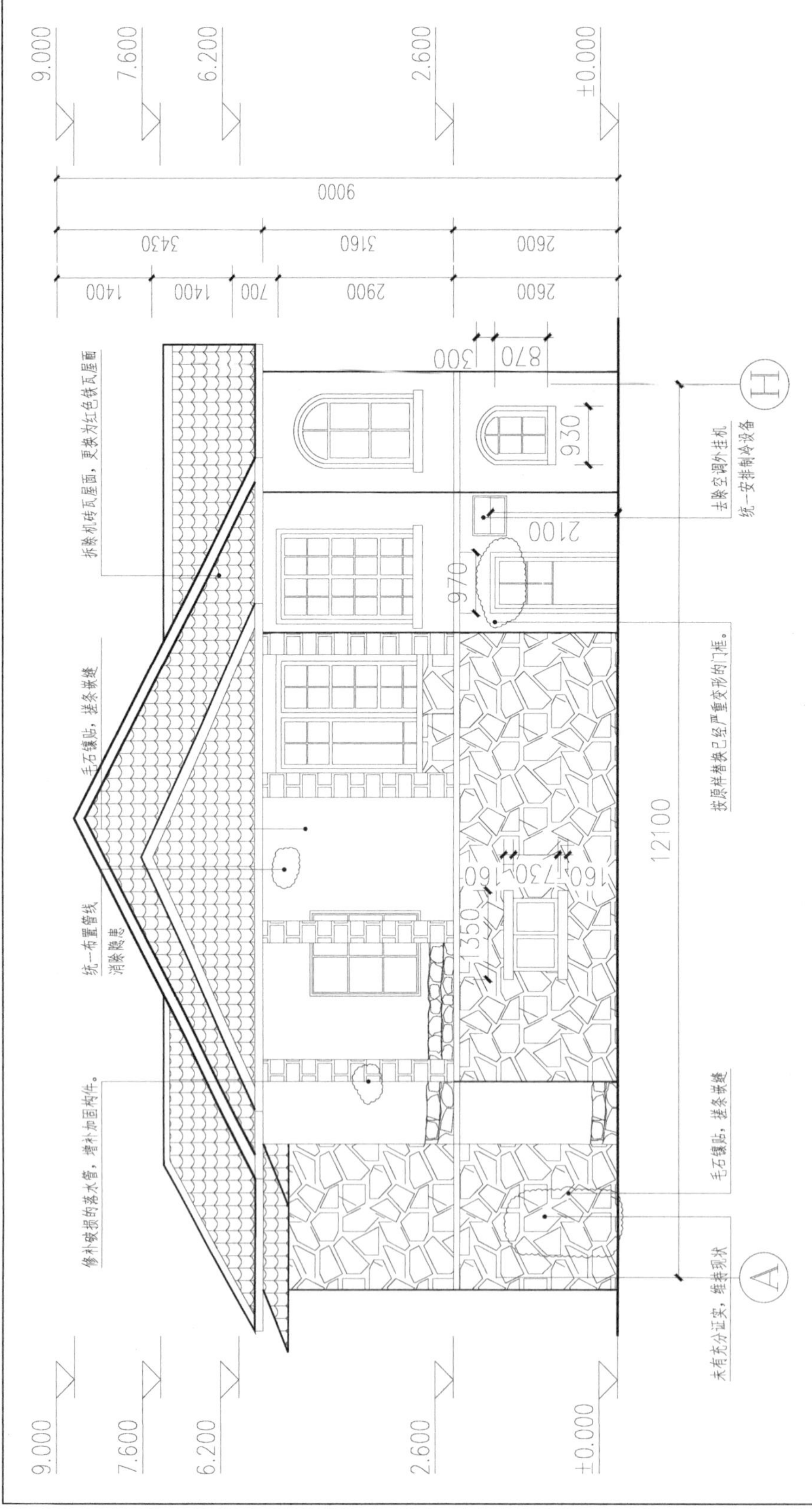

来牧师别墅（11号楼）南立面图

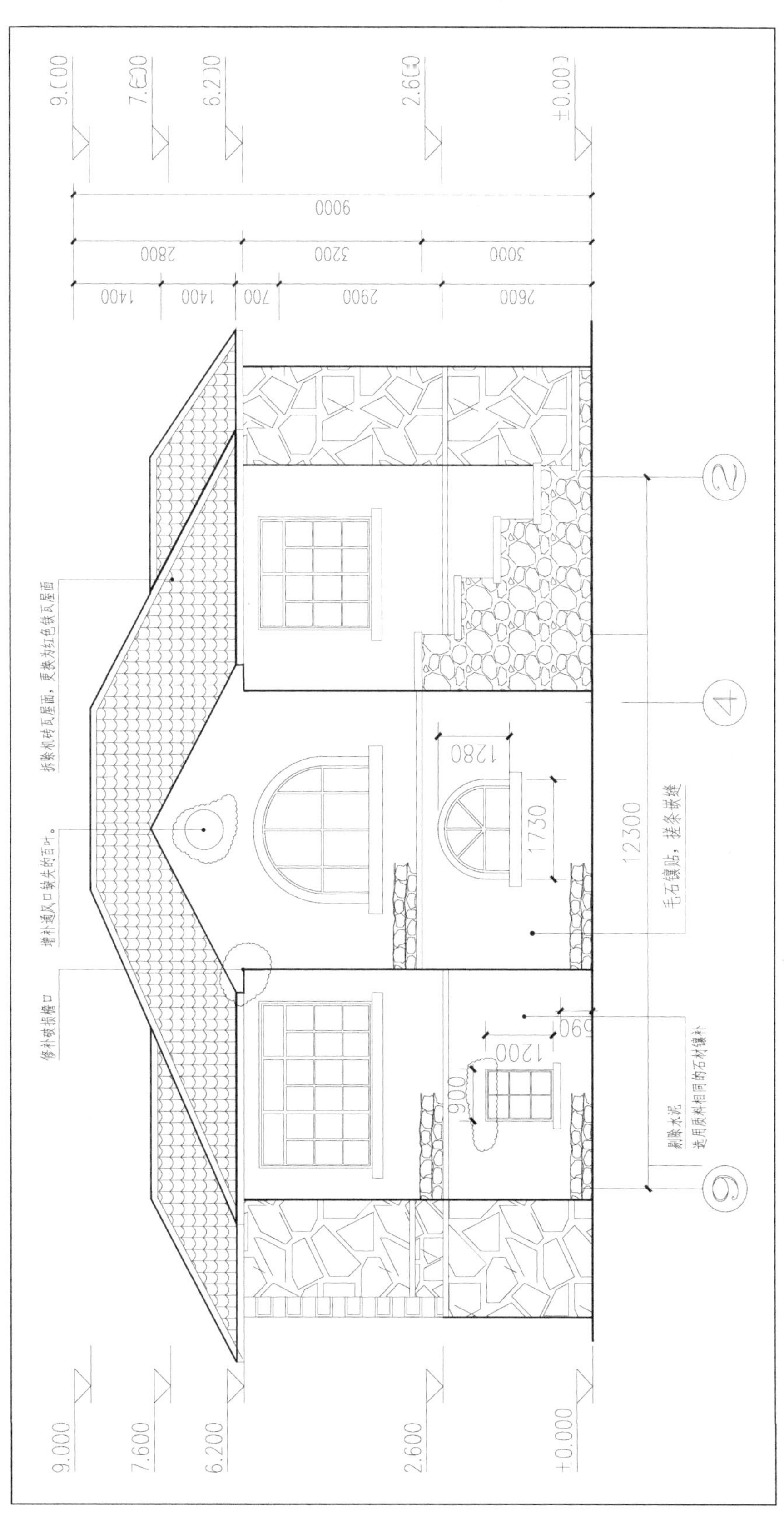

来牧师别墅（11号楼）东立面图

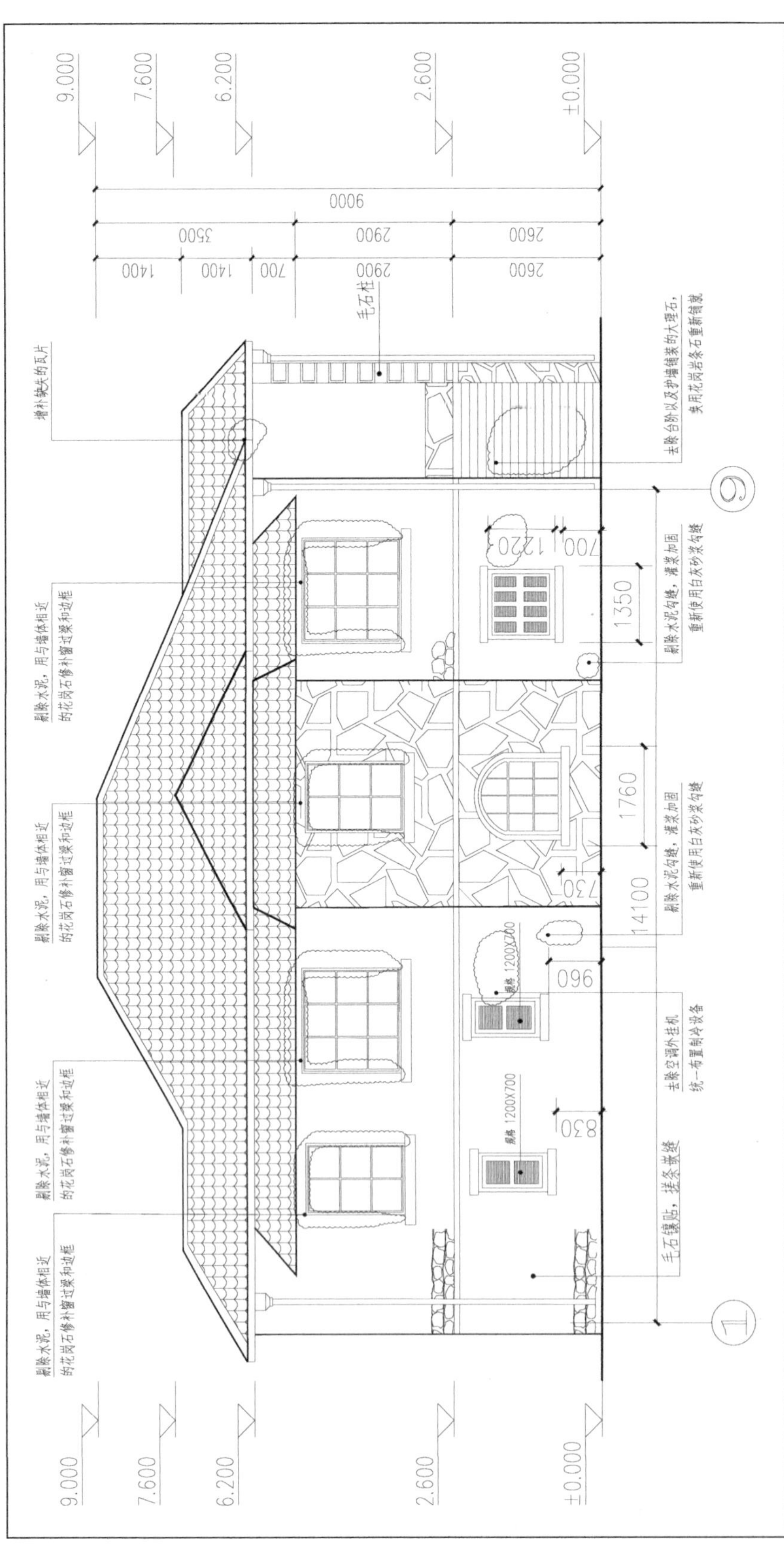

来牧师别墅（11号楼）西立面图

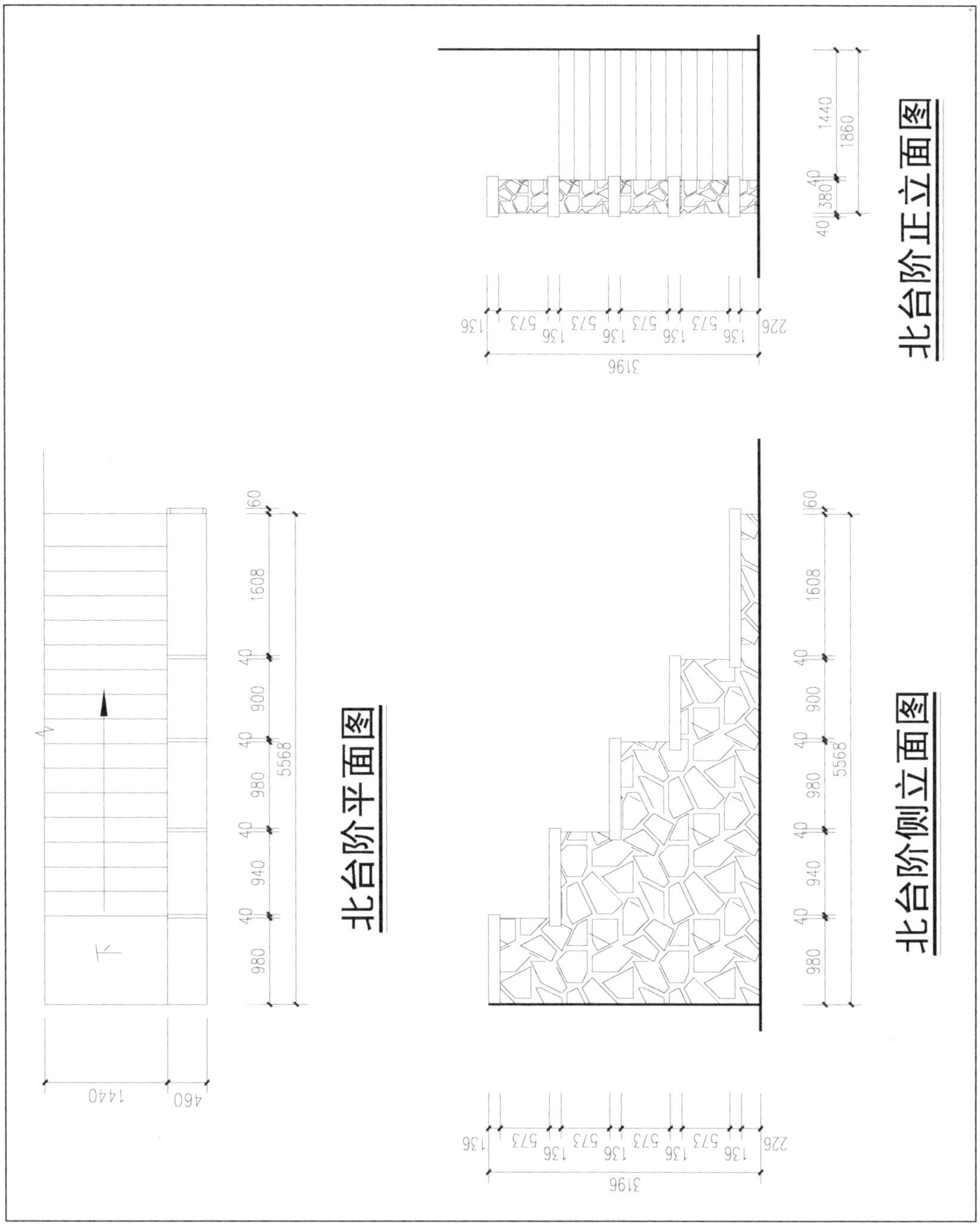

北台阶正立面图

北台阶平面图

北台阶侧立面图

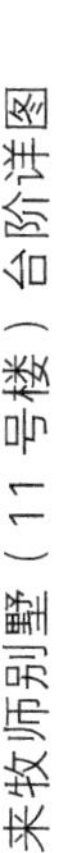

来牧师别墅（11号楼）台阶详图

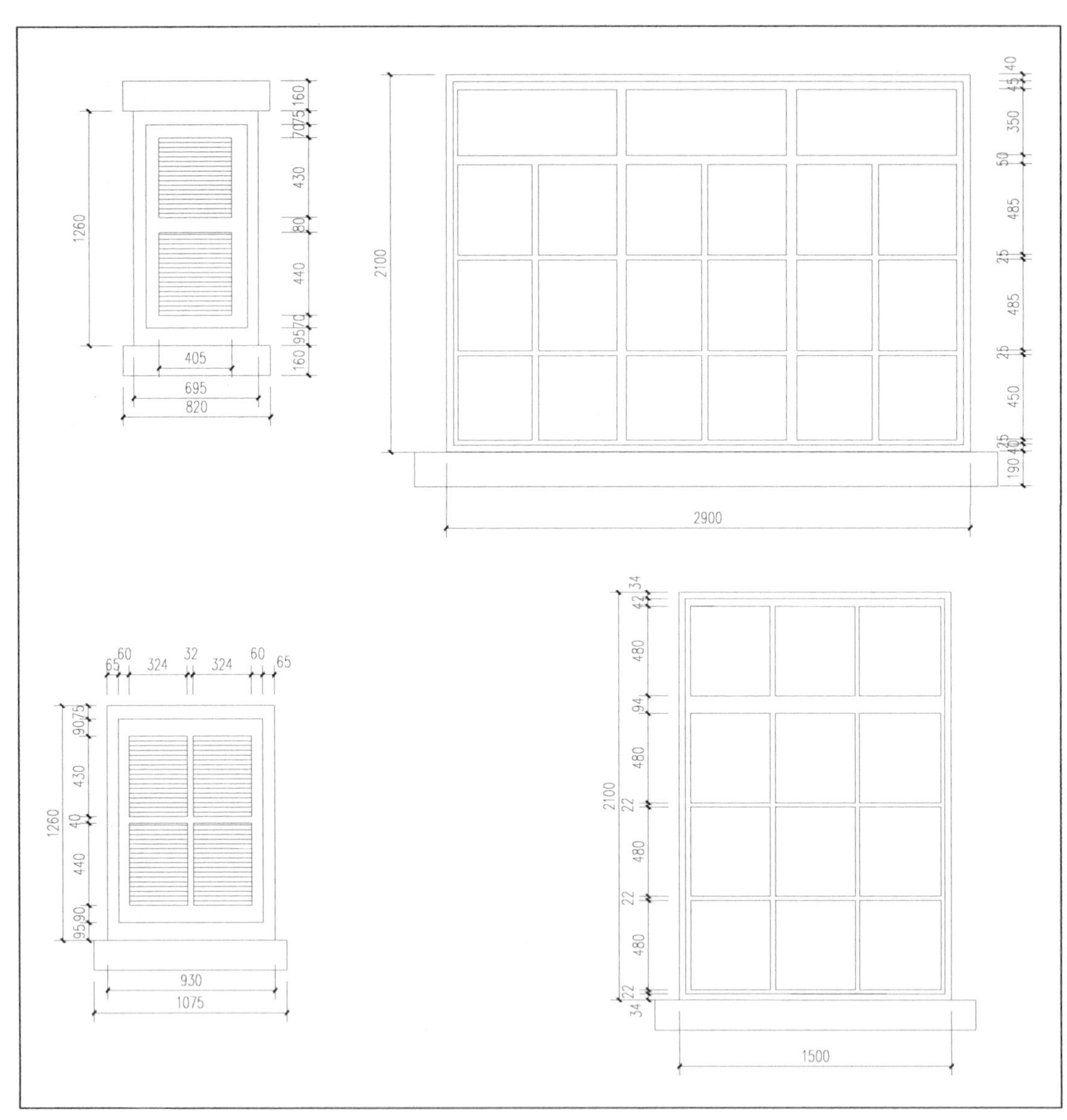

来牧师别墅（11 号楼）门窗详图（一）

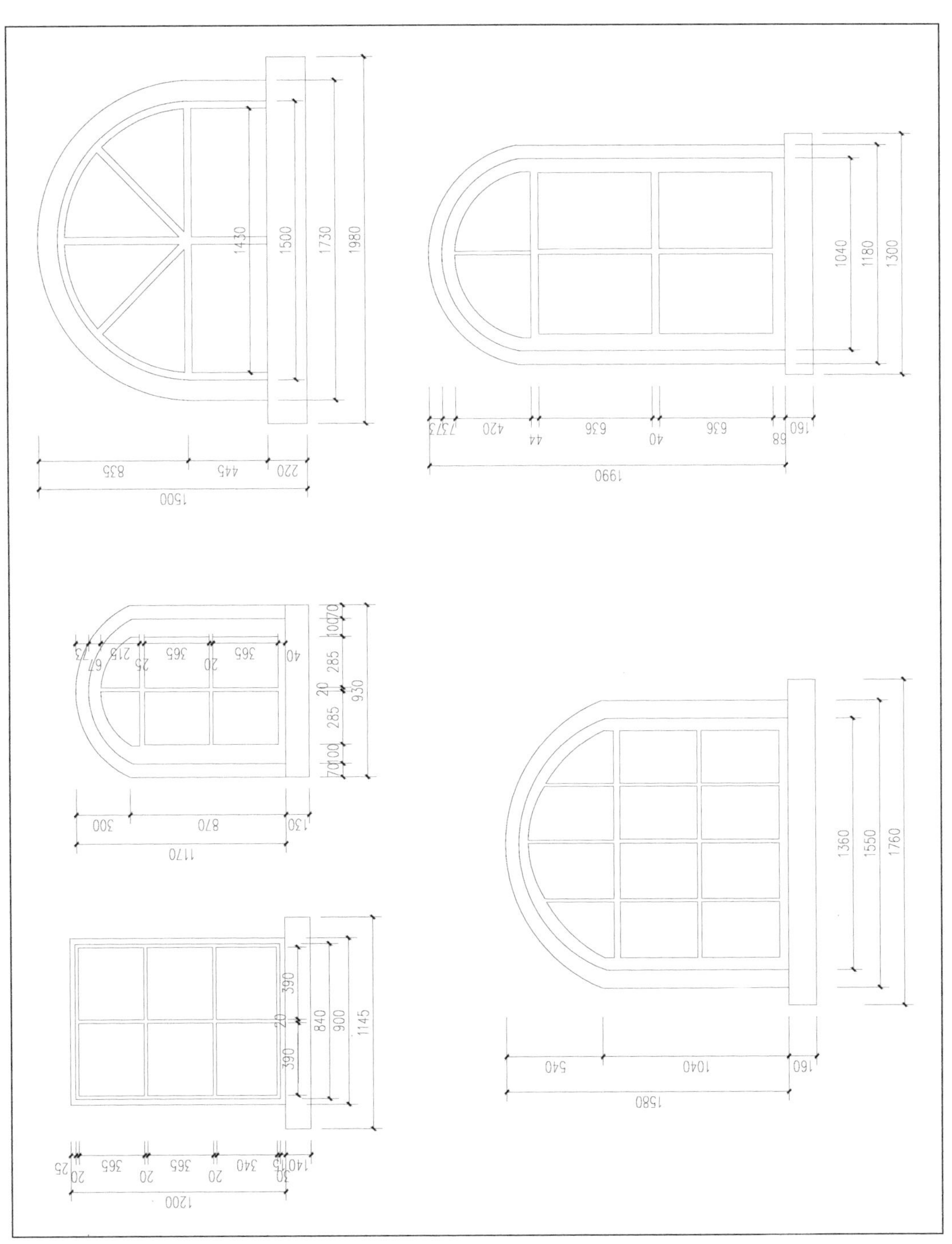

来牧师别墅（11号楼）门窗详图（二）

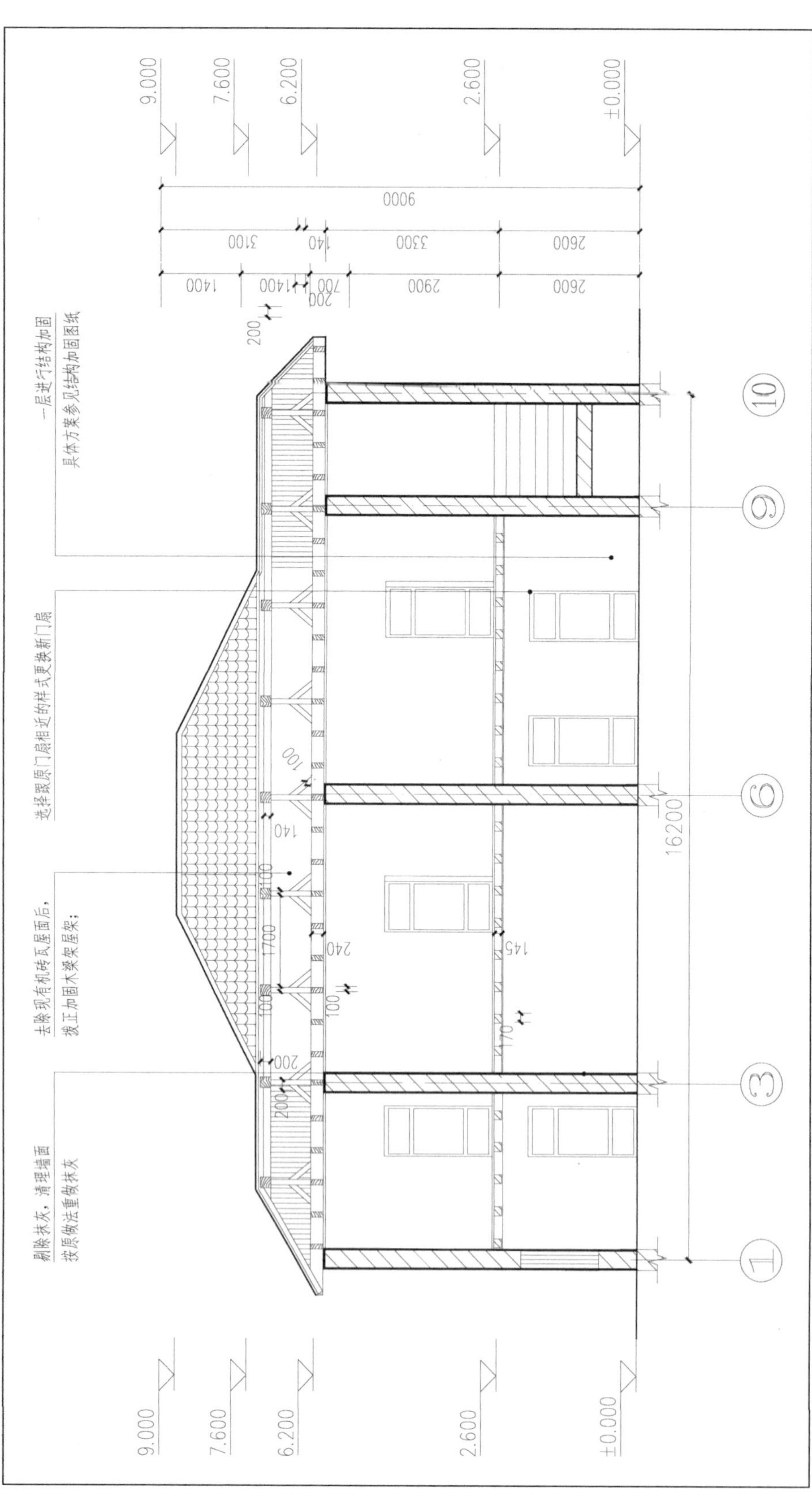

来牧师别墅（11 号楼）1-1 剖面图

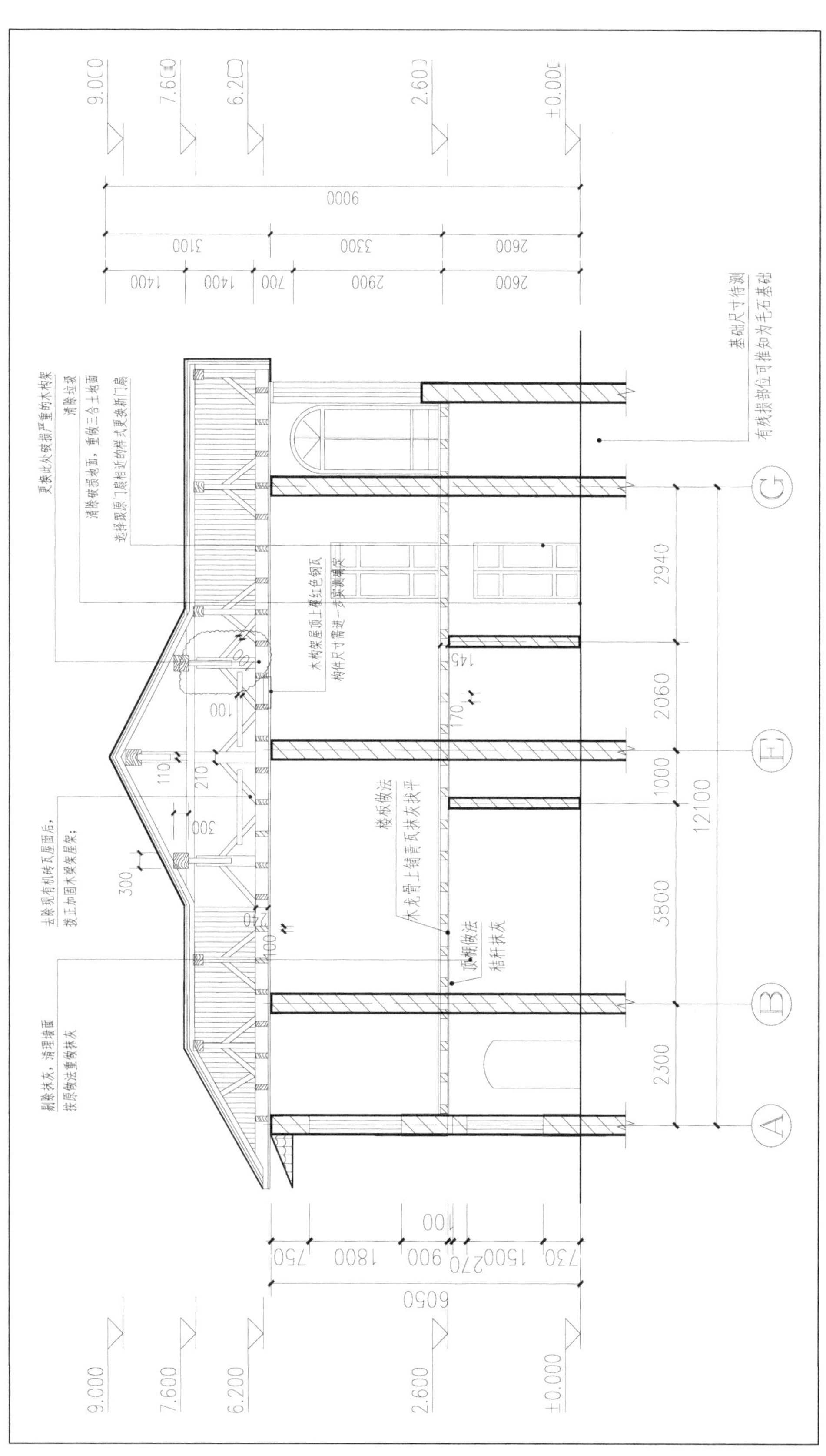

来牧师别墅（11 号楼）2-2 剖面图

后记

感谢北戴河文物管理部门和工程参与单位提供的大力支持。

此次工程的几处别墅建筑规模不大，主体结构基本保存完好。在前期勘察研究中，通过对原有结构体系的辨别，区别后期改造的痕迹，并在最小干预的要求下，对影响房屋使用的具体问题病害进行了处理，保障了竣工后业主单位能继续安心使用。修缮工程中发现了一些历史痕迹，后期利用中仍予以保留，并在工程档案中记录存档，以备后人查阅。再次感谢工程设计单位、施工单位、监理单位在项目实施中群策群力，在业主单位的总体要求下，付出了辛苦劳动，有条不紊地圆满完成了此次修缮工程。

本书虽已付梓，但仍感有诸多不足之处。对于北戴河近代建筑的研究仍然需要长期细致认真的工作，我们将继续努力研究探索。同时也感谢对本书出版给予帮助、支持的每一位同事、朋友，感谢每一位读者，并期待大家的批评和建议。

朱宇华

2020 年 9 月